面向新工科普通高等教育系列教材

Web 前端开发与应用教程
（HTML5+CSS3+JavaScript）

第 2 版

张 波 主编

邵 彧 师晓利 杨 伦 副主编

机械工业出版社

本书首先详细介绍了 HTML5、CSS3 和 JavaScript 三项 Web 前端开发常用技术，内容包括：HTML5 设计网页的文档结构、文本、图像、超链接、表格、表单；CSS3 对表格、表单、图片、背景、边框等页面元素进行样式美化以及 CSS3 变形和动画；JavaScript 内置对象、对象编程，通过 JavaScript 操作 CSS3 和 HTML5，实现 Web 前端的交互等。最后用综合实例将三项技术结合起来，简单直观地讲解 Web 前端的开发思路和过程。本书通俗易懂、构思清晰，理论与实践并重，通过大量的实例引导读者逐步深入学习，全面掌握 Web 前端开发技术。

本书既可作为高等院校本科、专科计算机等相关专业的教材，也可作为网页设计者的参考用书。

本书配有授课电子教案，需要的教师可登录 www.cmpedu.com 免费注册，审核通过后下载，或联系编辑索取（微信：15910938545，电话：010-88379739）。

图书在版编目（CIP）数据

Web 前端开发与应用教程：HTML5+CSS3+JavaScript / 张波主编. —2 版. —北京：机械工业出版社，2022.1
面向新工科普通高等教育系列教材
ISBN 978-7-111-70149-1

Ⅰ. ①W… Ⅱ. ①张… Ⅲ. ①超文本标记语言-程序设计-高等学校-教材②网页制作工具-高等学校-教材 Ⅳ. ①TP312 ②TP393.092.2

中国版本图书馆 CIP 数据核字（2022）第 019805 号

机械工业出版社（北京市百万庄大街 22 号 邮政编码 100037）
策划编辑：王 斌 责任编辑：王 斌 车 忱
责任校对：张艳霞 责任印制：常天培

天津嘉恒印务有限公司印刷

2022 年 3 月第 2 版·第 1 次印刷
184mm×260mm · 18.5 印张 · 454 千字
标准书号：ISBN 978-7-111-70149-1
定价：79.00 元

电话服务 网络服务
客服电话：010-88361066 机 工 官 网：www.cmpbook.com
　　　　　010-88379833 机 工 官 博：weibo.com/cmp1952
　　　　　010-68326294 金 书 网：www.golden-book.com
封底无防伪标均为盗版 机工教育服务网：www.cmpedu.com

前　　言

为积极响应《国家职业教育改革实施方案》，贯彻《关于深化产教融合的若干意见》和《国家信息化发展战略纲要》的精神，全面提升本科教材质量，着力培养高素质技术人才，本书编写团队在机械工业出版社的支持下，组织编写了《Web 前端开发与应用教程（HTML5+CSS3+JavaScript）第 2 版》。作者结合自己多年从事教学工作和 Web 应用开发的实践经验，按照教学规律精心编写了本教材。

本书第 1 版自 2017 年出版后，受到了广大读者的支持与鼓励，随着技术的进步和教学的发展，需要对本书第 1 版内容进行修订。在机械工业出版社的大力支持下，本书第 2 版得以出版。在保持第 1 版特色和基本结构的同时，对各部分内容进行了修订和增补。在 HTML5 部分，第 1 章增加了 Web 服务器基础知识，第 2 章增加了字符集介绍，第 3、4 章补充了 HTML5 新增的属性；在 CSS3 部分，第 9 章增加了 3D 转换相关内容，并补充部分 CSS3 新增属性；在 JavaScript 部分，新增 jQuery 相关内容，增加第 14 章 "jQuery 基础" 和第 15 章 "jQuery 应用"。此外，还删除了部分陈旧内容。

本书不仅通过丰富的小实例来介绍知识点，而且将一个完整的案例贯穿全书，并在全书最后进行思路的汇总和整理，帮助读者将所学知识应用到实际项目当中。避免学习知识的局限性和片面性，使读者在获取知识的同时，掌握实际应用的方法和技巧。本书内容从 HTML5 基础标签到 CSS3 页面布局和特效，再通过 JavaScript 技术进一步提升网页前端的交互性和实用性。通过实例逐步引导读者深入学习。全书分为 4 部分。

第一部分（HTML5）详细讲解 HTML5 的常用标签及其属性，并且为每个标签及属性都设计了范例页面，这些内容是很好的学习参考。

第二部分（CSS3）详细讲解 CSS3 的选择器和属性，也设计了对应的范例页面，便于读者参考和学习。需要说明的是，由于 CSS3 相关内容非常丰富，本书只是选取了一部分常用内容进行介绍。

第三部分（JavaScript）重点讲解 JavaScript 编程的相关内容，包括基础语法、函数、对象、编程、事件处理等知识，涵盖了初学者所需掌握的内容和知识。

第四部分（综合实例）综合运用所学内容，开发一个完整的网站——茗茶馆。读者可以通过实例巩固前面所学知识，同时掌握 Web 前端项目开发的思路和技巧。

本书由张波担任主编，邵彧、师晓利、杨伦担任副主编。其中师晓利编写第 1～4 章，杨伦编写第 5、13 章，邵彧编写第 6～9 章、第 16 章，张波编写第 10～12、14、15 章，骆秋容编写第 17 章。全书由张波统稿，赵全利和刘瑞新教授主审。书中部分内容参考了网上部分资料，由于篇幅有限，恕不一一列出，在此一并表示感谢。

Web 技术发展迅速，本书内容与结构方面的不成熟或不当之处，敬请读者不吝指正。

作　者

目　录

第 1 章 Web 前端开发概述

本章介绍 Web 前端开发相关概念、Web 前端开发相关技术、Web 前端开发工具、Web 服务器等内容。

1.1 Web 前端开发相关概念

Web 开发分为前端（Front-end）和后端（Back-end）两部分。后端指的是程序、数据库和服务器层面的开发，而前端则指的是直接与用户接触的网页，例如布局、特效、交互等。Web 前端开发是从网页制作演变而来的，名称有很明显的时代特征。在互联网的演化进程中，网页制作是 Web 1.0 时代的产物，那时网站的主要内容都是静态的，用户使用网站的行为也以浏览为主。2005 年以后，互联网进入 Web 2.0 时代，各种类似桌面软件的 Web 应用大量涌现，网站的前端由此发生了翻天覆地的变化。网页不再只是承载单一的文字和图片，各种富媒体让网页的内容更加生动，网页上软件化的交互形式为用户提供了更好的使用体验，这些都是基于前端技术实现的。以前会 Photoshop 和 Dreamweaver 就可以制作网页，现在只掌握这些已经远远不够了。无论是开发难度，还是开发方式，现在的网页制作都更接近传统的网站后台开发，所以现在不再叫网页制作，而是叫 Web 前端开发。Web 前端开发在产品开发环节中的作用变得越来越重要，而且需要专业的前端工程师才能做好，这方面的专业人才近几年来备受青睐。Web 前端开发是一项很特殊的工作，涵盖的知识面非常广，既有具体的技术，又有抽象的理念。简单地说，它的主要职能就是把网站的界面更好地呈现给用户。

前端开发的主要工作是把 UI（User Interface，用户界面）的设计图按照 W3C 标准做成 HTML 页面，用 CSS 进行布局，并且用 JavaScript 脚本语言实现页面上的前端互动。互动效果包括弹出层、页签切换、图片滚动、AJAX 异步互动等。

1.1.1 浏览器

浏览器是指可以显示网页服务器或者文件系统的 HTML 文件（标准通用标记语言的一个应用）内容，并让用户与这些文件交互的一种软件。它用来显示万维网或局域网内的文字、图像及其他信息。这些文字或图像，可以是连接其他网址的超链接，用户可迅速、方便地浏览各种信息。大部分网页为 HTML 格式。目前常见的网页浏览器有 Internet Explorer、Firefox、Safari、Opera、Google Chrome 等，浏览器是最常用的客户端程序。

但是并非所有浏览器都支持 HTML5，同一浏览器不同的版本对 HTML5 的支持情况也不同。本书为了方便介绍 Web 前端开发的最新技术，使用的浏览器为 Firefox 48 版本，如图 1-1 所示。读者可根据具体情况安装相应浏览器。

图 1-1 Firefox 浏览器

1.1.2 URL

URL（Uniform Resource Locator，统一资源定位符）

是对可以从互联网上得到资源的位置和访问方法的一种简明表示，是互联网上标准资源的地址。互联网上的每个文件都有一个唯一的 URL，它包含的信息指出文件的位置以及浏览器应该怎么处理它。每个页面都应具有唯一的一个 URL。基本 URL 包含模式（或称协议）、服务器名称（或 IP 地址）、路径和文件名。完整的、带有授权部分的普通统一资源标识符语法如下。

协议://用户名:密码@子域名.域名.顶级域名:端口号/目录/文件名.文件扩展名?参数=值#标识

如：http://portal.sias.edu.cn/seeyon/main.do?method=main

上述地址看似语法很复杂，用户在浏览页面的时候一般不需要输入如此复杂的 URL。用户在访问页面时一般只需输入网站的域名，通过超链接就可以到达该网站的其他页面。

1.1.3　WWW

WWW 是环球信息网（World Wide Web）的缩写，亦称 Web、W3，中文名字为万维网、环球网等，常简称为 Web，分为 Web 客户端和 Web 服务器程序。WWW 可以让 Web 客户端（常用浏览器）访问浏览 Web 服务器上的页面，是一个由许多互相链接的超文本组成的系统，通过互联网访问。在这个系统中，每一个有用的事物，都称为"资源"；并且由一个全局"统一资源标识符"（URI）标识；这些资源通过超文本传输协议（Hypertext Transfer Protocol）传送给用户，而后者通过单击链接来获得资源。

1.1.4　网站

网站（Website）是指在因特网上根据一定的规则，使用 HTML 等工具制作的用于展示特定内容相关网页的集合。用户可以通过浏览器来访问网站，获取需要的资讯或者享受网络服务。因特网上的网站有很多，按照网站主体性质的不同分为政府网站、企业网站、商业网站、教育科研机构网站、个人网站、非营利机构网站以及其他类型等；按照网站功能划分有产品（服务）查询展示型网站、品牌宣传型网站、企业涉外商务网站、网上购物型网站、企业门户综合信息网站、行业协会信息门户、B2B 交易服务型网站、沟通交流平台、政府门户信息网站等。那么这些各式各样的网站是如何制作的？本书将为读者介绍相关技术和实现方法。

1.1.5　Web 标准

Web 开发应用遵循的标准就是 Web 标准。Web 标准是由 W3C 和其他标准化组织共同制定的，该标准用来创建和解释基于 Web 的内容，Web 标准可以使得在网上发布的文档向后兼容，使其能够被大多数人所访问。其官方网站为 http://www.w3.org。

Web 标准包括一系列标准。网页部分的标准通过 3 部分来描述：结构（Structure）、表现（Presentation）和行为（Behavior）。结构、表现和行为对应于 3 种常用的技术，即 HTML、CSS和 JavaScript。

- HTML 用来决定网页的结构和内容。
- CSS 用来设计网页的表现形式。
- JavaScript 用来控制网页的行为。

1.2　Web 前端开发相关技术

互联网建立 50 多年了，网站开发技术日新月异，各领域的划分也越来越明确和细致，传统的掌握 Dreamweaver 就能做网页的认识已经不能适应当前和未来的趋势，作为一名前端人员，应该掌握更多、更有针对性的技术和知识。Web 前端离不开浏览器，主流开发一般采用的是 HTML+CSS+JavaScript 这 3 个核心技术，围绕这 3 个核心技术可以开发大量技术框架和解决方案。

1.2.1 HTML

HTML 是超文本标记语言（HyperText Markup Language，HTML），是网页的骨骼，是为"网页创建和其他可在网页浏览器中看到的信息"设计的一种置标语言。HTML 被用来结构化信息——例如标题、段落和列表等，也可用来在一定程度上描述文档的外观和语义。由蒂姆·伯纳斯·李给出原始定义，由 IETF 用简化的 SGML（标准通用置标语言）语法进行进一步发展的 HTML，后来成为国际标准，由万维网联盟（W3C）维护。

最新版本是 HTML5，它是 HTML 的主要修订版本，现在仍处于发展阶段。目标是取代 1999 年所制定的 HTML4.01 和 XHTML1.0 标准，以期能在互联网应用迅速发展的时候，使网络标准符合当代的网络需求。广义 HTML5，实际指的是包括 HTML、CSS 和 JavaScript 在内的一套技术组合。

HTML 在 Web 飞速发展的过程中起到了非常重要的作用，HTML 的发展历程如表 1-1 所示。

表 1-1　HTML 版本信息

版本	发布日期	说明
HTML 1.0	1993 年 6 月	作为互联网工程工作小组（IETF）工作草案发布（非标准）
HTML2.0	1995 年 11 月	作为 RFC1866 发布
HTML3.2	1996 年 1 月	W3C（万维网联盟）推荐标准
HTML4.0	1997 年 12 月	W3C 推荐标准
ISO HTML	2000 年 5 月	基于严格的 HTML4.01 语法，是国际标准化组织和国际电工委员会的标准
XHTML1.0	2000 年 1 月	W3C 推荐标准，后来经过修订于 2002 年 8 月重新发布
XHTML1.1	2001 年 5 月	较 1.0 有微小改进
XHTML2.0 草案	没有发布	2009 年，W3C 停止了 XHTML2.0 工作组的工作
HTML5 草案	2008 年 1 月	HTML5 规范草案发布
HTML5	2014 年 10 月	W3C 推荐标准

其中值得一提的是，从 HTML4.0 开始，页面的结构和表现分离为两种语言，一种是用于实现结构的 HTML，另一种是用于表现的 CSS。

1.2.2 CSS

CSS（Cascading Style Sheets，层叠样式表）是一种用来表现 HTML 或 XML（标准通用标记语言的一个子集）等文件样式的计算机语言。

如果仅使用 HTML5 技术，大多数网页在视觉上都没有什么吸引力，这是因为 HTML 是用在定义内容上，而不是用在 CSS（层叠样式表）定义样式上。不过，通过 CSS 部分的学习，读者将学会如何为文本和背景添加样式，实现多栏布局，建立起适应各种设备（从手机到台式计算机甚至屏幕更大的设备）的布局等。CSS 样式表不过是一种文本文件，其中包含一个或多个（通过属性和值）决定网页某特定元素如何显示的规则。CSS 里有控制基本格式的属性（如 font-size 和 color），有控制布局的属性（如 position 和 float），还有决定访问者打印时在哪里换页的打印控制元素。CSS 还有很多控制项目显示或消失的动态属性，可以用于创建下拉列表和其他交互性组件。CSS3 是目前最新的版本，它提供了大量设计人员和开发人员长期期待的功能。这些功能包括圆角、阴影效果、文字阴影、自定义字体、旋转文本、半透明背景颜色、多图像背景、渐变以及其他很多功能。而且目前主流最新版本的浏览器已经实现了很多 CSS3 的组件（且即将实现更多），因此从现在起就可以很好地使用它们了。

CSS 值得重视的一点在于开发人员可以在 HTML 页面之外创建 CSS 文件，再将它应用于网站上所有的页面。这在构建网页之初及随后对其进行修改时都极大地简化了样式设置工作。一段时间后，如果需要重新设计网站，而内容和结构保持不变，就可以在 HTML 不改变的情况下，为网页提供一套全新的外观。

1.2.3　JavaScript

JavaScript 是世界上最流行的脚本语言之一，因为台式计算机、手机、平板计算机上浏览的所有网页，以及无数基于 HTML5 的手机 App 的交互逻辑都是由 JavaScript 驱动的。简单地说，JavaScript 是一种运行在浏览器中的解释型的编程语言，它能够跨平台、跨浏览器驱动网页，与用户交互。

HTML 定义网页的内容，CSS 定义网页的表现，JavaScript 则定义特定的行为。建立网站不可能脱离 HTML（如果要让网站看起来很吸引人，则离不开 CSS），但 JavaScript 并不是必需的。在大多数情况下，JavaScript 的特性都是用于增强访问者体验的——它们在由 HTML 和 CSS 构建的核心体验的基础上进行增强。

通过编写简单的 JavaScript 程序，可以显示和隐藏内容；通过编写复杂一些的程序，可以加载数据并动态地更新页面。可以操作定制的 HTML5 audio 和 video 元素控件，使用 HTML5 的 canvas 元素创建游戏。可以利用地理定位，根据访问者所在的位置定制其体验。因此将 HTML、CSS 和 JavaScript 三种技术结合起来进行 Web 开发，可以编写出界面美观、功能强大的网页。

1.3　Web 前端开发工具

HTML5 是一种标记语言，标记语言的代码是以文本形式存在的，因此，所有的记事本工具都可以作为它的开发环境。HTML 文件的扩展名为.html 或.htm，将 HTML 源代码输入到记事本中，将编写好的文件另存为.html 或.htm 文件，就可以在浏览器中预览效果了。

1.3.1　NotePad

NotePad 就是 Windows 中的"记事本"程序，在 Windows 下主要用于文本编辑，是一款小巧、免费的纯文本编辑器。建议初学者使用 NotePad 编写 html 文件，这样可以增加代码编写体验，增强对代码的理解和记忆，如图 1-2 所示。

1.3.2　TextPad

TextPad 是一个强大的替代 NotePad 的文本编辑器，编辑文件的大小只受虚拟内存大小的限制，支持拖放式编辑，可以把它作为一个简单的网页编辑器使用。普通用户也可不安装模板而只使用单独的主程序，支持 Unicode 编码。界面如图 1-3 所示。下载地址是

http://www.textpad.com/download/。

图 1-2　记事本编辑器

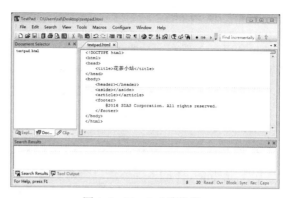

图 1-3　TextPad 编辑器

1.3.3　WebStorm

WebStorm 中文译名网络风暴，是 Jetbrains 公司旗下一款 JavaScript 开发工具。被广大开发者誉为 Web 前端开发神器、最强大的 HTML5 编辑器、最智能的 JavaScript IDE。官方下载地址是 http://www.jetbrains.com/webstorm/。WebStorm 较前两款工具功能强大，用法也更复杂。WebStorm 为非开源软件，可以试用 30 天，如果继续使用需要支付费用，主界面如图 1-4 所示。

1.3.4　Dreamweaver

文本编辑器虽然可以编写网页，但是效率较低，对语法错误及格式都没有提示。可以使用专门编写 HTML 网页的工具来弥补这种缺陷。Adobe Dreamweaver，简称 DW，中文名称梦想编织者，是美国 Adobe 公司开发的集网页制作和网站管理于一身的所见即所得网页编辑器，是第一套针对专业网页设计师的可视化网页开发工具，利用它可以轻而易举地制作出跨越平台限制和跨越浏览器限制的充满动感的网页。Dreamweaver 的网站地图功能可以快速制作网站雏形、设计、更新和重组网页。改变网页位置或文件名称，可以自动更新所有链接。它还是可视化编辑与源代码编辑同步的一款设计工具。读者学完本书的基础内容之后，在 Web 开发的过程中就可以借助 Dreamweaver 这个平台更快速高效地进行 Web 前端开发。其使用方法在此也不再展开介绍，读者可以借助其他教程进行学习，主界面如图 1-5 所示。

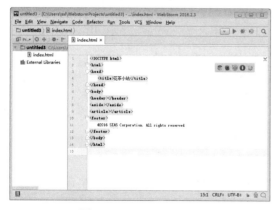

图 1-4　WebStorm 主界面

图 1-5　Dreamweaver 主界面

1.4 Web 服务器

Web 服务器一般指网站服务器，是指驻留于因特网上某种类型计算机的程序，可以处理浏览器等 Web 客户端的请求并返回相应响应，也可以放置网站文件，让用户浏览；可以放置数据文件，供用户下载。目前主流的 Web 服务器程序有 Apache、Nginx、IIS 等。

1.4.1 概念

Web 服务器也称为 WWW（World Wide Web）服务器，主要功能是提供网上信息浏览服务。WWW 是 Internet 的多媒体信息查询工具，是 Internet 上近些年发展起来的服务，也是发展最快和目前应用最广泛的服务。Web 服务器不仅能够存储信息，还能在用户通过 Web 浏览器提供的信息的基础上运行脚本和程序。

1.4.2 类型

1．Apache

Apache 是应用最为广泛的 Web 服务器软件。它几乎可以在任何计算机平台上运行。由于 Apache 是开源、免费的，许多人都参与了新功能的开发和设计，并不断改进。Apache 具有简单、快速、稳定的性能，支持 PHP、JSP 等语言开发的网站。

2．Nginx

Nginx（可以读作 engine X）是 Web 服务器中较为优秀的一个，有收费版和免费版。它不仅是一个小而有效的 HTTP 服务器，而且是一个有效的负载平衡反向代理。

3．IIS

IIS 是 Internet Information Server（Internet 信息服务器）的缩写，它是微软推出的服务器，支持 ASP 和 PHP 程序。IIS 允许在公共 Intranet 或 Internet 上发布信息。它提供了一个图形界面的管理工具，称为 Internet 服务管理器，可用于监视配置和控制 Internet 服务。IIS 配置简单，没有复杂的命令，即使是第一次使用也能很快上手。

1.4.3 配置

下面以 IIS 为例介绍 Web 服务器的配置。

1）首先是安装 IIS。打开控制面板，找到"程序和功能"，单击打开，如图 1-6 所示。

图 1-6　控制面板"程序和功能"

2）单击"启用或关闭 Windows 功能"，如图 1-7 所示。

3）找到"Internet Information Services"，将其中的 Web 管理工具选中，单击"确定"按钮，如图 1-8 所示。

图 1-7　启用或关闭 Windows 功能　　　　　图 1-8　IIS 信息服务

4）安装完成后，再回到控制面板，找到"管理工具"，单击打开，如图 1-9 所示。

图 1-9　管理工具

5）单击"Internet Information Services(IIS)管理器"，打开 IIS，如图 1-10 所示。如果经常需要使用 IIS，建议将"Internet Information Services(IIS)管理器"发送到桌面快捷方式，这样就能从桌面直接打开。

图 1-10　IIS 管理界面

1.4.4　建站过程

创建站点的步骤如下。

1）在硬盘上建立一个文件夹，用来存储站点的所有文件，如 D:\MyWeb；然后在该文件夹下创建一个子文件夹 images，用来存储站点中的图像，将页面文件存储在 MyWeb 根目录。

2）打开 IIS 控制台，右击"网站"，选择"添加网站"命令，如图 1-11 所示。

图 1-11　添加网站

3）输入网站名称，选择物理路径，如 D:\MyWeb，其他可以采用默认方式。单击"确定"按钮，完成新建，返回效果如图 1-12 所示。

图 1-12　MyWeb 网站管理

4）新建完成后，单击对应网站右侧的"浏览*.80"，一般可直接在 Web 浏览器中打开网站，若无法打开，请检查"预设文件"，即默认首页，若没有则添加，然后再测试浏览。

1.5　练习

1．在记事本中手工编写 HTML5 基本框架代码，并在浏览器中预览。
2．在浏览器中查看常用网站的页面效果和源文件。
3．下载安装试用 TextPad。
4．下载安装试用 WebStorm。
5．下载安装试用 Dreamweaver。

第2章 HTML5 基础

本章主要介绍 HTML 的基础知识，包括 HTML 的基础语法，如何创建页面，页面中基本标签的使用方法等，为后续章节的学习打下基础。

2.1 HTML 语法基础

HTML 语言是用来描述网页的一种语言，该语言是一种标记语言（即一套标记标签，用来描述网页），而不是编程语言，它是制作网页的基础语言，主要用于描述超文本中内容的显示方式。

2.1.1 HTML 文档结构

完整的 HTML 文件包括头部和主体两大部分，头部描述了文档的各种属性和信息，包括文档的标题、在 Web 中的位置以及和其他文档的关系等；主体包括文本、段落、列表、表格、绘制的图形以及各种嵌入对象，这些对象称为 HTML 元素。基本的 HTML 文件结构如下：

```
<!DOCTYPE html>
<html>
    <head>
    </head>
    <body>
    </body>
</html>
```

从上面的代码可以看出，在 HTML 文件中，DOCTYPE（Document Type）声明位于文档中最前面的位置，处于 html 标签之前，此标签告知浏览器文档使用哪种 HTML 或者 XHTML 规范。在 HTML5 中，Web 页面的文档类型说明（Doctype）被极大地简化了。只剩下 <!DOCTYPE html>非常简单的一行代码。

<html>与</html>标记限定了文档的开始点和结束点，在它们之间是文档的头部和主体。由于 HTML 语言语法的松散性，该标记可以省略，但为了使之符合 Web 标准和文档的完整性，建议不要省略该标记。

<head></head>区用于定义文档的头部，它是所有头部元素的容器。<head>中的元素可以引用脚本、指示浏览器在哪里找到样式表、提供元信息等。<head>元素的作用范围是整篇文档，定义在<head></head>内的元素内容一般不会直接显示在网页上。

在文档的主体<body></body>区，包含文档的所有内容如文本、超链接、图片、表格和列表等。

注意：在构建 HTML 结构时，标签不允许交叉出现，否则会造成语法错误。如以下代码就是错误的。

```
<!DOCTYPE html>
<html>
    <head>
```

```
        <body>
        </head>
        </body>
    </html>
```

2.1.2　HTML 标签

HTML5 不是一种编程语言，而是一种描述性的标记语言，用于描述超文本中的内容和结构。标记语言是一套标记标签（markup tag），HTML 最基本的语法是<标签名></标签名>。标签通常是成对使用的，一个开始标签和一个结束标签。结束标签是在开始标签的前面加上一个斜线"/"。当浏览器读取 HTML 文件时，就会解析里面的各个标签，然后将每个标签对应的功能表达出来。HTML 标签很多，在 HTML5 中又新增了一部分。表 2-1 列出了常用标签。

表 2-1　HTML 常用标签

类　　别	标　签　名	描　　述
基础	<!DOCTYPE>	定义文档类型
	<html>	定义 HTML 文档
	<title>	定义文档的标题
	<body>	定义文档的主体
	<h1>～<h6>	定义 HTML 标题
	<p>	定义段落
	 	定义简单的换行
	<hr>	定义水平线
	<!--...-->	定义注释
	<img>	定义图片
	<a>	定义锚
	<table>	定义表格
	<caption>	定义表格标题
	<th>	定义表格中的表头单元格
	<tr>	定义表格中的行
	<td>	定义表格中的单元
元信息	<head>	定义关于文档的信息
	<meta>	定义关于 HTML 文档的元信息
	<base>	定义页面中所有链接的默认地址或默认目标
格式	<b>	定义粗体文本
	<bdo>	定义文字方向
	<mark>	定义有记号的文本
	<sup>	定义上标文本
	<sub>	定义下标文本
	<time>	定义日期/时间
	<wbr>	定义视频
表单	<form>	定义供用户输入的 HTML 表单
	<input>	定义输入控件

10

类　别	标　签　名	描　　述
表单	<textarea>	定义多行的文本输入控件
	<button>	定义按钮
	<select>	定义选择列表（下拉列表）
	<output>	定义输出的一些类型
	<option>	定义选择列表中的选项
	<label>	定义 input 元素的标注
	<fieldset>	定义围绕表单中元素的边框
	<legend>	定义 fieldset 元素的标题
音频视频	<audio>	定义声音内容
	<source>	定义媒体源
	<track>	定义用在媒体播放器中的文本轨道
	<video>	定义视频

例如在 HTML 标签中用<title></title>标签来定义页面的标题，当浏览器读取到<title>元素时，就将该标签里的内容显示在浏览器的标题上。

【例 2-1】　显示<title>标签，代码如下：

```
<!DOCTYPE html>
<html>
    <head>
    <title>我的第一个页面</title>
    </head>
    <body>
    </body>
</html>
```

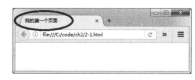

图 2-1　<title>标签展示效果

在浏览器中预览，显示效果如图 2-1 所示。

2.1.3　标签的属性

HTML 属性能够赋予标签含义和语境，提供了有关 HTML 元素的更多的信息。属性要在开始标签中指定，通常是以名称/值对的形式出现，例如：name="value"，name 表示属性的名称，value 代表该属性的值，value 常用双引号“"”括起来，也可以使用单引号“'”括起来。多个属性用空格隔开，指定多个属性的时候不需要区分顺序。如：

<img src="picture/food.jpg" alt="美食" width="30%" height="40%">

此行代码表示插入了一幅图片，该图片来自同一目录中 picture 文件夹内的 food.jpg，图片显示在页面上的尺寸是浏览器宽度的 30%、高度的 40%。

【例 2-2】　多属性值，代码如下：

```
<!DOCTYPE html>
<html>
<head>
<title>多属性值</title>
</head>
<body>
    <img src="picture/food.jpg" alt="美食" width="30%" height="40%">
```

```
        </body>
        </html>
```

在浏览器中预览，显示效果如图 2-2 所示。

2.1.4 HTML 字符集

字符（Character）是各种文字和符号的总称，包括各国家文
字、标点符号、图形符号、数字等。字符集（Character set）是
多个字符的集合。要正确显示一个 HTML 页面，浏览器必须知

图 2-2 <img>标签展示效果

道要使用的字符集（字符编码）。常用的字符集有 ASCII、GB2312、Unicode 等。万维网早期使
用的字符集是 ASCII。ASCII 支持 0~9 的数字，大写和小写英文字母表，以及一些特殊字符。
目前最新版本 HTML5 中默认的字符编码是 Unicode（UTF-8）。Unicode 覆盖了几乎所有的字
符、标点符号和符号。Unicode 使文本的处理、存储和传送独立于平台和语言。如果 HTML5
网页使用不同于 UTF-8 的字符，则需要在<meta>标签中指定，如：

```
<meta charset="ISO-8859-1">
```

另外需要注意：

在 HTML 文件中指定的字符集必须和保存这个文件的字符集一致，否则用户浏览时可能会
出现乱码。解决方法：在"文本另存为"对话框中选择指定的编码字符集后保存文本。

在网站开发过程中，比较常用的字符集有 GBK（GB2312）和 UTF-8。GBK（GB2312）：
里面存储的字符比较少，仅仅存储了汉字和一些常见外文，体量比较小。UTF-8 里面存储了几
乎所有的文字，体量比较大。在开发过程中可根据实际情况进行选择。

2.2 文本控制标签

设计 Web 页面时要组织好页面的基本元素，同时再配合一些特效，构成一个绚丽多彩的页
面。页面的组成对象包括文本、图片、表单、超链接以及多媒体等。内容是网站的灵魂，而文
本则是构成网站灵魂的物质基础。文本与图片在网站上的运用是最广泛的，一个内容充实的网
站必然有大量的文本与图片，然后把超级链接应用到文本和图片上，才能使这些文本和图片
"活"起来。本节将介绍如何在页面中添加文本信息。

2.2.1 标题段落标签

标题段落在页面文字中起到格式化文本的作用，可以使得文本信息结构更清晰，读者可以
一目了然。

1．标题标签<hi>

<hi>标签用于定义段落标题的大小级数，其语法格式如下：

```
<hi>标题</hi>
```

其中 i 表示标题级数，取值范围为 1~6 之间的正整数。

最大的标题级数是<h1>，最小的标题级数是<h6>。可使用<hi>标签的 align 属性控制文字
的对齐方式，属性值可以是 left（左对齐）、center（居中对齐）、right（右对齐）和 justify（两
端对齐，对行进行伸展，这样每行都可以有相等的长度），默认的属性值为 left。

【例 2-3】 显示各级标题，代码如下：

```
<!DOCTYPE html>
<html>
<head>
<title>各级标题</title>
</head>
<body>
    <h1>这是第一级标题</h1>
    <h2>这是第二级标题</h2>
    <h3>这是第三级标题</h3>
    <h4>这是第四级标题</h4>
    <h5>这是第五级标题</h5>
    <h6>这是第六级标题</h6>
</body>
</html>
```

图 2-3　\<hi\>标签展示效果

在浏览器中预览，显示效果如图 2-3 所示。

2．段落标签\<p\>

\<p\>标签用于划分段落，控制文本的位置，其语法格式如下：

```
<p>段落内容</p>
```

\<p\>是成对标签，用于定义内容从新的一行开始，并与上段之间有一个空行。开始标签\<p\>和结束标签\</p\>之间写入段落内容。

可使用\<p\>标签的 align 属性定义新开始的一行内容在页面中的对齐位置，属性值可以是 left（左对齐）、center（居中对齐）、right（右对齐）和 justify（两端对齐，对行进行伸展，这样每行都可以有相等的长度）。\<p\>标签的 align 属性不建议使用，可以利用第 7 章要学习的 CSS 字体样式来代替。

【例 2-4】 段落标签，代码如下：

```
<!DOCTYPE html>
<html>
<head>
<title>段落标签</title>
</head>
<body>
    <p align="left">果冻的做法：1.芒果去皮切粒；2.锅中放清水，加入白糖和鱼胶粉，搅拌均匀。
小火慢慢加热至白糖和鱼胶粉充分融化，关火；3.当锅中的液体放温热时，把芒果粒放入小锅内；4.最后倒入果
冻杯中，放冰箱冷藏至凝固即可。</p>
    <p align="center">果冻的做法：1.芒果去皮切粒；2.锅中放清水，加入白糖和鱼胶粉，搅拌均
匀。小火慢慢加热至白糖和鱼胶粉充分融化，关火；3.当锅中的液体放温热时，把芒果粒放入小锅内；4.最后倒
入果冻杯中，放冰箱冷藏至凝固即可。</p>
    <p align="right">果冻的做法：1.芒果去皮切粒；2.锅中放清水，加入白糖和鱼胶粉，搅拌均匀。
小火慢慢加热至白糖和鱼胶粉充分融化，关火；3.当锅中的液体放温热时，把芒果粒放入小锅内；4.最后倒入果
冻杯中，放冰箱冷藏至凝固即可。</p>
    <p align="justify">果冻的做法：1.芒果去皮切粒；2.锅中放清水，加入白糖和鱼胶粉，搅拌均
匀。小火慢慢加热至白糖和鱼胶粉充分融化，关火；3.当锅中的液体放温热时，把芒果粒放入小锅内；4.最后倒
入果冻杯中，放冰箱冷藏至凝固即可。</p>
</body>
</html>
```

在浏览器中预览，显示效果如图 2-4 所示。

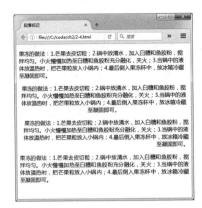

图 2-4 <p>标签展示效果

2.2.2 文本格式化标签

1．换行标签

标签用于定义文本从新的一行显示，其语法格式如下：

```
<br>
```

它不产生空行，但连续多个
标签可以产生多个空行的效果。
标签是非成对标签，所以规范的换行标签在使用的时候记为
。

注意：
标签只是简单地开始新的一行，而当浏览器遇到<p>标签时，通常会在相邻的段落之间插入一些垂直的间距。

【例 2-5】 换行标签，代码如下：

```
<!DOCTYPE html>
<html>
<head>
    <title>换行标签</title>
</head>
<body>
    <p>果冻的做法：<br>1.芒果去皮切粒；<br>2.锅中放清水，加入白糖和鱼胶粉，搅拌均匀。小
火慢慢加热至白糖和鱼胶粉充分融化，关火；<br>3.当锅中的液体放温热时，把芒果粒放入小锅内；<br>4.最后
倒入果冻杯中，放冰箱冷藏至凝固即可。</p>
    <p>果冻的做法：1.芒果去皮切粒；2.锅中放清水，加入白糖和鱼胶粉，搅拌均匀。小火慢慢加
热至白糖和鱼胶粉充分融化，关火；3.当锅中的液体放温热时，把芒果粒放入小锅内；4.最后倒入果冻杯中，放
冰箱冷藏至凝固即可。</p>
</body>
</html>
```

在浏览器中预览，显示效果如图 2-5 所示。

注意：在本例中注意观察
标签与<p>标签的区别，特别是行间距。

2．水平线标签<hr>

<hr>标签用于产生一条水平线，以分隔文档的不同部分，其语法格式如下：

```
<hr>
```

图 2-5
标签展示效果

<hr>标签是非成对标签，所以规范的换行标签在使用的时候记为<hr>。其主要属性如表 2-2 所示。

<p style="text-align:center">表 2-2　<hr>标签属性及描述</p>

属　　性	值	描　　述
width	Pixels|%	水平线的宽度
size	pixels	水平线的粗细
align	center left right	水平线的对齐方式

【例2-6】　水平线标签，代码如下：

```
<!DOCTYPE html>
<html>
<head>
<title>水平线标签</title>
</head>
<body>
    <h1>美食</h1>
    <hr>
    <p>果冻的做法：<br>1.芒果去皮切粒；<br>2.锅中放
清水，加入白糖和鱼胶粉，搅拌均匀。小火慢慢加热至白糖和鱼胶
粉充分融化，关火；<br>3.当锅中的液体放温热时，把芒果粒放入小
锅内；<br>4.最后倒入果冻杯中，放冰箱冷藏至凝固即可。</p>
</body>
</html>
```

在浏览器中预览，显示效果如图 2-6 所示。　　　　　　　　　　图 2-6　<hr>标签展示效果

3．字形标签

字形标签用于设置文字的风格。常用的字形标签如表 2-3 所示。

<p style="text-align:center">表 2-3　常用字形标签</p>

标　　签	含　　义
<b>…</b>	粗体标签
<i>…</i>	斜体标签
<big>…</big>	大字体标签
<small>…</small>	小字体标签
<u>…</u>	下画线标签
[…]	上标标签
_…	下标标签
<strong>…</strong>	加粗被强调的文本
<mark>…</mark>	定义带有记号的文本

HTML5 规范声明：应该使用<h1>～<h6>来表示标题，使用<em>标签来表示强调的文本，使用<strong>标签来表示重要文本，使用<mark>标签来表示标注的或突出显示的文本。根据 HTML5 规范，在没有其他标签更合适时，才应该把<b>标签作为最后的选项。

4．<div>标签

<div>标签可以用来排版大块 HTML 段落，设置多个段落的文本对齐方式等，其语法格式如下：

```
<div>块内容</div>
```

目前<div>标签最重要的功能是结合 CSS 设计页面布局。<div>标签是一种块（block）容器，默认的状态是占据一行。如：

```
<div style="color:#0000FF">
    <h3>这是一个在 div 元素中的标题。</h3>
    <p>这是一个在 div 元素中的文本。</p>
</div>
```

5．<span>标签

<span>标签用来组合文档中的行内元素，使用方法和<div>标签基本相同，其语法格式如下：

```
<span>行内容</span>
```

<span>标签没有固定的格式表现。当对它应用样式时，才会产生视觉上的变化。如果不对<span>应用样式，那么<span>元素中的文本与其他文本不会有任何视觉上的差异。可以通过 CSS 对它定义样式，也可以通过 JavaScript 对它进行操作。

<span>和<div>的主要区别是：<span>标签不换行，而<div>换行；<span>不能包含<div>和<p>标签，而<div>可以包含<span>和<p>标签。

2.2.3 特殊字符标签

随着互联网的发展，页面内容越来越丰富，很多行业信息也会出现在页面上，每个学科有自己的特性，如数学、物理、化学有很多特殊符号。本节将介绍如何在页面上显示这些特殊符号。

在 HTML 中，特殊字数以 "&" 开头，以 ";" 结尾，中间为相关字符编码。如用于声明标签的 "<" 和 ">"，在页面上需要显示这两个符号的时候需要进行特殊处理。在 HTML 编码中，用 "<" 表示 "<"，用 ">" 表示 ">"。表 2-4 列出了常用特殊字符标签的表示方法。

表 2-4　特殊字符标签

特 殊 符 号	表 示 方 法	说　　明
"	&quot;	双引号
&	&amp;	&符号
<	&lt;	小于号
>	&gt;	大于号
©	&copy;	版权符号
®	&reg;	已注册商标
⊕	&oplus;	circled plus
™	&trade;	商标
×	&times;	乘号
÷	&divide;	除号

2.3　图片标签

图片在网页中占据重要的位置，俗话说，一图胜千言。图片感官上的形象性，能够直接再现事物本身，具体地表达页面内容，更能够增加页面的美观性。图片不仅能够增加网页的吸引力，同时也大大地提升了用户浏览网页的体验。图片的展示形式丰富多样，不同形式的图片展现也让浏览网页的乐趣变得更加多样化。

2.3.1 图片的格式与分辨率

图片的格式有很多种，常见的有 JPEG、GIF、BMP、TIFF、PNG 等。选择网页上的图片格式只有一个原则，即在图片清晰的前提下，文件越小越好。因此在网页文件中使用最广泛的图片格式为 GIF、JPEG 和 PNG。

GIF 是图片交换格式（Graphics Interchange Format），只支持 256 色以内的图片；GIF 采用无损压缩存储，在不影响图片质量的情况下，可以生成很小的文件；它支持透明色，可以使图片浮现在背景之上；GIF 文件可以制作成动画，这是它最突出的一个特点。GIF 文件的众多特点恰恰适应了 Internet 的需要，于是它成了 Internet 上最流行的图片格式，它的出现为 Internet 注入了一股新鲜的活力。

JPEG 是一种广泛使用的压缩图片标准，也是网页中最受欢迎的格式，JPEG 可支持多达 1600 万色（24 bit），它能展现十分丰富生动的图片，也可以压缩图片体积。

PNG 格式的图片近年来在网络中也很流行，其特点为不失真，具有 GIF 和 JPEG 的色彩模式，网络传输速度快，支持透明图片的制作。

分辨率是指在单位长度内的像素点数，单位为 dpi，是以每英寸包含几个像素来计算的。像素越多，分辨率就越高，而图片的质量也就越细腻；反之图片就会越粗糙。一般来说，图片最好不要超过 100 KB，如果必须使用大图片，可以把一张大图切成几张小图，这样可以加快图片的显示速度，不需要等全部图片下载完才显示。

2.3.2 嵌入图片

图片标签为<img>，是一个单标签，规范的图片标签语法格式如下：

```
<img 属性="属性值">
```

该标签的属性和描述如表 2-5 所示。

表 2-5　<img>标签属性及描述

属　　性	值	描　　述
alt （必须）	text	规定图片的替代文本
src（必须）	URL	规定显示图片的 URL
height（可选）	Pixels | %	定义图片的高度
width（可选）	Pixels | %	设置图片的宽度
ismap（可选）	URL	将图片定义为服务器端图片映射
longdesc（可选）	URL	指向包含长的图片描述文档的 URL
usemap（可选）	URL	将图片定义为客户器图片映射

1．图片的源文件 src

该属性用于指定图片源文件的路径，为必不可少的属性，语法格式为：

```
<img src="图片路径">
```

图片的路径可以是相对路径也可以是绝对路径。如何表示路径将在 2.3.3 小节中为大家介绍。

2．设置图片的提示文字 alt

该属性定义了图片的替代文本。图片没有被成功下载，不能正常在页面上显示图片时，则在图片的位置上就会显示提示文字；图片下载完成，则当鼠标指针放在该图片上，鼠标指针旁边就会出现提示文字。

3．设置图片的宽度 width 和高度 height

这两个属性为可选属性，设置了这些属性，就可以在页面加载时为图片预留空间。如果没有这些属性，浏览器就无法了解图片的尺寸，也就无法为图片保留合适的空间，因此当图片加载时，页面的布局就可能会发生变化。

width 和 height 属性值的单位可以是像素，也可以是百分比。如：

```
<img src="图片路径"  width="60%"  height="30px">
```

该行代码表示图片的宽度为浏览器宽度的 60%，高度为固定值 30 px。

技巧：使用百分比值来代替像素的绝对值，将使浏览器根据浏览器显示窗口的大小按比例来缩放图片。

2.3.3 路径的表示方法

在页面的各个元素中，只有文本是写在 HTML 中的，其他多媒体元素如图片、声音、视频等都是嵌入到页面中的，HTML 只记录了这些文件的路径，所以正确的路径信息是多媒体能够在页面上正常显示的基础。

文件的路径可以有两种表示方法：绝对路径和相对路径。

1．绝对路径

绝对路径是指文件在硬盘上真正存在的路径。例如"food.jpg"这个图片是存储在硬盘的"C:\code\ch2\picture"目录下，那么"food.jpg"这个图片的绝对路径就是"C:\code\ch2\picture\food.jpg"，要使用绝对路径指定网页的图片就应该使用以下语句：

```
<img src=" C:\code\ch2\ picture \food.jpg" >
```

事实上，在设计网页时，很少会使用绝对路径，如果使用"C:\code\ch2\picture\food.jpg"来指定背景图片的位置，在制作网站的计算机上浏览可能会一切正常，但是上传到 Web 服务器上就很有可能无法正常显示图片了。因为上传到 Web 服务器上时，可能整个网站并没有存储在Web 服务器的 C:盘，有可能是 D:盘或 H:盘。即使存储在 Web 服务器的 C:盘里，Web 服务器的C:盘里也不一定会存储在"C:\code\ch2\picture\"这个目录，因此在浏览网页时不会显示图片。

2．相对路径

为了避免上述情况发生，通常在网页里指定文件时，都会选择使用相对路径。所谓相对路径，就是相对于本文档的目标文件位置。例如下面的例子，"2-7.htm"文件里引用了 picture 文件夹下的"food.jpg"图片，由于"picture"文件夹相对于"2-7.htm"来说，是在同一个目录的，那么要在"2-7.htm"文件里使用<img src="picture/food.jpg" alt="果冻美食">代码，只要这两个文件的相对位置没有变化（也就是说还是在同一个目录内），那么无论上传到 Web 服务器的哪个位置，在浏览器里都能正确地显示图片。

【例 2-7】 图片标签使用相对路径的代码如下：

```
<!DOCTYPE html>
<html>
<head>
<title>图片标签</title>
</head>
```

```
<body>
    <h1>美食</h1>
    <hr>
    <img src="picture/food.jpg" alt="果冻美食">
    <br>
    <p>果冻的做法：<br>1.芒果去皮切粒；<br>2.锅中放清水，加入白糖和鱼胶粉，搅拌均匀。小
火慢慢加热至白糖和鱼胶粉充分融化，关火；<br>3.当锅中的液体放温热时，把芒果粒放入小锅内；<br>4.最后
倒入果冻杯中，放冰箱冷藏至凝固即可。</p>
    </body>
    </html>
```

在浏览器中预览，显示效果如图 2-7 所示。

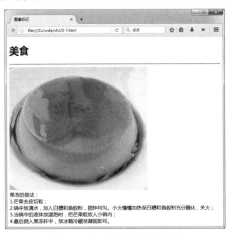

图 2-7 相对路径展示效果

2.4 超链接标签

超链接标签在网站中应用最为广泛。超链接是一个网站的灵魂，在网站中用户可以通过单击菜单、文字、图片等跳转到其他页面中，或者可以从一个页面的某个位置跳转到其他位置，或者打开一个文件或一个应用程序等，这些都属于超链接的功能。

网页中的超链接按照链接路径的不同，可以分为三种类型：内部链接、锚点链接和外部链接。按照使用对象不同，网页中的链接又可以分为文本超链接、图片超链接、E-mail 链接、锚点链接、多媒体文件链接、空连接等。

在网页中，一般文字上的超链接都是蓝色，文字下面有一条下画线。当移动鼠标指针到该超链接上时，指针会变成一只手的形状，单击后可以跳到其他页面。

2.4.1 超链接

链接有两个主要部分：目标和标签。使用目标（destination）可以指定访问者单击链接时会发生什么。可以创建链接进入另一个页面，在页面内跳转，显示图片，下载文件等。不过，最常见的是连接到其他网页的链接，其次是连接到其他网页特定位置（称为锚，anchor）的链接。目标是通过编写 URL 定义的，通常只能在浏览器的状态栏中看到。链接的第二个部分是标签（label），即访问者在浏览器中看到的部分。激活标签就可以到达链接的目标。例如，航空公司网站上可能有这样的链接标签：预订航班。标签可以是文本、图片或二者兼有。浏览器通常会将标

签文本默认显示为带下画线的蓝色文字。通过第二部分的 CSS 可以很容易地改变这一样式。

使用<a>标签可以实现网页超链接，基本语法结构如下：

<a href=URL>网页元素</a>

其中 href 属性指定超链接所要链接的地址，表 2-6 给出了<a>标签的常用属性。

表 2-6　<a>标签常用属性及描述

属　性	值	描　述
href	URL	规定链接指向的页面的 URL
target	_blank _parent _self _top framename	规定在何处打开链接文档
rel	text	规定当前文档与被链接文档之间的关系
download	filename	规定被下载的超链接目标

其中，target 属性有多个值可以供选择，值_blank 表示在新浏览器窗口中打开被链接文档；值_parent 表示在父框架集中打开被链接文档；值_self 为默认值，表示在当前页面窗口中打开被链接的文档，并取代当前页面文档；值_top 表示在整个窗口中打开被链接文档；framename 表示在指定名称的框架中打开被链接文档。

【例 2-8】　创建超链接，代码如下：

```
<!DOCTYPE html>
<html>
<head>
<title>超链接</title>
<head>
<body>
    <p><a href="/index.html" title="茗茶馆主页">回首页</a> 本文本是一个指向本网站中的首页面的
链接。</p>
    <p><a href="http://www.baidu.com/">百度</a> 本文本是一个指向百度页面的链接。</p>
</body>
</html>
```

在本段代码中创建了一个超文本链接，href 属性指定链接到本页面的同一目录的 index.html 页面；title 属性为全局属性，规定关于元素的额外信息，这些信息通常会在光标移到元素上时显示一段工具提示文本（tooltip text），因此当光标放在文本"回首页"上时会显示提示信息"茗茶馆主页"。

在浏览器中预览，显示效果如图 2-8 所示。

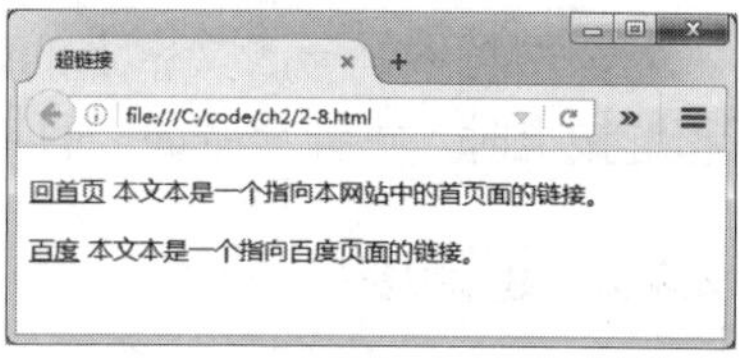

上例中"首页"文本链接是在本页面的基础上有一个 index.html 的首页面，并且本页面和 index.html 页面需要在同一目录下，如果不在同一目录可以通过路径来具体指定，路径的表示方法在 2.3.3 中已经做了介绍，在此不再赘述。下面实例

图 2-8　超链接显示效果

中将使用图片作为超链接，百度链接中需要写出完整的域名，否则会出现链接错误的提示。

2.4.2　图片链接

【例 2-9】　创建图片链接，代码如下：

```
<!DOCTYPE html>
<html>
<head>
<title>超链接</title>
<head>
<body>
    <p>使用图片来做链接：<br>
    <a href="http://www.baidu.com" target="_blank">
    <img border="0" src="picture\logo-baidu.png ">
    </a>
    </p>
</body>
</html>
```

在浏览器中预览，效果如图 2-9 所示。

图 2-9　图片链接显示效果

本例需要准备图片素材，并存储在指定目录中，使用<img>标签在页面中添加图片，使用<a>标签创建图片链接。本例中<a>标记增加了 target 属性，该属性指定了在何处打开链接的页面，_blank 值表示在新窗口中打开百度页面。

2.4.3　电子邮件链接

【例 2-10】　创建电子邮件链接，代码如下：

```
<!DOCTYPE html>
<html>
<head>
<title>超链接</title>
</head>
<body>
    <p>这是一个电子邮件链接：<a href="mailto:someone@163.com?cc=someoneelse@ 163.com&bcc=
someoneelse2@163.com&subject=hello%20world&body=这是一封测试邮件！">给作者的意见或建议！</a>
    </p>
</body>
</html>
```

在浏览器中预览效果如图 2-10 所示。本例创建了一个电子邮件链接，其中 href="mailto:someone@163.com?cc=someoneelse@163.com&bcc=someoneelse2@163.com&subject=hello%20world&body=这是一封测试邮件！" 指定了邮件的收件人 mailto、抄送 cc、暗送 bcc、邮件主题 subject 和邮件正文 body。

单击链接后自动打开 Outlook 软件，如图 2-11 所示。

用户可以在 Outlook 中继续编辑邮件，也可以直接发送。接下来介绍如何创建下载链接。

图 2-10　电子邮件链接显示效果

图 2-11　Outlook 显示效果

2.4.4　下载链接

【例 2-11】　创建下载链接，代码如下：

```
<!DOCTYPE html>
<html>
<head>
    <title>超链接</title>
</head>
<body>
    <a href="../ch5/Try Everything.mp3">下载歌曲  Try Everything</a>
    <br>
    <a href="../ch5/Let It Go.mp3">下载歌曲  Let It Go</a>
</body>
</html>
```

在浏览器中预览，效果如图 2-12 所示。

在超链接上右键单击，选择"另存为"，显示效果如图 2-13 所示。

图 2-12　下载链接显示效果

图 2-13　保存下载文件

在本例中，需要将提供给用户下载的文件存储在服务器上，并在属性 href 中指定文件的正确的位置，本例的 HTML 范例页面位于随书电子资源的 ch2 文件夹下。而两首歌曲存放在了 ch5 文件夹下，因此，超链接路径为 href="../ch5/Try Everything.mp3"，其中 ".." 表示返回上一级目录。另外需要注意提供正确的文件名和扩展名。

2.4.5　锚点链接

【例 2-12】　锚点链接可链接到同一页面的不同位置，代码如下：

```
<!DOCTYPE html>
<html>
```

```
<head>
    <title>超链接</title>
</head>
<body>
    <p><a href="#C5">查看 第五章。</a></p>
    <h2>第一章</h2>
        <p>Web 前端开发概述</p>
    <h2>第二章</h2>
        <p>Web 前端开发概述</p>
    <h2>第三章</h2>
        <p>Web 前端开发概述</p>
    <h2>第四章</h2>
        <p>Web 前端开发概述</p>
    <h2><a name="C5">第五章</a></h2>
        <p>Web 前端开发概述</p>
    <h2>第六章</h2>
        <p>Web 前端开发概述</p>
    <h2>第七章</h2>
        <p>Web 前端开发概述</p>
    <h2>第八章</h2>
        <p>Web 前端开发概述</p>
    <h2>第九章</h2>
        <p>Web 前端开发概述</p>
    <h2>第十章</h2>
        <p>Web 前端开发概述</p>
    <h2>第十一章</h2>
        <p>Web 前端开发概述</p>
    <h2>第十二章</h2>
        <p>Web 前端开发概述</p>
    <h2>第十三章</h2>
        <p>Web 前端开发概述</p>
    <h2>第十四章</h2>
        <p>Web 前端开发概述</p>
    <h2>第十五章</h2>
        <p>Web 前端开发概述</p>
</body>
</html>
```

在浏览器中预览，显示效果如图 2-14、图 2-15 所示。

图 2-14　锚点链接显示效果

图 2-15　指向同一页面不同位置

2.5　表格标签

早期的网页设计中表格的作用非常重要，不但可以用表格清晰地显示数据，而且还用来设计页面布局。不过在 HTML5 中表格的作用已经被减弱了，第 3 章中将要给大家介绍的页面元素是 HTML5 新增的页面布局元素，因此，目前表格更多地被用来显示数据。

2.5.1　创建表格

日常生活中的数据有多种形式，如财务数据、调查数据、事件日历、公交车时刻表、电视节目表等。在大多数情况下，这类信息都由列标题或行标题加上数据本身构成。为了更直观、明了地显示数据，在页面中可以使用<table>元素创建表格。基本的 HTML 表格由 table 元素以及一个或多个 tr、th 或 td 元素组成。从基本层面看，table 元素是由行组成的，行又是由单元格组成的。每个行（tr）都包含标题单元格（th）或数据单元格（td），或者同时包含这两种单元格。如果为整个表格添加一个标题有助于访问者理解该表格，可以提供 caption。

其语法格式如下：

```
<table border="1">
<tr>
    <th>someheader</th>
    <th>someheader</th>
...
</tr>
<tr>
    <td>sometext</td>
    <td>sometext</td>
...
</tr>
...
</table>
```

【例 2-13】　创建表格，代码如下：

```
<!DOCTYPE html>
<html>
<head>
<title>table</title>
</head>
<body>
<table width="694" height="194" border="1">
  <tr>
    <th width="202" scope="col">乌龙茶</th>
    <th width="119" scope="col">红茶</th>
    <th width="111" scope="col">绿茶</th>
    <th width="85" scope="col">白茶</th>
    <th width="81" scope="col">黑茶</th>
    <th width="56" scope="col">黄茶</th>
  </tr>
```

```
            <tr>
                <td>铁观音、黄金桂、武夷岩茶（包括大红袍、水金龟、白鸡冠、铁罗汉、武夷肉桂、武夷水
仙）、漳平水仙、漳州黄芽奇兰、永春佛手、台湾冻顶乌龙、广东凤凰水仙、凤凰单枞等</td>
                <td>正山小种、金骏眉、银骏眉、坦洋工夫、祁门工夫、宁红等</td>
                <td>龙井、碧柔春、黄山毛峰、南京雨花茶、信阳毛尖、庐山云雾茶等</td>
                <td>君山银针、白毫银针、白牡丹、贡眉、寿眉等</td>
                <td>普洱茶、茯砖茶、六堡茶等</td>
                <td>霍山黄芽、蒙山黄芽等</td>
            </tr>
        </table>
    </body>
</html>
```

在浏览器中预览，显示效果如图 2-16 所示。

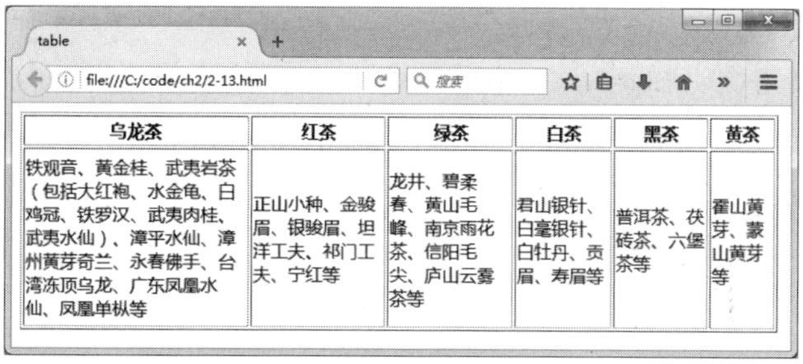

图 2-16 <table>标签显示效果

表格也可以嵌套。嵌套一方面是使页面的外观更为漂亮，做出复杂而精美的效果，另一方面是出于布局需要，用一些嵌套方式的表格来做精确的编排，或者二者兼而有之。熟练地掌握表格的嵌套技巧并不困难，只要思路清晰，对表格的整体嵌套构架做到心中有数，在实际编辑时就不会混乱。

2.5.2 设置属性

2.5.1 节介绍了页面中添加表格的方法，本节将介绍更多表格及单元格属性。

1. 表格属性

Table 标签的常用属性如表 2-7 所示。

表 2-7 <table>标签常用属性及描述

属　性	值	描　述
border	pixels	规定表格边框的宽度。设置为 0 表示不显示边框
cellpadding	Pixels | %	规定单元边沿与其内容之间的空白
cellspacing	Pixels | %	规定单元格之间的空白
rules	none | groups | rows | cols | all	规定内侧边框的哪个部分是可见的
width	Pixels | %	规定表格的宽度

<table>标签属性主要是针对表格设置，如 border 属性表示表格边框的宽度，设置为"0"时，表示不显示边框；cellpadding 属性规定单元格边线与内容之间的空白距离；cellspacing 属性规定单元格与另一个单元格之间的空白距离；rules 属性规定表格内边框的哪个部分显示等。

下面通过具体的实例来说明每项属性的用法和功能。

【例2-14】 设置表格属性，代码如下：

```
<!DOCTYPE html>
<html>
<head>
<title>设置表格行属性</title>
</head>
<body>
<table width="700" height="160" border="1" align="center" cellpadding="10" cellspacing="5">
  <tr>
    <td>第一行第一列</td>
    <td>第一行第二列</td>
  </tr>
  <tr>
    <td>第二行第一列</td>
    <td>第二行第二列 </td>
  </tr>
  <tr>
    <td>第三行第一列</td>
    <td>第三行第二列</td>
  </tr>
</table>
</body>
</html>
```

在浏览器中预览，效果如图2-17所示。

图2-17　设置表格属性

注意观察cellspacing和cellpadding这两个属性对表格的影响。

2．单元格属性

单元格常用属性如表2-8所示。

表2-8　单元格常用属性

属　性	值	描　述
align	right | left | center | justify | char	定义表格行的内容对齐方式
bgcolor	rgb(x,x,x) | #xxxxxx | colorname	不赞成使用。请使用样式取而代之。规定表格行的背景颜色
char	character	规定根据哪个字符来进行文本对齐
charoff	number	规定第一个对齐字符的偏移量
valign	top | middle | bottom | baseline	规定表格行中内容的垂直对齐方式

2.6 元标签

<meta>元标签是提供有关页面的元信息（meta-information），如针对搜索引擎和更新频度的描述和关键词。<meta> 标签位于文档的头部，不包含任何内容。<meta> 标签的属性定义了与文档相关联的名称/值对。其语法格式如下：

```
<meta http-equiv="…" name="…" content="…">
```

其中 http-equiv、name、content 属性可取值及其描述如表 2-9 所示。

表 2-9　<meta>标签属性

属　　性	值	描　　述
charset	character encoding	定义文档的字符编码
content	some_text	定义与 http-equiv 或 name 属性相关的元信息
http-equiv	content-type┃expires┃refresh┃set-cookie	把 content 属性关联到 HTTP 头部
name	author┃description┃keywords┃generator┃revised┃others	把 content 属性关联到一个名称

其中 charset 属性是 HTML5 新增的属性，作用是定义字符集。代码如下：

```
<meta charset="ISO-8859-1">
```

【例 2-15】　meta 元标签的使用，代码如下：

```
<!DOCTYPE html>
<html>
<head>
<meta http-equiv="Content-Type" content="text/html; charset=gb2312">        //附加头部字段
<meta name="author" content="SIAS.edu.cn">          //作者信息
<meta name="revised" content="SIAS,9/9/16">         //修改时间
<meta name="generator" content="Dreamweaver CS6">   //制作软件
<meta name="description" content="HTML5 examples">  //内容描述
<meta name="keywords" content="HTML5, CSS3, XML, XHTML, JavaScript"> //关键字
</head>
<body>
    <p>本文档的 meta 属性标识了创作者、编辑软件及关键词。</p>
</body>
</html>
```

2.7 link 标签

<link>标签定义文档与外部资源的关系，最常见的用途是链接样式表。此元素只能存在于 head 部分，不过它可以出现多次。其语法格式如下：

```
<head>
    <link rel="…"  type="…"  href="…">
</head>
```

其中：rel 属性规定当前文档与被链接文档之间的关系，其常见取值为 stylesheet、shortcut icon、author 等。Type 属性规定被链接文档的 MIME 类型。href 属性定义被链接文档所在的位置。

<link>标签其属性如表 2-10 所示。

表 2-10　<link>标签属性

属　　性	值	描　　述
href	URL	定义被链接文档的位置
hreflang	language_code	定义被链接文档中文本的语言
media	media_query	规定被链接文档将显示在什么设备上
rel	alternate｜archives｜author｜bookmark｜external｜first｜help｜icon｜last｜license｜next｜nofollow｜noreferrer｜pingback｜prefetch｜prev｜search｜sidebar｜stylesheet｜tag｜up	必需。定义当前文档与被链接文档之间的关系
sizes	HeightxWidth｜any	定义了链接属性大小，只对属性 rel="icon" 起作用
type	MIME_type	规定被链接文档的 MIME 类型

其中 rel 属性为必需的属性，它定义了当前文档与被链接文档之间的关系，常见的属性值如下。

1）stylesheet，即 CSS 层叠样式表，其语法格式如下：

```
<link rel="stylesheet" type="text/css" href="样式表文件所在路径">
```

2）icon，即该文档的图标文件，其语法格式如下：

```
<link rel="shortcut icon" href="图标文件所在路径">
```

href 属性定义了被链接文档的位置，可以使用相对路径，也可以使用绝对路径。

type 属性定义了被链接文档的 MIME 类型。

如：

```
<head>
<link rel="stylesheet" type="text/css" href="theme.css" />
</head>
```

或：

```
<link rel="icon" sizes="any" mask href="//www.baidu.com/img/baidu.svg">
```

或：

```
<link rel="shortcut icon" href="/favicon.ico" type="image/x-icon" />
```

2.8　练习

1．制作一个包含文字和图片的简单页面，效果如图 2-18 所示，可以通过表格实现该效果。

图 2-18　文字与图片参考样图

2. 制作三个页面，其中一个页面是带导航的主页面，将其他页面链接到主页面上。

3. 制作一个页面，通过超链接下载文件，下载内容可以为压缩包、音频或视频文件。

4. 制作一个页面，使用锚点链接制作单页电子书章节跳转网页。

5. 制作一个图文混排的页面。

第 3 章　页面元素和属性

HTML5 的目标是通过一些新标签、新功能为开发更加简单、独立、标准的通用 Web 应用提供标准。新的标准解决了三大问题：浏览器兼容问题，文档结构不明确的问题，Web 应用程序功能受限的问题。本章介绍的元素都是 HTML5 为了解决以上问题而新增的。有了新的结构性的标签标准，可以让 HTML 文档更加清晰，可阅读性更强，更利于 SEO，也更利于视障人士阅读。

3.1　结构元素

以前的 HTML 页面基本上都使用 Div+CSS 的布局方式。搜索引擎在抓取页面内容的时候，只能猜测某个 Div 内的内容是文章内容容器，或者是导航模块的容器，或者是作者介绍的容器等。也就是说整个 HTML 文档结构定义不清晰。HTML5 为了解决这个问题，专门添加了页眉、页脚、导航、文章内容等与结构相关的结构元素标签。

在介绍这些新标签之前，先看一个普通的页面的布局参考图，如图 3-1 所示。

图 3-1 可以清晰地看到，一个普通的页面，会有头部、导航、文章内容，还有附着的右边栏、底部等模块，主要是通过类名（class）进行标记，然后通过不同的 CSS 样式来处理。但相对来说类名（class）不是通用的标准规范，搜索引擎只能猜测某部分的功能，另外就是此页面程序交给视力障碍人士来阅读，文档结构和内容也不会很清晰。而 HTML5 新标签带来的新的布局如下。

通常页面的构成有四个主要组件：带导航的页头、显示在主体内容区域的文章、显示次要信息的辅助栏以及页脚。如图 3-2 所示。

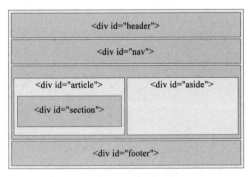

图 3-1　\<div\>页面布局

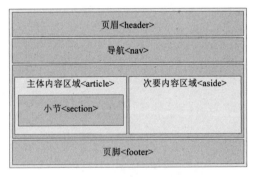

图 3-2　HTML5 页面结构

【例 3-1】HTML5 页面基本结构，代码如下：

```
<!DOCTYPE html>
<html>
<head>
<title>页面结构</title>
```

```
        </head>
        <body>
            <header>导航</header>
            <nav>菜单</nav>
            <article>内容</article>
            <aside>次要内容</aside>
            <footer>底部说明</footer>
        </body>
    </html>
```

图 3-3　页面基本结构

在浏览器中预览，效果如图 3-3 所示。

在没有学习 CSS 的情况下，无法为这样的页面添加样式，浏览器预览效果与期待的效果有所不同。第 6 章将介绍布局相关知识，页面效果将会进一步提升。目前首要的任务是，使用 HTML 将内容呈现清楚。下面将介绍页面结构相关元素。

3.1.1　header 元素

header 元素是一种具有引导和导航作用的辅助元素，可以包含一个区块的标题，也可以包含其他的内容。

一个页面可以有任意数量的 header 元素，它们的含义可以根据上下文而有所不同。例如，处于页面顶端或接近这个位置的 header 可能代表整个页面的页眉（有时称为页头）。通常，页眉包括网站标志、主导航和其他全站链接，甚至搜索框。这些是 header 元素最常见的使用形式，但不要误认为是唯一的形式。

<header>标签定义文档的页眉，通常是一些引导和导航信息。它不局限于写在网页头部，也可以写在网页内容里面。通常<header>标签至少包含（但不局限于）一个标题标签（<h1>～<h6>），还可以包括<hgroup>标签、表格内容、标识、搜索表单、<nav>导航等。

创建页眉的步骤是：

1）将光标放置在需要创建页眉的元素里。

2）输入<header>。

3）输入页眉的内容，包括各种类型的内容，它们分别由各自的 HTML 元素（本书后面会讲到其中的大多数）进行标记。

4）输入</header>。

简单的页眉示例代码如下：

```
<header >
    <img src="images/logo.png" alt="茗茶馆">
    <nav>
    <ul>
        <li ><a href="home.html" title="主页">主页</a></li>
        <li><a href="#" title="花茶及文化">花茶及文化</a></li>
        <li><a href="#" title="饮品及美食">饮品及美食</a></li>
        <li><a href="#" title="俱乐部">俱乐部</a></li>
        <li><a href="form.html" title="在线订购">在线订购</a></li>
    </ul>
    </nav>
</header>
```

3.1.2　article 元素

HTML5 的另一个新元素便是 article。article 元素在页面中用来表示结构完整且独立的内容部分，如论坛的一个帖子，杂志或者报纸的一篇文章。

article 元素是可以嵌套使用的，内层的内容在原则上需要与外层内容相关联。例如，一篇博客文章与针对该文章的评论可以一起使用嵌套 article 的方式，这时用来呈现评论的 article 元素被包含在文章内容的 article 里面。

创建文章的步骤是：

1）输入<article>。

2）输入文章的内容。内容可以包含任意数量的元素。元素类型包括段落、列表、音频、视频、图像、图形等。

3）输入</article>。

提示： 可以将 article 嵌套在另一个 article 中，只要里面的 article 与外面的 article 是部分与整体的关系。一个页面可以有多个 article 元素（也可以没有）。例如，博客的主页通常包括几篇最新的文章，其中每一篇都是其自身的 article。一个 article 可以包含一个或多个 section 元素（3.2 节会介绍该元素）。在 article 里包含独立的 h1～h6 也是常见的用法。

示例代码如下：

```
<article>
    <header>
        <h3>茗茶推荐——祁门红茶</h3>
        <time datetime="2016-10-10">2016 年 10 月 10 日</time>
    </header>
    <p>
    祁门红茶简称祁红，茶叶原料选用当地的中叶、中生种茶树"槠叶种"（又名祁门种）制
作，是中国历史名茶，著名红茶精品。祁门红茶是红茶中的极品，享有盛誉，是英国女王和王室的至爱饮品，
高香美誉，香名远播，美称"群芳最""红茶皇后"。
    </p>
    <footer>
        <span>阅读(99)</span>
    </footer>
</article>
```

3.1.3　aside 元素

aside 标签用来装载非正文的内容，被视为页面里面一个单独的部分。它包含的内容与页面的主要内容是分开的，可以被删除，而不会影响到网页的内容、章节或页面所要传达的信息。例如广告、成组的链接、侧边栏等。

在页面设计和规划中会遇到这样的情况，页面中有一部分内容与主体内容相关性没有那么强，可以独立存在，又需要跟主体内容有所区别，在 HTML5 之前无法直接通过 HTML 标签来直接区分。在 HTML5 中，新加入了 aside 元素，用来表示当前页面或者文章的附属信息部分。使用<aside>标签的例子还包括重要引述、指向相关文章的一组链接（通常针对新闻网站）、nav 元素组（如博客的友情链接）、Twitter 源、相关产品列表（通常针对电子商务网站）等。

指定附注栏的步骤如下：

1）输入<aside>。

2）输入附注栏的内容。内容可以包含任意数量的元素。元素类型包括段落、列表、音频、视频、图像、图形等。

3）输入</aside>。

需要注意的是 HTML5 不允许将 aside 嵌套在 address 元素内。

示例代码如下：

```
<aside >
    <section>
        <header>
            <h3>欢迎来到茗茶馆！</h3>
        </header>
        <p>
            茗茶馆寻遍中华大地，精选各地好茶，目的就是为了能把最好的茶叶带给消费
者，多年坚持、品质如一，赢得新老消费者的一致好评。品牌周年庆，特推出优惠活动，详询客服人员。
        </p>
    </section>
    <section >
        <header>
            <h3>茗茶欣赏</h3>
        </header>
        <figure>
            <img src="images/pic-1.jpg" alt="绿茶">
            <figcaption>绿茶</figcaption>
        </figure>
        <figure>
            <img src="images/pic-2.jpg" alt="红茶">
            <figcaption>红茶</figcaption>
        </figure>
        <figure>
            <img src="images/pic-3.jpg" alt="乌龙茶">
            <figcaption>乌龙茶</figcaption>
        </figure>
        <figure>
            <img src="images/pic-4.jpg" alt="白茶">
            <figcaption>白茶</figcaption>
        </figure>
    </section>
</aside>
```

3.1.4　footer 元素

　　footer 标签定义 section 或 document 的页脚，包含了与页面、文章或部分内容有关的信息，例如文章的作者或者日期。作为页面的页脚时，一般包含了版权、相关文件和链接。它和<header>标签使用基本一样，可以在一个页面中多次使用，如果在一个区段的后面加入 footer，那么它就相当于该区段的页脚了。

　　当你想到页脚的时候，你大概想的是页面底部的页脚（通常包括版权声明，可能还包括指向隐私政策页面的链接以及其他类似的内容）。HTML5 的 footer 元素可以用在这样的地方，但它同 header 一样，还可以用在其他的地方。footer 元素代表嵌套它的最近的 article、aside、 blockquote、body、details、fieldset、figure、nav、section 或 td 元素的页脚。只有当它最近的祖先是 body 时，它才是整个页面的页脚。如果一个 footer 包含它所在区块（如一个 article）的所有内容，它代表的是类似附录、索引、版权页、许可协议这样的内容。

创建页脚的步骤是：

1）将光标放在希望创建页脚的元素里。

2）输入<footer>。

3）输入页脚的内容。

4）输入</footer>。

footer 元素可以作为其直接父级内容区块或一个根区块的尾部内容，通常包括其相关区块的附加信息，如文档的作者、文档的创作日期，相关阅读链接以及版权信息等。

【例3-2】 footer 元素实例，代码如下：

```
<!DOCTYPE html>
<html>
<head>
<title>茗茶馆</title>
</head>
<body>
    <header></header>
    <aside></aside>
    <article></article>
    <footer>
            @2016 SIAS Corporation. All rights reserved.
    </footer>
</body>
</html>
```

在浏览器中预览，显示效果如图 3-4 所示。

3.1.5 \<figure>和\<figcaption>元素

figure 元素规定独立的流内容（图像、图表、照片、代码等）。figure 元素的内容应该与主内容相关，如果被删除，不应对文档流产生影响。figcaption 元素定义 figure 元素的标题。figcaption 元素应该被置于"figure"元素的第一个或最后一个子元素的位置。其语法格式如下：

图 3-4   footer 元素

```
<figure>
    …
    <figcaption>…</figcaption>
</figure>
```

假如在<figure>元素内放置了一段视频，就需要用到<video>元素，该元素将在第 5 章为大家介绍。

```
<figure>
    <video controls width="512" height="288">
    <source src="video/tea.mp4">
        <p>对不起，您的浏览器不支持 video 标签</p>
    </video>
```

```
            <figcaption>茶道视频欣赏</figcaption>
        </figure>
```

也可以在 figure 元素内放置一张图片,需要用到<img>标签,如:

```
<figure>
    <img src="images/pic-1.jpg" alt="绿茶">
    <figcaption>绿茶</figcaption>
</figure>
```

3.2　页面节点

HTML5 之前定义结构大多使用<div>标签,通过设置它的属性 id 的值如 header、footer、sidebar 等来分别表达头部、底部或者侧边栏等。HTML 5 增加了新的结构元素来表达这些最常用的结构,开发人员不再需要为 id 的命名费尽心思,对于手机、阅读器等设备更有语义的好处。除了前面介绍的基本结构元素外,HTML5 还新增了部分页面节点元素。

3.2.1　section 元素

section 元素定义文档中的节。例如章节、页眉、页脚或文档中的其他部分。一般用于成节的内容,会在文档流中开始一个新的节。它用来表现普通的文档内容或应用区块,通常由内容及其标题组成。但 section 元素并非一个普通的容器元素,它表示一段专题性的内容,一般会带有标题。描述一件具体事物的时候,通常鼓励使用 article 来代替 section;当使用 section 时,仍然可以使用 h1 来作为标题,而不用担心它所处的位置,以及其他地方是否用到;当一个容器需要被直接定义样式或通过脚本定义行为时,推荐使用 div 元素而非 section。

section 元素可以与 h1~h6 等元素结合起来使用,标识文档结构。其语法结构如下:

```
<section>
    <h1>…</h1>
    <p>…</p>
<section>
```

示例代码如下:

```
<section class="news">
    <header>
        <h3>开启您的星享之旅!</h3>
    </header>
    <p>
        星享卡会员累积星星,兑换好礼!每累积消费 50 元可获赠一颗星星。星星越多,好礼越多哦!
        <a href="#">点击这里</a>开启您的星享惊喜之旅!
    </p>
</section>
```

3.2.2　nav 元素

HTML 的早期版本没有元素明确表示主导航链接的区域,HTML5 增加了这样一个元素,即 nav 元素。nav 元素中的链接可以指向页面中的内容,也可以指向其他页面或资源,或者两者兼而有之。无论是哪种情况，应该仅对文档中重要的链接群使用 nav 元素。nav 元素代表页面的一个部分，是一个可以作为页面导航的链接组，其中的导航元素链接到其他页面或者当前页面的其他部分，使 html 代码在语义化方面更加精确，同时对各类显示设备的支持也更好。其语法格式如下：

```html
<nav>
  <ul>
    <li ><a href="#">…</a></li>
    <li ><a href="#">…</a></li>
    …
  </ul>
</nav>
```

并不是所有的 HTML 文档都要用到 nav 元素。nav 元素只是标注一个导航链接的区域。在不同设备上（手机或计算机）可以指定导航链接是否显示，以适应不同屏幕的需求。示例代码如下：

```html
<nav>
  <ul>
    <li ><a href="#" title="主页">主页</a></li>
    <li><a href="#" title="花茶及文化">花茶及文化</a></li>
    <li><a href="#" title="饮品及美食">饮品及美食</a></li>
    <li><a href="#" title="俱乐部">俱乐部</a></li>
    <li><a href="#" title="在线订购">在线订购</a></li>
  </ul>
</nav>
```

3.2.3　address 元素

address 元素一般被作者用来提供该文档的联系人信息，通常放在一个网页的开头或者结尾，最常用的是和其他内容包含在 footer 元素内。如果 address 元素位于 article 元素内部，则它表示 article 元素所包含文章的作者的联系信息，如果直接位于 body 元素内，那么表示该网页作者的联系信息。其语法格式如下：

```html
<address>
…
</address>
```

示例代码如下：

```html
<address>
Written by <a href="mailto:webmaster@example.com">茗茶联系站</a>.<br>
Visit us at:<br>
Example.com<br>
Box 564, Henan<br>
</address>
```

3.3　交互元素

HTML5 是一些独立特性的集合，它不仅新增了许多 Web 页面特征，而且本身也是一个应用程序。对于应用程序而言，表现最为突出的就是交互操作。HTML5 为操作新增了对应的交互体验元素，如 progress、meter、details、summary、menu、command 等，这些元素可以在不请求服务器任何资源的情况下，改变用户选择的内容与展现状态。这些交互元素改善了 HTML5 页面的用户体验和功能。

3.3.1　progress 元素

progress 元素属于状态交互元素。所谓状态交互元素，表示页面在与用户进行数据交互时，为了增强用户的 UI 体验，显示在页面中的各种进度状态。

progress 元素用来表示页面中的某个事物完成的进度。如下载文件时，可以通过该元素动态展示下载的进度。显示的方式可以使用整数（如 1 到 100），也可以使用百分比（如 1%到 100%）。其语法格式如下：

```
<progress value="当前进度值" max="最大值">
</progress>
```

progress 元素的属性及描述，如表 3-1 所示。

表 3-1　progress 元素的属性及描述

属　　性	值	描　　述
max	number	规定任务一共需要多少工作
value	number	规定已经完成多少任务

progress 元素中设置的"value"值必须小于或等于"max"属性值，且两者都必须大于 0。

【例 3-3】　progress 标签实例，代码如下：

```
<!DOCTYPE html>
<html>
<body>
    下载进度：
    <progress value="22" max="100">
    </progress>
    <p><b>注释：</b>Internet Explorer 9 以及更早的版本不支持 progress>标签。</p>
</body>
</html>
```

在浏览器中预览，效果如图 3-5 所示。

3.3.2　meter 元素

meter 元素是 HTML5 中新增的元素，用于表示在一定数量范围中的值，也属于状态交互元素。可用于投票系统中候选人各占比例情况及考试分数统计等。其语法格式如下：

图 3-5　progress 元素显示效果

```
<meter value="当前度量值" min="最小值" max="最大值">…</meter>
```

meter 元素的属性及描述，如表 3-2 所示。

表 3-2　meter 元素的属性及描述

属　　性	值	描　　　　述
form	form_id	规定 <meter> 元素所属的一个或多个表单
high	number	规定被视作高的值的范围
low	number	规定被视作低的值的范围
max	number	规定范围的最大值
min	number	规定范围的最小值
optimum	number	规定度量的优化值
value	number	必需。规定度量的当前值

【例 3-4】 meter 标签实例，代码如下：

```html
<!DOCTYPE html>
<html>
<body>
    <p>显示度量值：</p>
    <meter value="35" min="0" max="100">35/100</meter><br>
    <meter value="0.6">60%</meter>
    <p>Internet Explorer 不支持 meter 标签。</p>
</body>
</html>
```

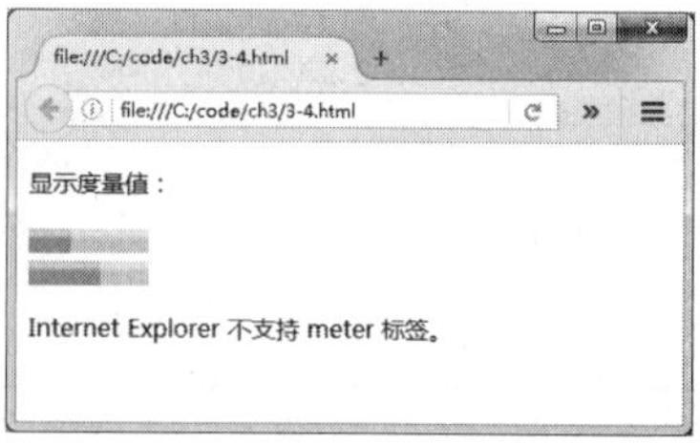

图 3-6　meter 元素显示效果

在浏览器中预览，效果如图 3-6 所示。

3.3.3　details 元素和 summary 元素

details 元素是 HTML5 中新增的一个元素，用来表示一段具体的内容，但是内容默认可能不显示，通过某种手段（如点击）与图例进行交互才显示出来。这个元素实现的功能在网页中经常会看到，就是达到一种收缩展开切换的效果，一般情况下都是通过 JavaScript 来实现，当然在 jQuery 中也有现成的函数可以调用。details 通过标签就能实现类似的效果。details 有一个 open 属性，点击展开时会自动设定该属性值为 true，收缩时该属性又被移除。其语法格式如下：

```html
<details>
<summary>…</summary>
…
</details>
```

details 元素的常用属性及描述，如表 3-3 所示。

表 3-3　details 元素的属性及描述

属　　性	值	描　　　　述
open	open	用户控制<details>元素是否显示，默认为不可见
subject	sub_id	用于设置元素所对应的项目 ID 号
draggable	true/false	设置是否可以拖动元素，默认为 false

其中 open 属性是一个布尔（boolean）属性，规定在 HTML 页面上 details 是否可见，默认情况下对用户是不可见的。

【例 3-5】 details 元素实例，代码如下：

```
<article>
    Data-list:</br>
    <input type="text" list="data_list"/>
    <datalist id="data_list">
        <option value="Apple"></option>
        <option value="Nokia"></option>
        <option value="Samsung"></option>
    </datalist>
</article>
```

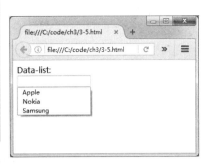

图 3-7 details 元素显示效果

在浏览器中预览，当鼠标在文本框内点击时，会出现选项列表提示，如图 3-7 所示

summary 元素是 HTML5 中新增的一个元素，常包含于 details 元素中，配合 details 元素使用。在两者结合起来使用的代码中，summary 元素用于说明文档的标题，details 元素用于说明文档的详细信息。summary 元素是 details 元素中的第一个子元素，二者经常同时出现在页面中。

3.3.4　menu 元素

menu 元素是 HTML5 中重新启用的一个旧元素。menu 元素在 HTML2 时就已经存在，但是在 HTML4 时曾被废弃。该元素常与 li 列表元素结合使用，用来定义一个列表式的菜单，其语法格式如下：

```
<menu type="…">
<li>
    <menu label="…">
…
    </menu>
</li>
<li>
    <menu label="…">
…
    </menu>
</li>
…
</menu>
```

menu 元素的属性及描述，如表 3-4 所示。

表 3-4　menu 元素的属性及描述

属　　性	值	描　　述
label	text	规定菜单的可见标签
type	popup | toolbar	规定要显示哪种菜单类型

【例 3-6】 menu 元素实例，代码如下：

```
<!DOCTYPE html>
<html>
<body>
<menu type="toolbar">
<li>
    <menu label="File">
      <button type="button" onclick="file_new()">新建</button>
```

```
        <button type="button" onclick="file_open()">打开</button>
        <button type="button" onclick="file_save()">保存</button>
      </menu>
    </li>
    <li>
     <menu label="Edit">
      <button type="button" onclick="edit_cut()">剪切</button>
      <button type="button" onclick="edit_copy()">复制</button>
      <button type="button" onclick="edit_paste()">粘贴</button>
     </menu>
    </li>
  </menu>
  <p><b>注释：</b>所有主流浏览器均不支持 menu 元素。</p>
 </body>
</html>
```

3.3.5 command 元素

command 元素是 HTML5 新增的元素，用于定义各种类型的命令按钮。利用该元素的"url"属性可以添加图片，并且实现图片按钮效果；另外，改变标签中的"type"属性，还可以定义复选框或单选框按钮，其语法格式如下：

```
<command type="按钮类型" label="按钮上显示内容">…</command>
```

command 元素的属性及描述，如表 3-5 所示。

表 3-5　＜command＞元素的属性及描述

属　　性	值	描　　述
checked	checked	定义是否被选中。仅用于 radio 或 checkbox 类型
disabled	disabled	定义 command 是否可用
icon	url	定义作为 command 来显示的图像的 url
label	text	为 command 定义可见的 label
radiogroup	groupname	定义 command 所属的组名。仅在类型为 radio 时使用
type	checkbox | command | radio	定义该 command 的类型。默认是 "command"

该元素也常与<menu>结合使用，可以实现弹出式的下拉菜单，但单击菜单中的某个选项时，将执行相应的操作。

【例3-7】 command 元素实例，代码如下：

```
<menu>
<command type="command" label="Save" onclick="save()">Save</command>
</menu>
```

3.4 文本层次语义元素

em、strong、dfn、code、samp、kbd、var、cite 元素都是短语元素。虽然这些元素定义的文本大多会呈现出特殊的样式，但实际上，这些元素都拥有确切的语义。在 HTML5 中并不反对使用它们，但是如果只是为了达到某种视觉效果而使用这些标签，建议使用样式表，也能达到更加丰富的效果。表 3-6 列出了这些元素及其含义。

表 3-6　文本元素及含义

元 素 名 称	说　　明
em	把文本定义为强调的内容
strong	把文本定义为语气更强的强调内容
dfn	定义一个项目
code	定义计算机代码文本
samp	定义样本文本
kbd	定义键盘文本。它表示文本是从键盘上输入的，经常用在与计算机相关的文档或手册中
var	定义变量。可以将此标签与 <pre> 及 <code> 标签配合使用
cite	定义引用。可使用该标签对参考文献的引用进行定义，如书籍或杂志的标题

3.4.1　cite 元素

cite 元素定义作品（如书籍、歌曲、电影、电视节目、绘画、雕塑等）的标题。按照惯例，引用的文本将以斜体显示。用 cite 元素把指向其他文档的引用分离出来，尤其是分离那些传统媒体中的文档，如书籍、杂志、期刊等。如果引用的这些文档有联机版本，还应该把引用包括在一个 <a> 标签中，从而把一个超链接指向该联机版本。cite 元素还有一个隐藏的功能：它可以使用户从文档中自动摘录参考书目。好比一个浏览器，它能够自动整理引用表格，并把它们作为脚注或者独立的文档来显示。<cite> 标签的语义已经远远超过了改变它所包含的文本外观的作用；它使浏览器能够以各种实用的方式来向用户表达文档的内容。

3.4.2　mark 元素

mark 元素定义带有记号的文本，可以高亮显示文档中的文字以达到醒目的效果，其语法格式如下：

```
<mark>…</mark>
```

【例 3-8】　mark 元素实例，代码如下：

```
<p>今日日程提醒：<mark>下午三点 1402 开会</mark></p>
```

在浏览器中预览，显示效果如图 3-8 所示。

图 3-8　mark 元素显示效果

3.4.3　time 元素

time 元素用于定义日期或时间，或者日期和时间。该元素能够以机器可读的方式对日期和时间进行编码，例如能够把生日提醒或排定的事件添加到日程表中，搜索引擎也能够生成更智能的搜索结果，其语法格式如下：

```
<time datetime="时间值">…</time>
```

time 元素的属性及描述，如表 3-7 所示。

表 3-7　time 元素常用属性

属　　性	值	描　　述
datetime	datetime	规定日期/时间。否则由元素的内容给定日期/时间
pubdate	pubdate	指示 <time> 元素中的日期/时间是文档（或 <article> 元素）的发布日期

【例 3-9】 time 元素实例，示例代码如下：

```
<article>
    <header>
        <h3>茗茶推荐——祁门红茶</h3>
        <time datetime="2016-10-10">2016 年 10 月 10 日</time>
    </header>
    <p>
祁门红茶简称祁红，茶叶原料选用当地的中叶、中生种茶树"槠叶种"（又名祁门种）制作，是
中国历史名茶，著名红茶精品。祁门红茶是红茶中的极品，享有盛誉，是英国女王和王室的至爱饮品，高香美
誉，香名远播，美称"群芳最""红茶皇后"。
    </p>
    <footer>
        <span>阅读(99)</span>
    </footer>
</article>
```

3.5 分组元素

为了页面的排版需要，HTML5 提供了几种语义的分组元素，如表 3-8 所示。

表 3-8 常见分组元素

元素名称	说明
div	一个没有任何语义的通用元素，和 span 是对应元素
blockquote	表示引自他处的大段内容
pre	表示其格式应被保留的内容
ul,ol	表示无序列表、有序列表
li	用于 ul、ol 元素中的列表项
dl,dt,dd	表示包含一系列术语和定义说明的列表。dt 在 dl 内部表示术语，一般充当标题；dd 在 dl 内部表示定义，一般是内容
figure	表示图片
figcaption	表示 figure 元素的标题

3.5.1 ul 元素

ul 元素表示无序项目列表，相当于 Word 中的项目符号。无序列表使用一对标签<ul></ul>
标识，其中每一个列表项使用<li></li>，其语法结构如下：

```
<ul>
    <li>无序列表项</li>
    <li>无序列表项</li>
    <li>无序列表项</li>
    <li>无序列表项</li>
</ul>
```

注意：在列表中可以使用相关的属性定义列表显示的样式，不过 HTML5 规范中不建议使用属性定义，可以通过第二部分介绍的 CSS 功能来实现。

无序列表也可以嵌套，其语法结构如下：

```
<ul>
    <li>无序列表项</li>
    <ul>
        <li>二级列表项</li>
        <li>二级列表项</li>
        <li>二级列表项</li>
        <li>二级列表项</li>
    </ul>
    <li>无序列表项</li>
    <li>无序列表项</li>
    <li>无序列表项</li>
</ul>
```

【例3-10】 用 ul 元素和 li 元素实现页面导航。

在网站设计中，经常会用到图 3-9 所示的导航。这种导航是如何实现的呢？主要是用到了 <ul>、<li>两个标签，其代码如下：

图 3-9 页面导航

```
<!DOCTYPE html>
<html>
<head>
<title>ul&li</title>
</head>
<body>
<header>
    <ul>
        <li><a href="#">首页</a></li>
        <li><a href="#">博客</a></li>
        <li><a href="#">设计</a></li>
        <li><a href="#">相册</a></li>
        <li><a href="#">论坛</a></li>
        <li><a href="#">关于</a></li>
    </ul>
</header>
</body>
</html>
```

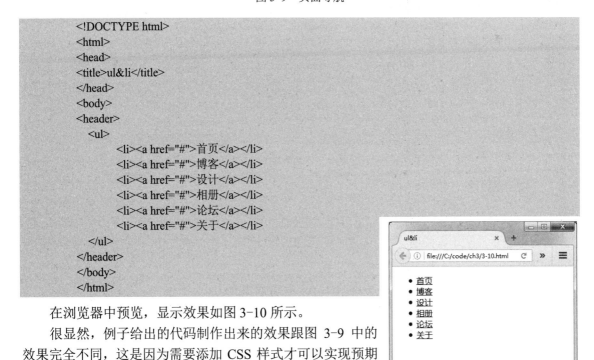

在浏览器中预览，显示效果如图 3-10 所示。

很显然，例子给出的代码制作出来的效果跟图 3-9 中的效果完全不同，这是因为需要添加 CSS 样式才可以实现预期的设计效果。

图 3-10 <li>元素制作导航效果图

3.5.2 ol 元素

ol 元素表示有序列表，类似于 Word 中的自动编号功能，其使用方法和 ul 元素用法基本相同，其语法结构如下：

```
<ol>
    <li>列表项 1</li>
    <li>列表项 2</li>
    <li>列表项 3</li>
    <li>列表项 4</li>
</ol>
```

ol 元素目前支持 3 种属性，如表 3-9 所示。

表 3-9　ol 元素属性

属 性 名 称	说　　明
start	序列编号从数字几开始：<ol start="2">
reversed	是否倒序排列：<ol reversed>，一半主流浏览器不支持
type	表示列表的编号类型，值分别为 1、a、A、i、I

其中 type 属性表示列表的编号类型，默认值为阿拉伯数字，也可以将编号类型设置为罗马数字和英文字母等。

3.5.3 dl 元素

dl 元素用于自定义列表，一般与 dt 元素（定义列表中的一个项目名称）和 dd 元素（对应项目的描述）一起使用，其语法结构如下：

```
<dl>
<dt>自定义列表名称 1</dt>
    <dd>内容 1</dd>
    <dd>内容 2</dd>
<dt>自定义列表名称 2</dt>
    <dd>内容 1</dd>
    <dd>内容 2</dd>
</dl>
```

3.6　全局属性

全局属性是对于任何一个标签都可以使用的属性。在 HTML5 中新增了一些全局属性，这些属性可以表达非常丰富的语义，也会额外提供很多实用的功能。表 3-10 列出了 HTML5 新增的部分属性。

表 3-10　HTML5 中添加的属性

属　　性	描　　述
accesskey	规定激活元素的快捷键
class	规定元素的一个或多个类名（引用样式表中的类）
contenteditable	规定元素内容是否可编辑

属　　性	描　　述
contextmenu	规定元素的上下文菜单。上下文菜单在用户点击元素时显示
data-*	用于存储页面或应用程序的私有定制数据
dir	规定元素中内容的文本方向
draggable	规定元素是否可拖动
dropzone	规定在拖动被拖动数据时是否进行复制、移动或链接
hidden	规定元素仍未或不再相关
id	规定元素的唯一 id
lang	规定元素内容的语言
spellcheck	规定是否对元素进行拼写和语法检查
style	规定元素的行内 CSS 样式
tabindex	规定元素的 tab 键次序
title	规定有关元素的额外信息
translate	规定是否应该翻译元素内容

3.6.1　hidden 属性

hidden 属性是布尔属性。hidden 属性是 HTML5 中的新属性，如果设置该属性，则它对应的元素为隐藏元素。浏览器不显示已规定 hidden 属性的元素。

hidden 属性也可用于防止用户查看元素，直到匹配某些条件（如选择了某个复选框）。然后，JavaScript 可以删除 hidden 属性，使此元素可见。hidden 属性必须定义为 <element hidden="hidden">。

示例代码如下：

```
<!DOCTYPE html>
<html>
<body>
    <p hidden="hidden">这是一段隐藏的段落。</p>
    <p>这是一段可见的段落。</p>
</body>
</html>
```

3.6.2　spellcheck 属性

spellcheck 属性规定是否对元素进行拼写和语法检查，对拼写错误的单词会在其下方出现红线。用了 spellcheck 属性，浏览器会帮助检查 html 元素文本内容拼写是否正确，只有当 html 元素在可编辑状态，sepllcheck 属性才有意义，所以一般是针对 input[text]、textarea 元素的用户输入内容进行拼写和语法检查，拼写错误有红色的波浪下画线，右击会给出修改提示，其语法格式如下：

```
<element spellcheck="true|false">
```

spellcheck 属性值如表 3-11 所示。

表 3-11　spellcheck 属性值

值	描　述
true	对元素进行拼写和语法检查
false	不检查元素

3.6.3　contenteditable 属性

contenteditable 属性规定是否允许用户编辑内容，通常使用输入文本内容的标签是 input 和 textarea，使用 contenteditable 属性后，可以在 div、table、p、span、body 等很多元素中输入内容，单击时会出现一个编辑框。配合 JavaScript 对网页内容局部修改。当一个元素的 contenteditable 状态为 true（contenteditable 属性为空字符串，或为 true，或为 inherit 且其父元素状态为 true）时，意味着该元素是可编辑的。否则该元素不可编辑。

其语法格式如下：

```
<element contenteditable="true|false">
```

ontenteditable 属性值如表 3-12 所示。

表 3-12　contenteditable 属性值

值	描　述
true	规定元素可编辑
false	规定元素不可编辑

3.6.4　contextmenu 属性

contextmenu 属性规定元素的上下文菜单。当用户右击元素时，会出现上下文菜单，其语法格式如下：

```
<element contextmenu="menu_id">
```

【例 3-11】　contextmenu 属性实例，代码如下：

```
<!DOCTYPE html>
<html>
<body>
    <p contextmenu="supermenu">本段落拥有一个名为 "supermenu" 的上下文菜单。这个菜单会在
用户右击该段落时出现。</p>
    <menu id="supermenu">
      <command label="Step 1: Write Tutorial" onclick="doSomething()">
      <command label="Step 2: Edit Tutorial" onclick="doSomethingElse()">
    </menu>
    <p><b>注释：</b>目前只有 Firefox 支持 contextmenu 属性。</p>
</body>
</html>
```

3.6.5　dir 属性

dir 属性规定元素内容的文本方向。属性值 ltr 是英文 left to right 的首字母缩写，即从左到右。rtl 是英文 right to left 的首字母缩写，即从右到左，其语法格式如下：

```
<element dir="ltr|rtl|auto">
```

dir 属性值如表 3-13 所示。

表 3-13 dir 属性值

值	描　　述
ltr	默认。从左向右的文本方向
rtl	从右向左的文本方向
auto	让浏览器根据内容来判断文本方向。仅在文本方向未知时推荐使用

示例代码如下：

```
<!DOCTYPE html>
<html>
<body>
    <bdo dir="rtl">文本方向从右到左!</bdo>
</body>
</html>
```

3.6.6 draggable 属性

draggable 属性规定元素是否可拖动。在 HTML 元素中，链接和图像默认是可拖动的，其语法格式如下：

```
<element draggable="true|false|auto">
```

draggable 属性值如表 3-14 所示。

表 3-14 draggable 属性值

值	描　　述
true	规定元素是可拖动的
false	规定元素是不可拖动的
auto	使用浏览器的默认特性

示例代码如下：

```
<!DOCTYPE html>
<html>
<body>
    <p>这是一段普通的段落。</p>
    <p draggable="true">这是一段可移动的段落。</p>
</body>
</html>
```

3.7 练习

1. 利用结构元素设计一个页面，如图 3-11 所示。
2. 制作一个下载页面，要求可以显示下载进度。

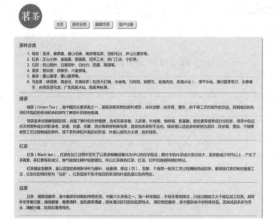

图 3-11　参考样图

3. 制作一个带有导航和页脚的页面。

4. 制作一个利用大写字母 A、B、C……作为编号的列表页面。

5. 制作一个页面，通过<time>标签显示当前的时间和日期。

第4章 Web 表单

表单在动态网页设计中处于非常重要的地位，通过表单可以实现与用户的交互，可以采集浏览者的相关数据。页面上的注册表、调查表和留言板等都属于表单的范畴。表单有两个基本组成部分：访问者在页面上可以看见并填写的控件、标签和按钮的集合；用于获取信息并将其转化为可以读取或计算格式的处理脚本。本章主要讲述表单的基本结构、基本元素和表单的处理，通过具体的实例讲述表单的构建过程及技巧。

4.1 HTML5 对表单的改进

HTML5 的一个重要特性就是对表单的改进。在 HTML5 中，表单在兼容原有元素的基础上，又增加了多个新的表单元素。HTML5 Web Forms 2.0 是对目前 Web 表单的全面提升，它保持了简便易用的特性，同时增加了许多内置的控件或者控件属性来满足用户的需求，并且减少了开发人员的编程。HTML5 主要在以下几个方面对目前的 Web 表单做了改进。

1．HTML 结构更加自由

XHTML 中需要放在 form 之中的如 input/button/select/textarea 等标签元素，在 HTML 5 中完全可以放在页面任何位置，然后通过新增的 form 属性指向元素所属表单的 ID 值，即可关联起来。

```
<form id="form0" action="http://www.baidu.com"></form>
<input type="search" form="form0" name="kw">
```

2．新增控件类型

（1）email/url

```
<input type="email" name="email">
<input type="url" name="url">
```

email 控件效果如图 4-1 所示，url 控件效果如图 4-2 所示，当输入内容不合法时，文本框会自动红色高亮，提示用户输入内容有误。

图 4-1　email 控件　　　　　　　　　　图 4-2　url 控件

必须输入正确的 email/url 地址，表单才能正常提交。省去了之前版本中需要通过脚本语言才可以实现的数据验证。

（2）search

```
<input type="search" search="s">
```

此类型表示输入的将是一个搜索关键字，搜索字段的外观与常规的文本字段无异，但type=search 会有许多默认样式和行为，如会默认下拉列表框显示搜索历史记录，输入时右侧自动弹出清空按钮（x）等。Firefox 浏览中预览效果，如图 4-3 所示。Chrome 浏览器能更好地支持 search 控件，在文本框输入内容时，右侧会显示清空按钮（x），请读者自行尝试在 Chrome 中预览此例。

（3）number/range

```
<input type="number">
<input type="range">
```

不同的数字输入模式，显示不同的效果，如图 4-4、图 4-5 所示。

图 4-3　search 控件

图 4-4　number 控件

图 4-5　range 控件

（4）color

```
<input type="color">
```

color 控件可让用户通过颜色选择器选择一个颜色值，并反馈到 value 中，如图 4-6 所示。

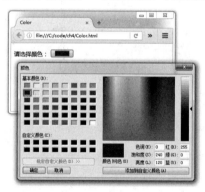

图 4-6　color 控件

（5）日期和时间选择器(date、month、week、time、datetime、datetime-local)

HTML5 提供多种日期和时间输入类型：

● date：选取年、月、日，不包括时间。

● month：选取年和月（不带时区）。

● week：选取年和周（不带时区）。

● time：选取时间（小时和分钟，不带时区）。

● datetime：选取年、月、日、时间（基于 UTC 时区）。

● datetime-local：选取年、月、日、时间（不带时区）。

示例代码如下：

```
<input type="date" name="user_date">
<input type="month" name="user_month">
<input type="week" name="user_week">
<input type="datetime" name="user_datetime">
<input type="datetime-local" name="user_datetime">
```

目前，Firefox 浏览器（版本号 46.0.1）不支持上述日期选择控件，Chrome 浏览器（版本号 51.0.2704.106）支持大部分上述日期选择控件，请读者自行选择在不同的浏览器中预览上述代码。

3. 新增表单属性

（1）placeholder 属性

该属性可以在用户输入时进行提示。placeholder 属性适用于以下类型的<input>标签：text、search、url、telephone、email 以及 password。

图 4-7　placeholder 属性

```
<input type="text" placeholder="请输入姓名信息">
```

在浏览器中预览，效果如图 4-7 所示。

（2）required/pattern 属性

required 属性表示元素为必填项，当用户提交表单时系统会自动检查元素中是否有内容，省去了开发人员编写程序检验的过程。required 属性适用于以下<input> 标签：text、search、url、telephone、email、password、datepickers、number、checkbox、radio 以及 file。

pattern 属性规定用于验证输入字段的模式，即正则表达式，开发人员无须再编写 JavaScript 脚本绑定正则表达式进行验证，非常方便。pattern 属性适用于以下<input>标签：text、search、url、telephone、email 以及 password。

```
<input type="text" required>
```

在浏览器中预览，不填写内容直接单击"提交"按钮，文本框会自动红色高亮显示，并提示用户"请填写此字段"，效果如图 4-8 所示。

（3）autofocus 属性

autofocus 属性表示在打开页面时使元素自动获得焦点（即鼠标光标）。

```
<input type="text" autofocus>
```

在浏览器中预览，页面加载后自动将光标置于文本框内，效果如图 4-9 所示。

图 4-8　require 属性

图 4-9　autofocus 属性

（4）list 属性

list 属性与 datalist 元素配合使用，用来规定输入域的 datalist。datalist 是输入域的选项列表，该元素类似 select 元素，但是比 select 更好的一点在于，当用户要设定的值不在选择列表内时，允许自行输入，该元素本身不显示，当文本框获得焦点时可以提示输入的方式显示。

list 属性适用于以下<input>标签：text、search、url、telephone、email、datepickers、numbers、range 以及 color。

示例代码如下：

```
<input type="text" list="ilist"/>
    <datalist id="ilist">
        <option label="a" value="a"></option>
        <option label="b" value="b"></option>
        <option label="c" value="c"></option>
    </datalist>
```

图 4-10　list 属性与 datalist 元素

在 Firefox 浏览器中预览，双击文本框会弹出下拉列表选项，效果如图 4-10 所示。Chrome 浏览器能更好地支持 list 属性，文本框获取焦点时，右侧会显示下拉箭头提示，请读者自行尝试在 Chrome 中预览此例。

（5）autocomplete 属性

autocomplete 属性规定 form 或 input 域是否启用自动完成功能。当用户在字段开始输入时，浏览器基于之前输入过的值，应该显示出在字段中填写的选项，语法格式如下：

```
<input autocomplete="on|off">
```

属性值 on 为默认值，规定启用自动完成功能。autocomplete 属性适用于以下<input>标签：text、search、url、tel、email、password、datepickers、range 和 color。

示例代码如下：

```
<input type="text" autocomplete="off" name="xm"/>
<input type="password" autocomplete="new-password" name="password"/>
```

也可以对整个表单进行设置，如：

```
<form method="post" action=" test.html " autocomplete="off">
    …
    </form>
```

（6）formmethod 属性

formmethod 属性定义了表单提交的方式，表单提交原理见 4.2 节。该属性覆盖了<form>标签的 method 属性，语法格式如下：

```
<input formmethod="get|post">
```

关于 get 和 post 两个属性值的用法区别在 4.4.4 节有详细说明。

注意：该属性可以与 type="submit" 和 type="image" 配合使用。表单数据可被作为 URL 变量的形式来发送（method="get"）或者作为 HTTP post 事务的形式来发送（method="post"）。

示例代码如下：

```
<form action="test.html" method="get">
姓名:<input type="text" name="xm"><br>
学号:<input type="text" name="xh"><br>
<button type="submit">提交</button>
<button type="submit" formmethod="post" formaction="test.html">
```

```
使用 POST 提交</button>
</form>
```

上述代码是带有两个提交按钮的表单，第一个提交按钮使用 method="get" 提交表单数据，第二个提交按钮使用 method="post" 提交表单数据。

4.2 表单的结构

每个表单都以<form>标签开始，以</form>标签结束。两个标签之间是组成表单的各个控件，每个控件都有一个 name 属性，用于在提交表单时对数据进行识别。访问者通过所提供的提交按钮提交表单——触发提交按钮时，填写的数据就会发送至服务器。<form>起始标签可以有一些属性，其中最重要的就是 action 和 method。将 action 属性的值设为访问者提交表单时服务器上对数据进行处理的脚本 URL。例如，action="save-info.php"。method 属性的值有两个可以进行选择：get 或 post。表单的基本语法格式如下：

```
<!DOCTYPE HTML>
<html>
<body>
<form action="script.url" method="formmethod">
    …
</form>
</body>
</html>
```

创建表单的步骤是：

1）输入<form method="formmethod"，这里的 formmethod 是 get 或者 post。

2）输入 action="script.url">，这里的 script.url 是提交表单时要运行的脚本在服务器上的位置。

3）创建表单的内容（包括一个提交按钮）。

4）输入</form>以结束表单。

4.3 表单控件

HTML 拥有多个输入控件，除了基本的文本框、密码框、单选按钮、复选框、选择框、文本区域、按钮等以外，HTML5 又新增了一些表单输入类型。表 4-1 列出了<input>标签原有 type 属性值型，表 4-2 列出了<input>标签新增 type 属性值。这些特性为表单提供了更好的输入控制和验证。本节将为大家介绍表单的常见输入控件。

表 4-1　<input>标签原有 type 属性值

属性	功能	属性	功能
Text	普通文本框，默认值	Button	普通按钮
Password	密码框	Submit	提交按钮
Radio	单选按钮	Reset	重置按钮
Checkbox	多选按钮	Image	图片按钮
File	文件上传组件	Hidden	隐藏文本域

表 4-2 **<input>标签新增 type 属性值**

属性	功能	属性	功能
Search	搜索框	Date	日期选择
Email	邮件地址输入框	Month	月份选择
url	url 地址输入框	Week	周选择
Tel	电话号码输入框	Time	时间选择
Number	数字输入框	Datetime-local	日期时间
Range	滑动条	Datetime	包含时区
Color	颜色选择		

4.3.1　文本框

文本框在表单中是最常用控件之一，如表单中需要用户填写姓名、家庭地址等信息都需要用到文本框。文本框的用法相对简单，其格式如下：

<input type="text" name="名称" size="宽度"　maxlength="最大字符数"　value="初始值">

其中 type="text"定义文本框，name 属性定义文本框的名称，要保证数据的准确采集，必须定义一个独一无二的名称；size 属性定义文本框的宽度，单位是单个字符宽度；maxlength 属性定义最多输入的字符数；value 属性定义文本框的初始值。

【例 4-1】　创建文本框，代码如下：

```
<!DOCTYPE HTML>
<html>
<body>
<form>
    姓名：<input type="text" name="yourname" size="10" maxlength="50" > <br>
    地址：<input type="text" name="youraddr">
</form>
</body>
</html>
```

在浏览器中预览，效果如图 4-11 所示。

4.3.2　密码框

密码框和文本框比较相像，在表单中主要用来填写用户密码等隐私信息。该控件表现形式和文本框相同。不同的是用户在使用密码框输入信息时，显示的形式为"＊"或"●"，能够更好地保护用户的隐私。其语法结构为：

图 4-11　文本框

<input type="password" name="名称" size="宽度"　maxlength="最大字符数" >

其中 type="password"定义密码框，name 属性定义密码框的名称，要保证数据的准确采集，必须定义一个独一无二的名称；size 属性定义密码框的宽度，单位是单个字符宽度；maxlength 属性定义最多输入的字符数。

【例 4-2】　设置密码框，代码如下：

```
<!DOCTYPE HTML>
<html>
```

```
<body>
<form>
    用户：<input type="text" name="user"><br>
    密码：<input type="password" name="password">
</form>
    <p>
    请注意，当您在密码域中输入字符时，浏览器将使用项目符号来代替这些字符。
    </p>
</body>
</html>
```

在浏览器中预览，效果如图 4-12 所示。

图 4-12　密码框

4.3.3　单选按钮

单选按钮主要是让网页浏览者在一组选项中只能选择一个选项，表示一组互斥选项按钮中的一个。当一个按钮被选中，之前选中的按钮就变为非选中的。其语法格式如下：

```
<input type="radio" name="单选按钮名称" value="单选按钮的值" checked="checked">
```

其中，type="radio"定义单选按钮，name 属性定义单选按钮的名称，单选按钮都是以组为单位使用的，在同一组中的单选按钮都必须用同一个名称；value 属性定义单选按钮的值，在同一组中，它们的域值必须是不同的。属性 checked="checked"只能出现在其中一个选项中，表示该选项默认是被选中的状态，该属性为可选，如下面例子中就没有设置该属性。

【例 4-3】　设置单选按钮，代码如下：

```
<!DOCTYPE HTML>
<html>
<body>
<form action="" method="get">
    您最喜欢水果？ <br>
    <input name="Fruit" type="radio" value="apple">苹果
    <input name="Fruit" type="radio" value="peach">桃子
    <input name="Fruit" type="radio" value="banana">香蕉
    <input name="Fruit" type="radio" value="pear">梨
    <input name="Fruit" type="radio" value="other">其他
</form>
</body>
</html>
```

在浏览器中预览，效果如图 4-13 所示。

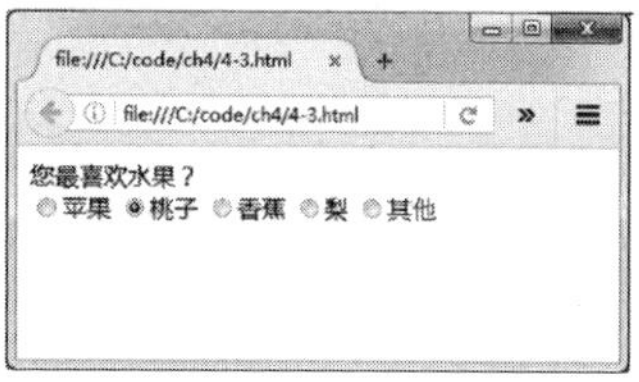

图 4-13　单选按钮

4.3.4　复选框

在一组单选按钮中，只允许选择一个答案；但在一组复选按钮中，访问者可以选择任意数量的答案。同单选按钮一样，复选框也与 name 属性的值联系在一起。其语法格式如下：

```
<input type="checkbox" name="复选框名字" value="复选框的值" checked="checked">
```

其中，type="checkbox"定义复选框，name 属性定义复选框的名称，复选框也是以组为单位使用的，在同一组中的复选框都必须用同一个名称；value 属性定义复选框的值。属性 checked="checked"表示该选项默认是被选中的状态，该属性为可选。

【例4-4】 设置复选框，代码如下：

```
<!DOCTYPE HTML>
<html>
<body>
<form action="" method="get">
    您喜欢的水果有哪些？ <br>
    <input name="Fruit" type="checkbox" value="">苹果
    <input name="Fruit" type="checkbox" value="">桃子
    <input name="Fruit" type="checkbox" value="">香蕉
    <input name="Fruit" type="checkbox" value="">梨
    <input name="Fruit" type="checkbox" value="">其他
</form>
</body>
</html>
```

在浏览器中预览，效果如图4-14所示。

4.3.5 文本区域

文本区域在表单中是最常用控件之一，如表单中需要用户填写意见或建议等信息都需要用到文本区域。文本区域的用法相对简单，相当于可以多行输入的文本框，其格式如下：

图4-14 复选框

```
<textarea name="文本区域名称" rows="文本区域高度" cols="文本区域宽度" wrap=" soft|hard ">
</textarea>
```

其中 name 属性定义文本区域的名称，要保证数据的准确采集，必须定义一个独一无二的名称；cols 属性定义文本区域的宽度，单位是单个字符宽度；rows 属性定义文本区域的高度，单位是单个字符宽度；wrap 属性定义输入内容大于文本域时显示的方式，使用 soft 表示 textarea 中的文本不换行，当使用 "hard" 时，textarea 中的文本换行（包含换行符），此时必须规定 cols 属性。

【例4-5】 创建文本区域，代码如下：

```
<!DOCTYPE HTML>
<html>
<body>
<form>
    请输入您最喜欢的水果的原因<br>
    <textarea name="why" rows="5" cols="50" wrap="soft">
    </textarea>
</form>
</body>
</html>
```

图4-15 textarea 显示效果

在浏览器中预览，效果如图4-15所示。

4.3.6 选择框

选择框非常适合向访问者提供一组选项，从而允许访问者从中选取，通常呈现为下拉菜单的样式。如果允许用户选择多个选项，选择框就会呈现为一个带滚动条的项目框。其语法格式如下：

```
<select name="选择框名称" size="选择框行数" multiple>
<option value="选择项的值"  selected>
…
</option>
…
</select>
```

选择框由两种 HTML 元素构成：select 和 option。通常，在 select 元素里设置 name 属性，在每个 option 元素里设置 value 属性。size 属性定义选择框的行数；name 属性定义选择框的名称；multiple 属性定义是否多选；value 属性定义选择项的值；selected 属性表示默认选择本项目。

【例 4-6】 设置选择框，代码如下：

```
<!DOCTYPE HTML>
<html>
<body>
<form action="" method="get">
    您最喜欢的水果是什么？ <br>
    <select name="Fruit" size="3">
    <option value="apple" selected>苹果</option>
    <option value="peach">桃子</option>
    <option value="banana">香蕉</option>
    <option value="pear">梨</option>
    <option value="other">其他 </option>
    </select>
</form>
</body>
</html>
```

图 4-16　选择框显示效果

在浏览器中预览，显示效果如图 4-16 所示。

4.3.7　隐藏字段

隐藏字段可以用于存储表单中的数据，但不会显示给访问者。可以认为它们是不可见的文本框。它们通常用于存储先前的表单收集的信息，以便将这些信息同当前表单的数据一起交给脚本进行处理。其语法格式如下：

```
<input type="hidden" name="field_name" value="value">
```

访问者不会看到这个输入框，但他们提交表单的时候，数据会随着表单一起传送给服务器。

创建隐藏字段的步骤是：

1）输入<input type="hidden"。

2）输入 name="dataname"，这里的 dataname 确定要提交给服务器的信息。

3）输入 value="data"，这里的 data 是要提交的信息本身。它通常是表单处理脚本中的一个变量。

4）输入>。

【例 4-7】 隐藏字段，代码如下：

```
<!DOCTYPE HTML>
<html>
<body>
    <form>
        <input type="hidden" id="hidden1" name="Web 前端设计">
```

```
        </form>
        <p>被隐藏区域的名称为:
        <script type="text/javascript">
            alert(document.getElementById("hidden1").name)
        </script>
        </p>
    </body>
</html>
```

4.3.8 按钮

按钮在表单中占据很重要的地位。按钮可以分为三类:普通按钮、提交按钮和重置按钮。普通按钮用来控制其他定义了处理脚本的处理工作;提交按钮用来将输入的信息提交到服务器;重置按钮用来重置表单中输入的信息。其语法格式如下:

```
<input type="button/submit/reset" name="按钮名称" value="显示在按钮上的信息">
```

其中 type="button"定义普通按钮,type="submit"定义提交按钮,type="reset"定义重置按钮。name 属性定义按钮的名称;value 属性定义按钮显示的名称。

1. 普通按钮

【例 4-8】 创建普通按钮,代码如下:

```
<!DOCTYPE HTML>
<html>
<body>
<form>
        <input type="text" size="30" id="test1" value="I will be changed later!">
        <input type="button" id="test2" value="Hello world!" onClick="document.getElementById
('test1').value=document.getElementById('test2').value">
</form>
</body>
</html>
```

在浏览器中预览按钮效果如图 4-17 所示,单击按钮后效果如图 4-18 所示。

图 4-17 按钮显示效果

图 4-18 单击按钮后显示效果

在上例中,onClick 属性表示单击行为。也可以把 onClick 换成其他事件,通过指定脚本函数来定义按钮的行为。

2. 提交按钮

提交按钮在表单中应用最为广泛,通过提交按钮可以将表单里的信息提交给表单里 action 所指向的文件。

【例 4-9】 创建提交按钮,代码如下:

```
<!DOCTYPE HTML>
```

```
<html>
<body>
<form action="…" onsubmit="…">
    姓  名：<input type="text" id="fname" size="20"><br>
    年  龄：<input type="text" id="age" size="20"><br>
    E-mail：<input type="text" id="email" size="20"><br>
    <br>
    <input type="submit" value="提交">
</form>
</body>
</html>
```

在浏览器中预览，效果如图 4-19 所示。

3. 重置按钮

重置按钮一般同其他按钮配合使用，如用户填写表单内容后
需要将表单内容全部清空，此时就可以使用重置按钮。

图 4-19　提交按钮显示效果

【**例 4-10**】 创建重置按钮，代码如下：

```
<!DOCTYPE HTML>
<html>
<body>
<form action="…" onsubmit="…">
    姓  名：<input type="text" id="fname" size="20"><br>
    密  码：<input type="text" id="password" size="20"><br>
    确认密码：<input type="text" id="ack" size="20"><br>
    <br>
    <input type="reset" value="重置">
    <input type="submit" value="登录">
</form>
</body>
</html>
```

在浏览器中预览，效果如图 4-20 所示。

图 4-20　重置按钮显示效果

4.4　处理表单

表单从访问者那里收集信息，脚本则对这些信息进行处理。脚本可以将信息记录到服务器
上的数据库里，通过电子邮件发送信息，或者执行很多其他的功能。有很多语言都可以用于编
写表单处理脚本。本书后续内容会介绍如何使用 JavaScript 来处理表单。

4.4.1　对表单元素进行组织

如果表单上有很多信息需要填写，可以使用 fieldset 元素将相关的元素组合在一起，使表单
更容易理解。表单让访问者越容易理解，访问者就越有可能正确地填写表单。还可以使用 legend
元素为每个 fieldset 提供一个标题（caption），用于描述每个组的目的，有时这些描述还可以使用
h1～h6 标题。对于一组单选按钮，legend 元素尤其重要，如果不配合使用 legend，单选按钮就没
有明显的上下文。即便不添加任何 CSS，浏览器也会让相应控件属于哪个 fieldset 显得相当清晰。
当然，你可以自己为 fieldset 和 legend 添加样式，从而让表单更吸引人，更便于使用。

4.4.2　对表单进行验证

表单验证是指，在用户提交表单之前，确保用户输入的数据是合法的。主要包括以下几个方面的验证：输入类型的验证、日期和时间范围的验证、必填字段的验证、步长的验证、字符长度的验证、数值范围的验证、正则表达式的验证等。

在新增表单类型中，表单项本身就已经具备了对表单项进行验证的功能，如上节提到的 url、email 等。还有些验证可以通过 HTML 的 pattern 属性来实现，pattern 规定用于验证输入字段的模式。pattern 属性适用于以下类型的<input>标签：text、search、url、telephone、email 以及 password。其语法格式如下：

```
<input pattern="regexp">
```

其中值 regexp 规定用于验证输入字段的模式。

【例 4-11】 pattern 属性表单验证，代码如下：

```
<!DOCTYPE html>
<html>
<meta charset="utf-8">
<form>
<fieldset>
<legend>请输入注册信息</legend>
<table>
  <tr>
    <td valign="top">用户名 ：</td>
    <td>
    <input type="text" id="txtUserName" autofocus="true" pattern="^[a-zA-Z0-9]{6,} $">
    <br>
    <span style="color:red;font-size:12px">只允许输入英文和数字,且长度至少为 6 位</span>
    </td>
  </tr>
  <tr>
    <td   valign="top">年　龄 ：</td>
    <td>
    <input type="text" id="txtAge" pattern="^[1-9]?[0-9]$">
    <br>
    <span style="color:red;font-size:12px">只允许输入 0～99 之间的整数</span>
    </td>
  </tr>
  <tr>
    <td colspan="2">
    <input type="submit" value="提交">
    <input type="reset" value="重置">
    </td>
  </tr>
</table>
</fieldset>
</form>
</html>
```

在浏览器中预览，显示效果如图 4-21 所示。

当输入不正确时，系统会提示信息，如图 4-22 所示。

图 4-21　pattern 属性初始页面

图 4-22　pattern 属性表单验证

4.4.3　为表单组件添加说明标签

标签（label）是描述表单字段用途的文本。例如，在访问者输入其姓名中名的文本字段之前，可能有"First Name:"的字样。可以使用 label 元素标记这些文字说明标签。label 元素有一个特殊的属性：for。如果 for 的值与一个表单字段的 id 的值相同，该 label 就与该字段显式地关联起来了。这对提升表单的可用性和可访问性都有帮助。例如，如果访问者与标签有交互（如使用鼠标点击了标签），与之对应的表单字段就会获得焦点。这种关联还可以让机器将文本标签与相应的字段一起念出来。这对不了解表单字段含义的视障用户来说非常重要。

4.4.4　表单提交方式的选择

在表单的结构部分已经了解到表单的提交方式 method 有两种可供选择，即 get 或者 post，表 4-3 列出了 get 和 post 的区别。

表 4-3　get 和 post 方式比较

项目 功能及属性	get	post
后退按钮/刷新	无影响	数据会被重新提交（浏览器应该告知用户数据会被重新提交）
书签	可收藏为书签	不可收藏为书签
缓存	能被缓存	不能缓存
编码类型	application/x-www-form-urlencoded	application/x-www-form-urlencoded 或 multipart/form-data。为二进制数据使用多重编码
历史	参数保留在浏览器历史中	参数不会保存在浏览器历史中
对数据长度的限制	当发送数据时，GET 方法向 URL 添加数据；URL 的长度是受限制的（URL 的最大长度是 2048 个字符）	无限制
对数据类型的限制	只允许 ASCII 字符	没有限制。也允许二进制数据
安全性	与 POST 相比，GET 的安全性较差，因为所发送的数据是 URL 的一部分。在发送密码或其他敏感信息时绝不要使用 GET	POST 比 GET 更安全，因为参数不会被保存在浏览器历史或 Web 服务器日志中
可见性	数据在 URL 中对所有人都是可见的	数据不会显示在 URL 中

4.5　表单综合实例

【例 4-12】表单综合实例。

在本例中将使用表单常用元素来制作一个会员申请表页面。

1．需求分析

申请表包含三部分内容：标题、表单元素和提交按钮。

2．构建页面

实现申请表内容，代码如下：

```html
<!DOCTYPE html>
<html>
<head>
<title>form</title>
</head>
<body>
<p>会员申请表</p>
<form name="form1" method="post" action="">
<p>欢迎您申请会员卡，申请过程将不会收取您任何费用。我们承诺保护您的信息安全，不会将它提供给任何第三方。<br>
注：*为必填内容 </p>
<p>您的基本信息：</p>
<p>* 姓名：<input type="text" name="name"size="24"></p>
<p>* 年龄：<input name="age" type="number" maxlength="3"></p>
<p> 性别：
<input name="gender" type="radio" value="male" id="m">
<label for="m">男</label>
<input name="gender" type="radio" value="female" id="f">
<label for="f">女</label>
</p>
<p>兴趣爱好：
<input type="checkbox" name=" xingqu" value="复选框" id="xingqu_0">
<label for="xingqu_0">看书</label>
<input type="checkbox" name=" xingqu" value="复选框" id="xingqu_1">
<label for="xingqu_1">听音乐</label>
<input type="checkbox" name="xingqu" value="复选框" id="xingqu_2">
<label for="xingqu_2">看电影</label>
<input type="checkbox" name="xingqu" value="复选框" id="xingqu_3">
<label for="xingqu_3">运动</label>
<br>
</p>
<p>* 邮 箱：<input type="email" name="email" required></p>
<p>* 密 码：<input type="password" name="name2" size="24"></p>
<p>* 确认密码：<input   type="password" name="name3" size="24"></p>
<p><span class="STYLE1">*</span>国家：
< select name="national">
<option value="1" selected>中华人民共和国</option>
<option value="2">其他国家或地区</option>
</select>
</p>
<p><span class="STYLE1">*</span>省份或区域：
<select name="distract">
<option selected>请选择</option>
<option value="1">北京</option>
<option value="2">天津</option>
<option value="3">上海</option>
<option value="4">重庆</option>
<option value="5">东北</option>
```

```
            <option value="6">西北</ option>
            <option value="7">华北</option>
        </select>
    </p>
    <p>
        <label for="textarea">申请理由：</label>
        <textarea name="textarea" rows="2" id="textarea"></textarea>
    </p>
    <p>
        <input type="submit" name="submit" value="提交" >
        <input type="reset" name="button" id="button" value="重置">
    </p>
</form>
</body>
</html>
```

在浏览器中预览，效果如图 4-23 所示。

图 4-23　表单综合实例

4.6　练习

1．制作一个"在线订购"的表单页面，表单所需元素如图 4-24 所示。

图 4-24　参考样图

2．制作一个关于兴趣爱好的调查表。

3．分别使用 get 和 post 两种提交方式制作表单页面，并比较两者的区别。

4．设计一个页面，添加 HTML5 新增的 input 元素，在页面中实现对元素的验证。

5．扩展练习：在表单中实现文件上传。提示：利用 file 来实现，可以利用网络资料来完成。

第5章　音频与视频

早期的互联网主要用于分享学术研究的成果，而今天 Web 成了万众瞩目的焦点，成了新闻业和商业发展背后的动力之源。HTML5 之前的版本并不支持直接在页面中嵌入视频，依赖 Flash 插件，而 Flash 插件在一些设备上不能很好地被支持（如 iPhone 和 iPad）。

为了解决这些问题，HTML5 添加了 audio 和 video 这两个 HTML 多年来一直缺少的元素。这两个元素也是 HTML5 区别于其他版本的最大特色之一。在 HTML5 之前，开发者必须使用插件如 Silverlight 或 Flash 来实现这些功能。在 HTML5 中，可以直接使用新标签<audio> 和 <video>将音频和视频嵌入到页面。

5.1　编解码器

编解码器是使用压缩算法对数据的数字流进行编码和解码，使之更适合播放的计算机程序。编解码器的目标通常是在保证音频和视频所能达到的最高质量的情况下减少文件大小。当然，不同编解码器的表现是不一致的。

在 HTML5 中 audio 和 video 元素使用起来很简单。所有的主流浏览器都支持 audio 和 video 元素，包括最新版本的 Edge、Firefox、Chrome、Opera 和 Safari。需要注意的是：不同的浏览器支持的编解码器是不同的。不过 HTML5 对音频和视频的支持方式非常灵活（各个浏览器支持的音频和视频格式一般有好几种，会轮流使用这几种格式播放音频和视频）。

5.1.1　音频编解码器

音频编解码器定义了音频数据流编码和解码的算法。其中，编码器主要是对数据流进行编码操作，用于存储和传输。音频播放器主要是对音频文件进行解码，然后进行播放操作。目前，使用较多的音频解码器是 Vorbis、MP3 和 ACC。

5.1.2　视频编解码器

视频编解码器定义了视频数据流编码和解码的算法。其中编码器主要是对数据流进行编码操作，用于存储和传输。视频播放器主要是对视频文件进行解码，然后进行播放操作。目前，在 HTML5 中，使用比较多的视频解码文件是 Theora、H.264 和 WebM。

5.2　在 HTML5 中播放音频

audio 是 HMTL5 中新增的元素，用于音乐文件和其他音频流的播放。audio 元素使得在 HTML5 中播放音频十分简单，只需要添加该元素并简单设置元素的一些基本属性就可以在页面中播放多媒体文件了。

5.2.1 认识 audio 元素

audio 元素能够播放声音文件或者音频流。在 audio 元素的开始标记与结束标记间放置文本内容，可以在不支持该元素的浏览器中使用。其语法格式如下：

```
<audio  src="音频文件路径"  controls="controls">
</audio>
```

其中，src 属性是规定要播放的音频的地址，controls 属性用于添加播放、暂停和音量控件。

当前，audio 元素支持 3 种音频格式，如表 5-1 所示。

表 5-1   audio 元素支持的音频格式

格式	IE 9+	Firefox 3.6+	Opera 10+	Chrome 6+	Safari 5+
Ogg Vorbis	No	Yes	Yes	Yes	No
MP3	Yes	Yes	Yes	Yes	Yes
Wav	No	Yes	Yes	Yes	Yes

audio 元素常见的属性，如表 5-2 所示。

表 5-2   <audio> 标签的属性

属　　性	值	描　　述
autoplay	autoplay	如果出现该属性，则音频在就绪后马上播放
controls	controls	如果出现该属性，则向用户显示控件，如播放按钮
loop	loop	如果出现该属性，则每当音频结束时重新开始播放
preload	preload	如果出现该属性，则音频在页面加载时进行加载，并预备播放 如果使用 "autoplay"，则忽略该属性
src	url	要播放的音频的 URL

autoplay：如果指定这个布尔值属性，只要没有停止加载数据，音频就会立刻开始自动播放。

autobuffer：如果指定这个布尔值属性，即使没有设置自动播放，音频也会自动开始缓冲。

controls：如果指定这个属性，就允许用户控制音频播放，包括音量控制、快进、暂停或者恢复播放。

loop：如果指定这个布尔值属性，表示允许播放结束后自动回放。

preload：指定这个属性，音频会在载入页面时加载并准备就绪。如果指定自动播放则忽略。

src：要播放的音频文件的文件名。

5.2.2 播放音频

【例 5-1】 为网页添加音乐文件，代码如下：

```
<!DOCTYPE html>
<html>
<head>
<title>audio</title>
</head>
```

```
<body>
    <audio src="Try Everything.mp3" controls="controls">
    您的浏览器不支持 audio 标签。
    </audio>
</body>
</html>
```

在浏览器中预览，效果如图 5-1 所示。

audio 元素允许有多个 source 元素。source 元素可以链接不同的音频文件。浏览器将使用第一个可识别的格式。

图 5-1 <audio>标签显示效果

【例 5-2】 多种格式确保多种浏览器可支持，代码如下：

```
<!DOCTYPE html>
<html>
<head>
<title>audio</title>
</head>
<body>
    <audio controls="controls">
    <source src="Try Everything.mp3">
    <source src="Try Everything.wav">
    您的浏览器不支持 audio 标签。
    </audio>
</body>
</html>
```

在 Windows 10 Edge 浏览器中显示效果如图 5-2 所示。

5.3　在 HTML5 中播放视频

图 5-2 <audio>标签 Edge 浏览器显示效果

视频与音频文件播放方式一样，早期的视频文件也是通过插件来播放的。在 HTML5 中新增了 video 元素。video 元素使得在页面中播放视频变得非常简单。

5.3.1　认识 video 元素

video 与 audio 元素很像，它们有相同的 src、controls、preload、autoplay 和 loop 属性。除了这些相同的属性以外，video 元素可以自定义视频文件显示的大小，因此具有 width 和 height 属性，单位为像素，也可以使用百分比表示。其语法格式如下：

```
<video src="视频文件路径"  width="显示宽度"  height="显示高度"  controls="controls">
</video>
```

当前，video 元素支持 3 种视频格式如表 5-3 所示。

表 5-3 video 元素支持的视频格式

格　　式	IE 9+	Firefox 3.6+	Opera 10.6+	Chrome 6+	Safari 5+
Ogg	No	Yes	Yes	Yes	No
MPEG 4	Yes	No	No	Yes	Yes
WebM	No	Yes	Yes	Yes	No

67

Ogg 是带有 Theora 视频编码和 Vorbis 音频编码的 Ogg 文件。

MPEG4 是带有 H.264 视频编码和 AAC 音频编码的 MPEG 4 文件。

WebM 是带有 VP8 视频编码和 Vorbis 音频编码的 WebM 文件。

5.3.2 播放视频

下面通过具体的实例来学习 video 元素如何播放视频。

【例 5-3】 播放视频文件，代码如下：

```
<!DOCTYPE html>
<html>
<head>
<title>video</title>
</head>
<body>
    <video src="test.mp4" width="100%" height="100%" controls="controls">
    您的浏览器不支持 video 标签。
    </video>
</body>
</html>
```

在浏览器中预览，效果如图 5-3 所示。

5.4 音频与视频相关属性、方法与事件

HTML5 文档对象模型为 audio 和 video 元素提供了方法、属性和事件。

图 5-3 \<video\>显示效果

这些方法、属性和事件允许使用 JavaScript 来操作 audio 和 video 元素。下面通过一个具体的实例来演示 video 元素的属性、方法、事件的使用。

1. 音频与视频相关属性

音频与视频相关属性如表 5-4 所示。

表 5-4 HTML5 Audio/Video 属性

属 性	描 述
audioTracks	返回表示可用音轨的 AudioTrackList 对象
autoplay	设置或返回是否在加载完成后随即播放音频/视频
buffered	返回表示音频/视频已缓冲部分的 TimeRanges 对象
controller	返回表示音频/视频当前媒体控制器的 MediaController 对象
controls	设置或返回音频/视频是否显示控件（如播放/暂停等）
crossOrigin	设置或返回音频/视频的 CORS 设置
currentSrc	返回当前音频/视频的 URL
currentTime	设置或返回音频/视频中的当前播放位置（以秒计）
defaultMuted	设置或返回音频/视频默认是否静音
defaultPlaybackRate	设置或返回音频/视频的默认播放速度
duration	返回当前音频/视频的长度（以秒计）
ended	返回音频/视频的播放是否已结束

属　性	描　述
error	返回表示音频/视频错误状态的 MediaError 对象
loop	设置或返回音频/视频是否应在结束时重新播放
mediaGroup	设置或返回音频/视频所属的组合（用于连接多个音频/视频元素）
muted	设置或返回音频/视频是否静音
networkState	返回音频/视频的当前网络状态
paused	设置或返回音频/视频是否暂停
playbackRate	设置或返回音频/视频播放的速度
played	返回表示音频/视频已播放部分的 TimeRanges 对象
preload	设置或返回音频/视频是否应该在页面加载后进行加载
readyState	返回音频/视频当前的就绪状态
seekable	返回表示音频/视频可寻址部分的 TimeRanges 对象
seeking	返回用户是否正在音频/视频中进行查找
src	设置或返回音频/视频元素的当前来源
startDate	返回表示当前时间偏移的 Date 对象
textTracks	返回表示可用文本轨道的 TextTrackList 对象
videoTracks	返回表示可用视频轨道的 VideoTrackList 对象
volume	设置或返回音频/视频的音量

2. 音频与视频相关方法

音频与视频相关方法如表 5-5 所示。

表 5-5　HTML5 Audio/Video 方法

方　法	描　述
addTextTrack()	向音频/视频添加新的文本轨道
canPlayType()	检测浏览器是否能播放指定的音频/视频类型
load()	重新加载音频/视频元素
play()	开始播放音频/视频
pause()	暂停当前播放的音频/视频

3. 音频与视频相关事件

音频与视频相关事件如表 5-6 所示。

表 5-6　HTML5 Audio/Video 事件

事　件	描　述
abort	放弃加载音频/视频
canplay	播放音频/视频
canplaythrough	可在不因缓冲而停顿的情况下播放音频/视频
durationchange	更改音频/视频的时长
emptied	当前播放列表为空
ended	当前的播放列表已结束
error	音频/视频加载期间发生错误
loadeddata	浏览器已加载音频/视频的当前帧

（续）

事　件	描　述
loadedmetadata	浏览器已加载音频/视频的元数据
loadstart	浏览器开始查找音频/视频
pause	音频/视频已暂停
play	音频/视频已开始或不再暂停
playing	音频/视频在已因缓冲而暂停或停止后已就绪
progress	浏览器正在下载音频/视频
ratechange	音频/视频的播放速度已更改
seeked	移动/跳跃到音频/视频中的新位置
seeking	开始移动/跳跃到音频/视频中的新位置
stalled	浏览器尝试获取媒体数据，但数据不可用
suspend	浏览器刻意不获取媒体数据
timeupdate	目前的播放位置已更改
volumechange	音量已更改
waiting	视频缓冲下一帧而停止

【例 5-4】　利用按钮事件控制视频播放，代码如下：

```
<!DOCTYPE html>
<html>
<head>
<title>video 元素的使用</title>
</head>
<body>
<div>
  <button onclick="playPause()">播放/暂停</button>
  <button onclick="makeBig()">大</button>
  <button onclick="makeNormal()">中</button>
  <button onclick="makeSmall()">小</button>
  <br>
  <video id="video1" width="50%">
    <source src="test.mp4" type="video/mp4">
        Your browser does not support HTML5 video.
  </video>
</div>
<script type="text/javascript">
var myVideo=document.getElementById("video1");
function playPause()
{
if (myVideo.paused)
  myVideo.play();
else
  myVideo.pause();
}
function makeBig()
{
myVideo.width=800;
}
function makeSmall()
```

```
{
myVideo.width=220;
}
function makeNormal()
{
myVideo.width=420;
}
</script>
</body>
</html>
```

图 5-4 视频播放控制按钮

显示效果如图 5-4 所示。

5.5 HTML5 部分综合案例——茶文化网站的制作

中国悠久的茶历史为人类创造了茶业科学技术，也为世界积累了最丰富的茶文化。茶种类繁多，为了将中国名茶发扬光大，"茗茶馆" 寻遍中华大地，精选各地好茶，目的就是为了能把最好的茶叶带给大家。下面就以 "茗茶馆" 为主题为大家展示网站的制作过程。

5.5.1 设计分析

作为一个茶文化网站，其页面应该简单、明了，给人清新的感觉。首页整体设计各部分内容如下。

1）页头部分主要放置网站 Logo 信息和导航菜单等，Logo 可以是一张图片或者一段文本。

2）页头下面将主页面分为左右两部分。左侧是网站简单介绍及茗茶欣赏图片等；右侧为茶文化的图、文、视频等具体内容介绍。

3）页面底部是网站版权信息。

网站首页排版架构采用上中下结构，主体部分又嵌套了一个左右版式结构，其效果如图 5-5 所示。预期实现效果如图 5-6 所示。

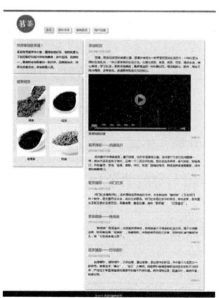

图 5-5 网站首页架构

图 5-6 首页效果图

5.5.2 模块组成

在制作网站的时候，可以将整个网站划分为三大模块，即上、中、下。框架实现代码如下：

```
<!DOCTYPE html>
<html>
<head>
<title>茗茶馆</title>
</head>
<body>
    <div >
        <header >
        </header>
        <aside >
        </aside>
        <main>
        </main>
    </div>
    <footer>
    </footer>
</body>
</html>
```

该部分代码只列出了首页的基本框架，要想使得页面内容充实、界面美观，还需进一步增加内容，使用 CSS 对页面进行美化。

网站二级页面结构相对首页比较简单，直接采用上、中、下结构进行设计。

```
<!doctype html>
<html>
<head>
</head>
<body>
    <div >
        <header >
        </header>
        <main >
        </main>
    </div>
    <footer>
    </footer>
</body>
</html>
```

5.5.3 Logo 与导航菜单

Logo 与导航菜单是浏览者最先浏览的内容。Logo 可以是一张图片，也可以是一段艺术字；导航菜单是引导浏览者快速访问网站各个模块的关键组件。

实现网页头部的详细代码如下：

```
<header >
<img src="images/logo.png" alt="茗茶馆">
    <nav >
```

```
    <ul>
        <li ><a href="index.html" title="茗茶馆主页">主页</a></li>
        <li><a href="category.html" title="茶叶分类">茶叶分类</a></li>
        <li><a href="method.html" title="健康饮茶">健康饮茶</a></li>
        <li><a href="form.html" title="在线订购">在线订购</a></li>
    </ul>
    </nav>
</header>
```

代码中 Logo 是用图片标签<img>加入<header>内的；Logo 右侧是菜单列表，通过<ul>和<li>两个标签结合使用。菜单列表需要通过超链接<a>标签建立到其他页面的链接。上段代码在浏览器中预览效果如图 5-7 所示。

想要实现图 5-6 的效果，需要添加 CSS 样式表。第二部分会为大家详细介绍 CSS。

图 5-7　导航菜单

5.5.4　主体区

主体内容区是网站的核心部分。主页信息量较大，因此将主体内容区域划分为左右两部分，设计效果如图 5-8 所示。

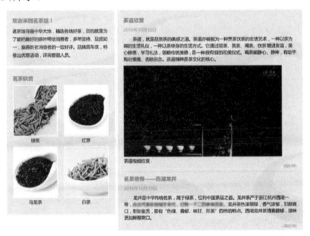

图 5-8　主体内容区

网页的主体版面是指去除页面头部和页脚部分用来放置页面主要内容的页面区域。在内容区域一般包括页面的内容链接、文章列表和文章信息等。主体版面的设计包括主体版面布局的确定、版面颜色和字体的选择、主题版面各模块的添加、图片和链接的设置等。本实例采用左右结构的设计，左侧包含部分文字和图片，右侧包含视频和文字信息。设计效果如图 5-8 所示。左侧部分具体实现代码如下：

```
<aside>
<section >
    <header>
        <h3>欢迎来到茗茶馆！</h3>
    </header>
    <p>
        茗茶馆寻遍中华大地，精选各地好茶，目的就是为了能把最好的茶叶带给消费者，多年坚持、品质如一，赢得新老消费者的一致好评。品牌周年庆，特推出优惠活动，详询客服人员。
    </p>
```

```html
        </section>
        <section >
        <header>
            <h3>茗茶欣赏</h3>
        </header>
        <figure>
        <img src="images/pic-1.jpg" alt="绿茶">
        <figcaption>绿茶</figcaption>
        </figure>
        <figure>
        <img src="images/pic-2.jpg" alt="红茶">
        <figcaption>红茶</figcaption>
        </figure>
        <figure>
        <img src="images/pic-3.jpg" alt="乌龙茶">
        <figcaption>乌龙茶</figcaption>
        </figure>
        <figure    class="figure-r">
        <img src="images/pic-4.jpg" alt="白茶">
        <figcaption>白茶</figcaption>
        </figure>
        </section>
    </aside>
```

右侧部分实现代码如下:

```html
    <main>
    <article>
        <header>
            <h3>茶道欣赏</h3>
            <time datetime="2016-10-10">2016 年 10 月 10 日</time>
        </header>
        <p>
            茶道, 就是品尝茶的美感之道。茶道亦被视为一种烹茶饮茶的生活艺术, 一种以茶为媒的
生活礼仪, 一种以茶修身的生活方式。它通过沏茶、赏茶、闻茶、饮茶增进友谊, 美心修德, 学习礼法, 领略
传统美德, 是一种很有益的和美仪式。喝茶能静心、静神, 有助于陶冶情操、去除杂念。茶道精神是茶文化的
核心。
        </p>
        <figure>
            <video controls width="512" height="288">
                <source src="video/tea.mp4">
                <p>对不起, 您的浏览器不支持 video 标签</p>
            </video>
            <figcaption>茶道视频欣赏</figcaption>
        </figure>
        <footer>
            <span>阅读(99)</span>
        </footer>
    </article>
    <article>
        <header>
            <h3>茗茶推荐——西湖龙井</h3>
            <time datetime="2016-10-10">2016 年 10 月 10 日</time>
        </header>
        <p>
```

龙井是中华传统名茶，属于绿茶，位列中国茶品之首。龙井茶产于浙江杭州西湖一带，已有一千二百余年历史。龙井茶色泽翠绿，香气浓郁，甘醇爽口，形如雀舌，即有"色绿、香郁、味甘、形美"四绝的特点。西湖龙井茶清香馥郁，滋味更加鲜醇爽口。

```
                </p>
                <footer>
                    <span>阅读(99)</span>
                </footer>
        </article>
        <article>
            <header>
                <h3>茗茶推荐——祁门红茶</h3>
                <time datetime="2016-10-10">2016 年 10 月 10 日</time>
            </header>
            <p>
```

祁门红茶简称祁红，茶叶原料选用当地的中叶、中生种茶树"槠叶种"（又名祁门种）制作，是中国历史名茶，著名红茶精品。祁门红茶是红茶中的极品，享有盛誉，是英国女王和王室的至爱饮品，高香美誉，香名远播，美称"群芳最""红茶皇后"。

```
                </p>
                <footer>
                    <span>阅读(99)</span>
                </footer>
        </article>
        <article>
            <header>
                <h3>茗茶推荐——铁观音</h3>
                <time datetime="2016-10-10">2016 年 10 月 10 日</time>
            </header>
            <p>"铁观音"既是茶名，也是茶树品种名，铁观音茶介于绿茶和红茶之间，属于半发酵茶类，
```

铁观音独具"观音韵"，清香雅韵，冲泡后有天然的兰花香，滋味纯浓,香气馥郁持久，有"七泡有余香之誉"。

```
                </p>
                <footer>
                    <span>阅读(99)</span>
                </footer>
        </article>
        <article>
            <header>
                <h3>茗茶推荐——白毫银针</h3>
                <time datetime="2016-10-10">2016 年 10 月 10 日</time>
            </header>
            <p>
```

白毫银针，简称银针，又叫白毫，属白茶类，是白茶中的珍品，有中国十大名茶之一的称号。素有茶中"美女""茶王"之美称。白毫银针由福建省的当地茶农创制于 1889 年，产地位于中国福建省的福鼎市和南平市政和县。其外观特征是：挺直似针，满披白毫，如银似雪。

```
                </p>
                <footer>
                    <span>阅读(99)</span>
                </footer>
        </article>
    </main>
```

在不添加 CSS 样式的情况下，其显示效果左侧部分如图 5-9 所示，右侧部分如图 5-10 所示。

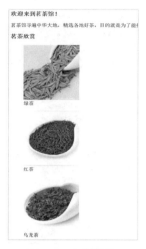

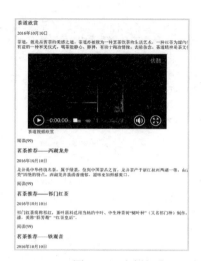

图 5-9　左侧部分　　　　　　　　　　图 5-10　右侧部分

通过 HTML 标记制作出来的网站效果和设计效果有所不同，这是因为缺少 CSS 样式部分。CSS 相关内容将在第二部分进行介绍，添加样式以后就可以使制作出来的页面达到预期的效果。

5.5.5　底部区

页面底部区域一般显示网站的版权信息、备案信息等，是多数网站不可缺少的组成部分。其实现比较简单，可以使用语义结构标签<footer>来定义。显示效果如图 5-11 所示。

@2016 茗茶馆版权所有

图 5-11　底部版权信息

其实现代码如下：

```
<footer class="page-footer">
@2016 茗茶馆版权所有
</footer>
```

5.5.6　注册页面的实现

网站设计中注册是经常用到的功能，通过注册可以了解用户信息，茶文化网站中也有用户注册功能。需要用户填写的表单内容有邮箱、密码、姓名、国家、年龄、性别、兴趣爱好和用户是否同意的服务条款等。

其实现代码如下：

```
<!doctype html>
<html>
<head>
    <meta charset="utf-8">
    <title>茗茶馆</title>
    <link rel="shortcut icon" href="favicon.ico">
</head>
<body>
    <div class="wrap">
        <header class="top-header">
```

```html
<img class="tea-logo" src="images/logo.png" alt="名茶馆">
    <nav class="top-menu">
    <ul>
    <li><a href="index.html" title="茗茶馆主页">主页</a></li>
    <li><a href="category.html" title="茶叶分类">茶叶分类</a></li>
    <li><a href="method.html" title="健康饮茶">健康饮茶</a></li>
    <li class="selected"><a href="form.html" title="用户注册">用户注册</a></li>
    </ul>
    </nav>
</header>

<main class="form">
    <h3>会员申请表</h3>
    <p>欢迎您申请会员卡，申请过程将不会收取您任何费用。我们承诺保护您的信息安全，不
会将它提供给任何第三方。</p>
    <p>注：<span class="red">*</span> 为必填内容</p>
    <form action="success.html" method="post">
    <fieldset>
    <legend>账号信息</legend>
        <label for="email" class="left"> 邮  箱<span class="red">* </span></label>
        <input type="email" id="email" name="email" class="right" required> <br><br>
        <label for="pw1" class="left"> 密  码<span class="red">* </span></label>
        <input type="password" id="pw1" name="pw1" class="right" required> <br><br>
        <label for="pw2" class="left"> 确认密码<span class="red">* </span></label>
        <input type="password" id="pw2" name="pw2" class="right" required ><br>
</fieldset>
    <fieldset>
    <legend>个人信息</legend>
        <label for="name" class="left"> 姓  名<span class="red">* </span></label>
        <input type="text" id="name" name="name" class="right"><br><br>
        <label for="national" class="left">国  家<span class="red">*</span></label>
    <select name="national" id="national" class="right">
        <option value="1">中华人民共和国</option>
        <option value="2">其他国家或地区</option>
    </select><br><br>
    <label for="district" class="left">地  区<span class="red">*</span> </label>
    <select name="district" id="district" class="right">
    <option selected>请选择您所属的地区</option>
            <option value="1">华东</option>
            <option value="2">华南</option>
            <option value="3">华中</option>
            <option value="4">华北</option>
            <option value="5">西北</option>
            <option value="6">西南</option>
            <option value="7">东北</option>
            <option value="8">港澳台</option>
            <option value="9">其他</option>
        </select><br><br>
    <label for="age" class="left"> 年  龄</label>
    <input type="number" id="age" name="age" min="10" maxlength="3" class="right"><br><br>
    <div class="left">性  别</div>
    <input type="radio" id="sex_1" name="sex" value="male">
    <label for="sex_1">男</label>      
    <input type="radio" id="sex_2" name="sex" value="female">
```

```html
<label for="sex_2">女</label><br><br>

<div class="left">兴趣爱好</div>
    <input type="checkbox" id="interest_0" name="interest_0" value="0">
    <label for="interest_0">书籍</label>   
    <input type="checkbox" id="interest_1" name="interest_1" value="1">
    <label for="interest_1">音乐</label>   
    <input type="checkbox" id="interest_2" name="interest_2" value="2">
    <label for="interest_2">电影</label>   
    <input type="checkbox" id="interest_3" name="interest_3" value="3">
    <label for="interest_3">健身</label>   
</fieldset>
<fieldset>
<legend>服务条款</legend>
<label for="yes" class="left"> 是否同意条款<span class="red">*</span></label>
<textarea name="terms" cols="50" rows="3" readonly>
    一、总则
    ……（此处省略部分文字内容）
</textarea>
<div align="center">
<input name="yes" type="checkbox" id="yes" /> <label for="yes"> 已阅读并同意上述条
款</label>

</div>
</fieldset>
<input type="reset" class="btn" value="重  填">
<input type="submit" class="btn" value="注  册">
        </form>
    </main>
    </div>
    <footer class="page-footer">
    @2016 茗茶馆版权所有
    </footer>
</body>
</html>
```

在浏览器中预览效果如图 5-12 所示。

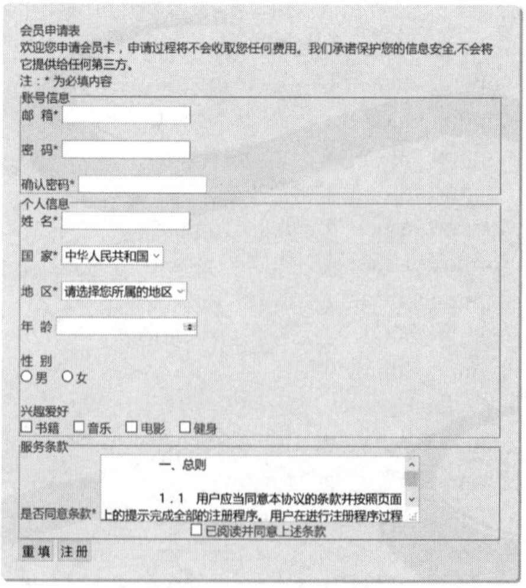

图 5-12 用户注册页面

上述内容对茶文化网站首页及用户注册页面的 HTML5 部分进行了详细介绍，由于导航栏中超链接指向的其余各一级页面的 HTML5 设计较为简单，请读者自行查看页面源文件学习，此处不再赘述。

5.6　练习

1．结合第 2 章超链接内容，利用所给素材制作一个简单的音乐播放页面。

要求：打开页面可以看到音乐列表，单击音乐列表可以播放所选音乐。

2．制作一个简单的视频网页

要求：打开页面自动加载视频，可以对播放进行控制。

3．在 HTML5 网页中添加 mp4 格式的视频文件，查看不同浏览器视频控件的显示外观，测试不同浏览器对 Video 和 Audio 两个元素的支持程度。

4．制作一个关于"美食"主题的静态网站首页面。要求包含 Logo、导航、图片等信息。

5．制作"美食"主题的网站的子页面，同首页建立超链接。

第6章　CSS3概述

在进行 Web 前端开发时，对于网页设计而言，HTML 是网页制作的基础和本质，任何网页的基础源代码都是 HTML 代码。但是如果希望制作出精美且便于后期维护的网页，仅仅掌握 HTML 是远远不够的，还需要熟练应用 CSS 样式。CSS 样式控制着网页的外观，是 Web 前端开发中不可缺少的重要内容。本章将介绍 CSS 样式的特点及发展史，并对 CSS 技术的最新升级版本 CSS3 做概述。

6.1　CSS 简介

在制作网页时，CSS 是对 HTML 语言的有效补充。CSS 样式可以轻松地设置网页元素的显示位置和格式，通过使用 CSS 样式，能够减少很多重复性的格式设置，例如网页布局和文字图片等显示方式。还可以使用 CSS 滤镜实现图像淡化、网页淡入淡出等特效，在精简代码的同时提升了网页的美观性。

6.1.1　CSS 层叠样式表

CSS 是 Cascading Style Sheets（层叠样式表）的缩写，是一种为 Web 文档添加样式的简单机制，是一种表现 HTML 或 XML 等文件外观样式的计算机语言，是一种网页排版和布局设计的技术。

CSS 由 W3C 定义及发布，用来取代表格布局、框架布局以及其他非标准的表现方法；CSS 是一组格式设置规则，用于控制网页的外观；通过使用 CSS 样式设置页面的格式，可以将页面的内容与表现形式分离；网页内容存储在 HTML 文档中，而用于定义表现形式的 CSS 样式存储在另一个文件中；将网页的内容和表现形式分离，不仅可以使维护站点的外观更加容易，而且还可以使 HTML 文档代码更加简洁，缩短浏览器的加载时间。

6.1.2　CSS 与 DIV 之缘

经常看到"DIV+CSS 是 Web 前端设计的标准"等描述，其实，"DIV+CSS"这种叫法是不确切的，因为 DIV 只是 XHTML 或 HTML 语言中的一个标签而已，而 CSS 是一种样式表现技术。在选用 CSS 样式表作为网页布局技术时，通常使用 DIV 这个标签表现定义好的 CSS 样式。所以，正确的表述应该是：XHTML+CSS 是一种网页的布局方法，也是 Web 设计的标准。

纯 CSS 布局与结构式 XHTML 相结合能帮助设计师分离外观与结构，和传统的表格布局相比，具有以下特点。

1. 网页载入更快

由于页面布局和美化的代码都写在 CSS 文件中，很多页面可以共用此文件定义的样式，无须重复定义样式，使得页面代码减少；使用 CSS 布局的页面，是将网页分隔成很多独立的区域，在打开页面的时候逐层加载。精简的代码和独特的加载方式，使得网页载入速度更快。

2．降低流量费用

使用 CSS 布局的页面代码减少，用户请求页面时需要的流量费用降低。

3．修改设计时效率高

纯 CSS 布局与结构式 XHTML 相结合将网页内容与表现分离，修改网页设计时只需修改 CSS 样式表文件即可。

4．更容易被搜索引擎收录

因为页面样式布局代码被写入到 CSS 中，网页内容将被突出，这样容易被搜索引擎采集收录，方便用户搜索。

6.2　CSS 的发展

在 HTML 迅猛发展的 20 世纪 90 年代，CSS 也就应运而生。1994 年哈坤·利（Hakon Wium Lie）提出了 CSS 的构想。伯特·波斯（Bert Bos）当时正在设计一个叫作 Argo 的浏览器，他们决定合作设计 CSS。

哈坤于 1994 年在芝加哥的一次会议上第一次展示了 CSS 的建议，1995 年他与波斯一起再次展示这个建议。当时 W3C（World Wide Web Consortium，万维网联盟）刚刚建立，W3C 对 CSS 的发展很感兴趣，为此专门组织了一次讨论会，并于 1996 年 12 月推出了 CSS 规范的第一个版本。这一规范立即引起了各方的积极响应，随即 Microsoft 公司和 Netscape 公司都表示自己的浏览器能够支持 CSS1.0。从此，CSS 规范在网页制作中的应用越来越普遍。

1998 年，W3C 发布了 CSS 的第 2 个版本（即 CSS2.0），这也是至今流行最广，目前主流浏览器都采用的规范。2001 年 5 月 W3C 开始进行 CSS3 规范的制定，到目前为止 CSS3 规范仍没有最终确定，但是，许多新的 CSS3 属性已在现代浏览器中使用。

6.2.1　CSS1.0 和 CSS2.0 概述

1．CSS1.0 版本

1997 年 W3C 颁布 HTML4 规范，同时也发布了有关 CSS 的第一个规范 CSS1.0。CSS1.0 提供有关字体、颜色、位置和文本属性的基本信息，较为全面地规定了文档的显示样式，大致可分为选择器、样式属性、伪类和对象等几个大的部分。

（1）选择器

要使用 CSS 对 HTML 页面中的元素实现一对一、一对多或者多对一的控制，就需要用到 CSS 选择器。CSS 选择器大致分为标签选择器、类选择器、ID 选择器和派生选择器几种，用来定义希望应用样式的 HTML 元素或者标签。

（2）样式属性

该属性主要包括 font（字体）、text（文本）、background（背景）、position（定位）、dimension（尺寸）、layout（布局）、margin（外边距）、border（边框）、padding（内边距）、list（列表）、table（表格）和 scrollbar（滚动条）等，用于定义网页的样式变化。每个属性都有一个值，属性和值被冒号分开并由花括号包围，这样就组成了一个完整的样式声明。

（3）伪类属性

样式的应用需要用户指定应用样式的 HTML 节点，如果节点的样式需要动态变化，也就是动态地指定节点，就需要用伪类来完成。在 CSS1.0 中，主要定义了针对锚对象 a 的 link、hover、active、visited 和针对节点的 first-letter、first-child、first-line 等几个伪类属性。

（4）保存方式

通过 CSS 所编写的样式代码，用户可以直接存储在 HTML 网页中，也可以将 CSS 样式代码存储为独立的样式表文件。无论以何种方式保存，样式表都包含将样式应用于特定元素类型的样式规则。在外部使用时，样式表规则放在外部样式表文件中，文件扩展名为.css。

2．CSS2.0 版本

样式表自从 CSS1.0 的版本之后，又在 1998 年 5 月发布了 CSS2.0 版本。CSS2.0 规范是基于 CSS1.0 设计的，其中包含了 CSS1.0 的所有功能，并扩充和改进了许多更加强大的属性。

CSS2.0 提出一套全新的样式表结构，由 W3C 推行，同以往的 CSS1.0 或 CSS1.2 完全不一样，CSS2.0 推荐的是一套内容和表现效果分离的方式。HTML 元素可以通过 CSS2.0 的样式控制显示效果，可完全不使用以往 HTML 中的 table 来布局网页和定位表单的外观和样式，只需使用 div 和 li 等 HTML 标签来分割元素，之后即可通过 CSS2.0 样式来定义表单界面的外观。CSS2.0 提供给用户了一个机制，让程序员开发时不必考虑显示和界面就可以制作表单和页面，显示问题可由美工或程序员后期再来编写相应的 CSS2.0 样式来解决。

（1）选择器

CSS2.0 提供了更强大的选择器，用于定位 HTML 节点或者标记，如*（星号）用于匹配任何标记；>（大于号）用于指定父子节点关系；空格用于匹配在某一层有某个父节点的节点；+（加号）用于表示在同一个级别节点之间的关系；名称[表达式]，选择包含特殊属性值的节点。

（2）位置模型

在 CSS1.0 中已经定义了一些关于位置（Positioning）的属性，在 CSS2.0 中进一步增强了这部分功能，如增加了 relative、absolute、fixed 和 z-index 等几个值。在 CSS2.0 中，新的定位模型提供的这些属性，可以更加容易地建立列式及复杂布局，将布局的一部分与另一部分重叠，还可以完成立体布局的页面设计。

（3）布局、表格样式

display 属性用来规定元素应该生成的框模型，但在 CSS1.0 中只有少数几个属性。CSS2.0 对该属性进行了补充，用户可以用该属性指定元素是否会显示以及如何显示，也可以使用该属性配合位置和浮动进行页面的布局。借助于 CSS2.0 的一些属性，用户可以将一个非表格的结构化文档显示为一个表格样式。

（4）伪类

在 CSS2.0 中，不但增加了:focus（将样式添加到被选中的元素）、:first-child（将特殊的样式添加到元素的第一个子元素）、:lang（允许创作者来定义指定的元素中使用的语言）等几个新的伪类。同时还扩充了伪类的使用范围，使得伪类不但可以和原来一样应用于 a 锚标签，还可以应用到一个类和标签上，如 link:hover、myClass:hover 等。

（5）光标样式

CSS2.0 的另一个亮点就是增加了 cursor 属性，用于指定设备应该显示怎样的光标类型，用户可以自定义光标显示的样式和效果。

在 CSS2.0 规范中，除了上述一些属性的增强外，还包含其他新增属性，此处不再一一列出。这些新功能极大地增强了 CSS 和 HTML 的表现能力，用户可以通过添加 CSS 规则，得到更加精美的网页，也可以在不改动 HTML 的情况下，只修改 CSS 规则，得到不同样式的网页。

6.2.2 CSS3 的出现

早在 2001 年，W3C 就着手开始准备开发 CSS 第 3 版规范。CSS3.0 规范的一个新特点是规范被分为若干个互相独立的模块：一方面分成若干较小的模块有利于规范及时更新和发布，及时调整模块的内容；另一方面，由于受支持设备和浏览器厂商的限制，设备或厂商可以有选择地支持一部分模块，支持 CSS3.0 的一个子集。

CSS3.0 使很多以前需要使用图片和脚本才能实现的效果，只需要短短几行代码就能完成，如圆角、图片边框、文字阴影、盒阴影和形变动画效果等。CSS3.0 不仅能简化前端开发人员的设计过程，还能加快页面的载入速度。

目前，主流浏览器都已迫不及待地开始支持 CSS3.0 的部分特性了。虽然这部分特性还相对较少，但是这些以前很难使用 JavaScript 和图片实现的效果依然令人兴奋不已。随着 CSS3.0 的应用，网页显示越来越精美生动，代码则越来越精简。

6.3 CCS3 的前景展望

有 "CSS 之父" 称号的 Hakon Wium Lie 认为，除了 HTML5 之外，CSS3.0（以下简称 CSS3）将是互联网发展的另一个趋势。开发符合 CSS3 规范的样式表的最主要原因，是让用户能更加快速地访问互联网。

在 CSS3 样式表中，不需要对图片进行复杂处理，仅通过样式属性代码即可完成。CSS3 让网页文字变得越来越漂亮的同时，不会影响浏览速度，并且能更容易地被搜索引擎检索。在未来的网页开发中，程序员不需要再基于操作系统底层代码编写程序，只要基于网络应用编写程序即可。

6.3.1 CSS3 的应用范围

对于前端设计人员和开发人员来说，CSS 一直是 Web 设计过程中重要的一部分。随着 CSS3 的出现，以及浏览器对它的支持，可以实现以前需要借助图片处理和脚本语言编程才能实现的特效，甚至可以在网页中呈现酷似 Flash 动画的效果。下面列举几个 CSS3 可以实现的常用效果。

1．按钮效果

一直以来，都是使用图片或 JavaScript 创建网页中的按钮，但随着 CSS3 的出现，用户可以创建一些大小、颜色不同的按钮元素，而不必每次都要通过图片处理软件准备一个背景图片。

2．制作柱形图

在 Web 页面上显示柱形、饼形等统计图表，构建直观的页面展示效果，通过 CSS3 样式，可以在 HTML5 中轻松地实现 3D 效果的柱形图。

3．设计下拉菜单

Web 中的导航菜单，是一个网站中不可或缺的组成部分。通过 CSS3 样式，可以设计出更漂亮、更具有动感效果的下拉菜单。

4．图片阴影效果

使用 CSS3 样式，用户可以在图片上添加边框和阴影效果，使图片展示更加立体美观。

5．文本框样式

网页表单中的对象总是给浏览者一种单调与沉闷的感觉，如按钮、文本框等。通过 CSS3 样式，可以改变表单对象的样式及激活状态的样式等，如立体和圆角效果等。

6．字体效果

过去需要 JavaScript 才能实现的复杂效果，现在使用 CSS3 即可简单地实现，例如，通过 CSS3 可以实现 3D 效果的文本内容。

7．CSS3 引用气泡

在 CSS3 之前，要实现对话气泡效果非常麻烦，需要通过图片、JavaScript 等多种技术组合来实现。而使用 CSS3 样式，可以轻松实现各种引用气泡的样式效果。

8．动画效果

使用 CSS3 样式可以设计动画效果，过去必须使用 Flash 等动画制作软件才能实现的动画效果，如今借助于 CSS3 样式即可轻松实现。

6.3.2 当前支持 CSS3 的浏览器

目前，支持 CSS3 和 HTML5 的浏览器越来越多，所谓支持仅仅是部分支持，因为 CSS3 和 HTML5 的 W3C 规范都尚未完成。如果用户现在使用 CSS3 和 HTML5 创建站点，至少要先全面了解各个浏览器对这两种新技术的支持情况。

下面介绍一下各种浏览器对 CSS3 属性的支持情况。CSS3 的 Transforms 3D 属性还没有浏览器支持，除此之外的其他属性在 Windows 平台，Chrome 和 Safari 全部支持，其次支持比较好的是 Opera 和 Firefox。在 Mac 平台还是 Safari 仍然表现优异，其次是 Firefox 和 Opera。

CSS3 新增了更多的 CSS 选择器，可以简单实现更强大的功能，主流浏览器已全部支持 CSS3 选择器。

虽然浏览器厂商以前就一直在实施 CSS3，但它目前还未成为真正的标准。为此，当有一些 CSS3 样式语法还在波动时，它们提供了针对浏览器的前缀。设计人员通常为一个效果写多个浏览器前缀不同的代码是为了让网页在各浏览器中都能被识别。例如，CSS3 渐变样式在 Firefox 和 Safari 中是不同的。Firefox 使用-moz-linear-gradient，而 Safari（WebKit）使用-webkit-gradient，这两种语法都使用厂商类型的前缀。

现代浏览器的内核主要有 Mozilla（Firefox 浏览器使用）、WebKit（Chrome 和 Safari、Edge 浏览器使用）、Opera（Opera 浏览器使用）、Trident（IE 浏览器使用）。因此制作网页过程中在编写未统一的 CSS3 规则时，可以使用的不同前缀如下：

- Chrome（谷歌浏览器）：-webkit-；
- Safari（苹果浏览器）：-webkit-；
- Edge（微软浏览器）：-webkit-；
- Firefox（火狐浏览器）：-moz-；
- IE（IE 浏览器）：-ms-；
- Opera（欧朋浏览器）：-o-。

因此，在编写 CSS3 代码规范时，应该先用有厂商前缀的指定样式，紧接着使用无前缀的。这样可以保证当浏览器移除了前缀，使用标准 CSS3 规范时，所写的样式仍然有效，例如：

```
#prefix-example {
        -webkit-box-shadow: 0 3px 5px #FFF;
```

```
-moz-box-shadow: 0 3px 5px #FFF;
-o-box-shadow: 0 3px 5px #FFF;
box-shadow: 0 3px 5px #FFF;
}
```

6.4 练习

1．访问网站 http://www.w3.org/standards/techs/css#w3c_all，了解 CSS 发展现状。

2．尝试使用记事本或其他文本编辑器创建后缀名为.css 的文件。

3．访问网站 http://www.oschina.net/，尝试搜索"CSS3"开源项目，选择感兴趣的项目，并了解项目内容。

4．使用主流浏览器（IE、Edge、Firefox、Chrome、Safari 等）访问练习 3 中的 CSS3 开源项目的演示页面，观察显示效果是否一致。

5．访问网站 http://caniuse.com/，了解主流浏览器对 CSS3 属性的支持情况。

第7章 CSS3 语法

CSS 样式是由若干条样式规则组成的，这些样式规则可以应用到不同的元素或文档中来定义所显示的外观。CSS 样式是纯文本格式文件，在编辑 CSS 时，可以使用简单的纯文本编辑工具，例如记事本，同样也可以使用专业的 CSS 编辑工具，例如 Dreamweaver 等。本章将为读者介绍 CSS3 的基础语法知识。

7.1 CSS3 的语法基础

所有 CSS 样式的基础就是 CSS 规则，每一条规则都是一条单独的语句，确定应该如何设计样式，以及如何应用这些样式。因此，CSS 样式由规则列表组成，浏览器用它呈现页面的显示效果。

7.1.1 构造 CSS3 样式规则

1．CSS3 的基本语法规则

CSS 样式由两部分组成：选择器（Selector）和声明块（Declaration Block），声明块被一对花括号（{}）括起来，花括号内可以添加一个或多个声明（Declaration），即：

Selector {Declaration1; Declaration2; … DeclarationN; }

多个声明需要用分号隔开，每个声明由属性（Property）和属性值（Value）组成，属性（Property）是希望设置的样式属性（Style Attribute）。每个属性有一个值，属性和值被冒号分开。

所以简单的 CSS 规则如下：

Selector {Property1:Value1; Property2:Value2; … PropertyN:ValueN;}

即：

选择器{属性1:属性值1; 属性2:属性值2; … 属性N:属性值N;}

下面这行代码的作用是将 h1 元素内的文字颜色定义为红色，同时将字体大小设置为14px。

h1 {color:red; font-size:14px;}

在这个例子中，h1 是选择器，color 和 font-size 是属性，red 和 14 px 是属性值。

上面这段代码的结构如图 7-1 所示。

图 7-1　CSS 样式结构分析示例

2．属性值的不同写法和单位

在书写属性值时，有不同的单位和写法，例如表示颜色的属性值通常有 3 种方法：第一种使用英文单词表示；第二种使用十六进制的颜色值表示；第三种可以使用 RGB 函数表示。

下面几种表示方法效果相同，都是表示将段落标记 p 所影响的文字样式设置成红色。

使用英文单词：

```
p { color: red; }
```

使用十六进制的颜色值：

```
p { color: #ff0000; }
```

为了节约字节，可以使用 CSS 的缩写形式：

```
p { color: #f00; }
```

还可以通过下面两种方法使用 RGB 值：

```
p { color: rgb(255,0,0);}
p { color: rgb(100%,0%,0%);}
```

请注意，当使用 RGB 百分比时，即使值为 0 时也要写百分比符号。但是在其他的情况下就不需要这么做了。例如，当尺寸为 0 像素时，0 之后不需要使用 px 单位，因为 0 就是 0，无论单位是什么。

除颜色值之外，在表示长度属性值的时候，所选属性值单位可能是相对值单位，也可能是绝对值单位，如相对值单位为百分比符号%，绝对值单位可以是像素 px、英寸 in、厘米 cm 等。

3．属性值记得写引号

如果属性值为若干单词，则要给该属性值加引号，例如：

```
p {font-family: "sans serif";}
```

4．多重声明中的分号

如果要定义不止一个声明，则需要用分号将每个声明分开。下面的例子展示出如何定义一个红色文字的居中段落。最后一条规则是不需要加分号的，因为分号在英语中是一个分隔符号，不是结束符号。然而，大多数有经验的设计师会在每条声明的末尾都加上分号，这么做的好处是，当你从现有的规则中增减声明时，会尽可能地减少出错的可能性。就像这样：

```
p {text-align:center; color:red;}
```

书写 CSS 样式时，应该在每行只描述一个属性，这样可以增强样式定义的可读性，类似如下代码：

```
p {
text-align: center;
color: black;
font-family: arial;
}
```

5．多重声明中的空格和大小写

大多数样式表包含不止一条规则，而大多数规则包含不止一个声明。多重声明和空格的使用使得样式表更容易被编辑：

```
body {
color: #000;
```

```
        background: #fff;
        margin: 0;
        padding: 0;
        font-family: Georgia, Palatino, serif;
    }
```

是否包含空格不会影响 CSS 在浏览器中的工作效果。与 XHTML 不同，CSS 对大小写不敏感。不过存在一个例外：如果与 HTML 文档一起工作，class 和 id 名称对大小写是敏感的。

7.1.2 为样式规则添加注释

在设计 CSS 样式的时候，可以为其添加相应的注释。如多人合作开发网站，前台设计人员在书写 CSS 文档代码的时候添加恰当的注释，不仅可以在自己后期网站维护时快速找到相应代码的位置，而且也为开发小组其他成员在阅读该文档提供了方便。因此，在 CSS 文档中注释起到很重要的作用，可以帮助网站开发人员记起 CSS 的含义，加载在 HTML 文档的位置等。

其实在 CSS 文档中添加注释内容语法很简单，要添加的注释内容需要用定界符"/*"和"*/"包含起来，也就是注释是以"斜杠+星号"开始，"星号+斜杠"结束，需要注意的是，定界符均为英文半角。

如在设计网页布局时，需要定义页面头部区域的样式，可以加上帮助理解的注释内容：

```
#header{
    width: 1000px;
    margin: 0 auto;
    }
    /* 这个是头部区域选择器，设置总宽度为1000px，并设置DIV布局居中 */
```

这段代码即是 CSS 代码中加的注释说明，浏览器不会解释也不会被直接呈现给浏览者。只有用户打开 CSS 文件才会看见此段注释与注释内容。

7.2 CSS3 选择器

CSS 基本语法规则中，selector 既翻译为选择器，又可译为选择符。HTML 中的所有标签都是通过不同的 CSS 选择器进行控制的。选择器不只是 HTML 文档中的元素标签，它还可以是类（class）、id（元素的唯一标识名称）或是元素的某种状态（a:hover）。根据 CSS 选择器的用途可以把选择器分为标签选择器、类选择器、id 选择器、伪类选择器等。

7.2.1 通用选择器

在进行网页设计时，可以通过通用选择器设置网页中所有的 HTML 标签使用同一种样式，它对所有的 HTML 元素起作用。通用选择器的基本语法如下：

```
* { 属性: 属性值; }
```

通配符*（星号）表示网页中所有的 HTML 标签。在一般情况下，在设计网页时，CSS 文档中会在最前面进行通用选择器一些属性值的初始化。例如：

```
* {
    margin: 0px;
```

```
        padding: 0px;
        border: 0px;
    }
```

在网页中许多 HTML 标签的边界和填充值默认并不为 0，例如 body 标签的默认边界值并不为 0，ul 标签的默认边界值也不为 0，这就导致在网页制作过程中并不太好控制，通配符*表示 HTML 页面中的所有标签，通过通用选择器中对 CSS 样式的设置，将网页中所有标签中的默认边界、填充和边框都设置为 0，在制作的过程中，如果某些元素需要设置边界、填充和边框，再单独进行设置，这样便于控制。

7.2.2　标签选择器

HTML 文档是由多个不同标签组成的，标签选择器可以用来控制这些标签的应用样式。例如标签选择器 p，可以用来控制页面中所有 p 标签的样式风格。标签选择器的基本语法如下：

标签名称　{ 属性: 属性值; }

标签名称表示前面已经介绍过的 HTML 标签，如\<p\>、\<h1\>、\<ul\>、\<body\>等。如果在整个网站中经常会出现一些基本样式，可以采用具体的标签命名，从而可以达到对文档里该标签出现的每一个地方应用样式定义的效果。例如：

```
p {
    font-family: 黑体;
    font-size: 12px;
    color: green;
    }
```

以上这段代码定义 HTML 文档中的标签\<p\>的样式，表示所有的\<p\>标签影响的文字都符合同一组样式显示。

7.2.3　类选择器

在网页中通过使用标签选择器，可以控制网页中所有该标签显示的样式，但是，根据网页设计过程中的实际需要，标签选择器对设置特殊元素的样式还是力不能及的，因此，就需要使用类（class）选择器，来达到某些特殊网页元素的样式设置。

类选择器用来为一系列的网页元素定义相同的显示样式，其基本语法如下：

```
.类选择器名称　{ 属性: 属性值; }
```

类选择器中的类名称定义由 "." （英文句点）开始，具体的类名称由设计人员自定义。

```
.font01 {
    color: green;
    }
.font02 {
    color: red;
    }
```

上述代码定义了两个类选择器，分别是 font01 和 font02。类的名称可以是任意英文字符串，也可以是以英文字母开头与数字组合的名称，在通常情况下，这些名称应尽量做到见名知意，应该是其效果和功能的简要缩写。

可以使用 HTML 标签的 class 属性来引用类选择器。

```
<p class="font01"> class 属性是被用来引用类选择器的属性</p>
<p class="font02"> class 属性是被用来引用类选择器的属性</p>
<h1 class="font01"> 设置一级标题的样式</h1>
```

由上述代码可以看出，类选择器定义的样式可以被不同元素同时使用，如标签\<p\>和\<h1\>，也可让同一元素标签\<p\>应用多次不同的类选择器。因此，类选择器可以包括 HTML 文档中不同类型的一些元素（就像是一种分类），一个类选择器在一个 HTML 文档中可以使用多次。

7.2.4 id 选择器

id 选择器和类选择器相似，都是用于定义网页上特定元素的样式，不同的是，id 选择器中的 id，顾名思义，要求只能在网页中使用一次，也就是说，id 选择器所定义的 CSS 样式特定指向页面中唯一的元素。

id 选择器用来为唯一的网页元素定义显示样式，其基本语法如下：

```
#id 选择器名称 { 属性: 属性值;}
```

id 选择器中的 id 名称定义由 "#"（井号）开始，具体的 id 名称由设计人员自定义。

```
#green {
    color: green;
    }
#red{
    color: red;
    }
```

上述代码定义了两个 id 选择器，分别是 green 和 red。id 的名称可以是任意英文字符串，也可以是以英文字母开头与数字组合的名称，在通常情况下，这些名称应尽量做到见名知意，应该是其效果和功能的简要缩写。

可以使用 HTML 标签的 id 属性来引用类选择器。

```
<p id="red"> 这段文字是红色的</p>
<p id="green">这段文字是绿色的</p>
```

由上述代码可以看出，id 属性为 red 的\<p\>标签元素显示为红色，而 id 属性为 green 的\<p\>标签元素显示为绿色。和类选择器不同的是，id 选择器的属性只能在每个 HTML 文档中出现一次。

请注意，类选择器和 id 选择器可能是区分大小写的，这取决于文档的语言。HTML 和 XHTML 将类和 id 值定义为区分大小写，所以类和 id 值的大小写必须与文档中的相应值匹配。

7.2.5 伪类选择器

CSS 伪类用于向某些选择器添加特殊的效果。伪类也属于选择器的一种，包括:first-child、:link、:visited、:hover、:active、:focus 和:lang 等，但是由于不同的浏览器支持不同的伪类，因而没有一个统一的标准，许多伪类并不常用，其中有一组伪类是浏览器都支持的，那就是超链接伪类，包括:link、:visited、:hover 和:active。

利用伪类定义的 CSS 样式并不是作用在标签上，而是作用在标签的状态上。最常应用在标签\<a\>上，表示超链接的 4 种不同状态：link 表示超链接热点在没有被点击时的样式；visited 表示超链接热点已经被访问时的样式；active 表示超链接热点被激活瞬间的样式；hover 表示当鼠标悬停在超链接热点上面时的样式。设计人员可以根据网页的需要情况，设置标签\<a\>的一种或多种状态。需要注意的是：在 CSS 定义中，伪类名称对大小写不敏感；a:hover 必须被置于 a:link 和 a:visited 之后，才是有效的；a:active 必须被置于 a:hover 之后，才是有效的。

```
a:link {color: #FF0000}        /* 未访问的链接热点颜色 */
a:visited {color: #00FF00}     /* 已访问的链接热点颜色 */
a:hover {color: #FF00FF}       /* 当有鼠标悬停在链接上热点颜色 */
a:active {color: #0000FF}      /* 被激活瞬间的链接热点颜色 */
```

伪类不仅可以应用在链接标签 a 中，也可以应用在一些表单元素中，但表单元素的应用浏览器 IE7 以下不支持，所以一般伪类都只会被应用在超链接的样式上。

```
/* IE 8（以及更高版本）支持 :focus 伪类，而且必须规定 !DOCTYPE。*/
input: focus {
        background-color: yellow;
        }
/* 向拥有键盘输入焦点的元素添加背景色样式，如果网页中包含 form 表单的
文本框元素，则文本框获取焦点时其背景变成黄色。*/
```

伪类选择器设置 CSS 样式在网页设计中最广泛的应用是在页面超链接元素中，但是设计人员也可以为其他的网页元素设置伪类选择器的 CSS 样式，特别是:hover 伪类，当鼠标移至页面元素上的状态，通过对其设置 CSS 样式可以在网页中实现很多交互效果。

```
p :hover {
    font-size:150%;
    }
/* 当鼠标移至标签 p 影响的文字上时，段落文字放大为原字体大小的 1.5 倍。 */
```

7.2.6 群组选择器

当几个元素样式属性一样时，可以共同调用一个声明，元素之间用逗号分隔。在下面的例子中，对所有的标题元素进行了分组，并设置 CSS 样式，使所有的标题元素都显示为绿色。

```
h1,h2,h3,h4,h5,h6 {
    color: green;
    }
```

在网页设计中，常常会对网页中的一些元素进行相同的 CSS 样式设置，使用群组选择器可以大大提高工作效率。

7.2.7 派生选择器

依据元素在其位置的上下文关系来定义样式，可以使标签更加简洁。在 CSS1 中，通过这种方式来应用规则的选择器被称为上下文选择器（contextual selectors），这是由于它们依赖于上下文关系来应用或者避免某项规则。在 CSS2 中，它们被称为派生选择器，但是无论如何称呼，它们的作用都是相同的。

派生选择器允许你根据文档的上下文关系来确定某个标签的样式。在派生选择器中，每一个选择器对象之间使用空格作为分隔符，除了可以派生一级后代，也可以派生多级后代。通过合理地使用派生选择器，可以使 HTML 代码变得更加整洁。

例如，读者希望列表中的 strong 元素变为斜体字，而不是通常的粗体字，可以这样定义一个派生选择器：

```
li strong {
    font-style: italic;
    font-weight: normal;
    }
```

请注意标签 strong 代码的上下文关系：

```
<p><strong>我是粗体字，不是斜体字，因为我不在列表当中，所以这个规则对我不起作用
</strong></p>
    <ol>
        <li><strong>我是斜体字。这是因为 strong 元素位于 li 元素内。</strong></li>
        <li>我是正常的字体。</li>
    </ol>
```

在上面的例子中，只有标签 li 元素中的 strong 元素的样式为斜体字，无须为 strong 元素定义特别的 class 选择器或 id 选择器，代码更加简洁。

再看一下另一个例子，先定义以下的 CSS 规则：

```
strong {
    color: red;
    }

h2 {
    color: red;
    }

h2 strong {
        color: blue;
        }
```

下面是以上 CSS 样式施加影响的 HTML 代码：

```
<p>The strongly emphasized word in this paragraph is<strong>red</strong>.</p>
<h2>This subhead is also red.</h2>
<h2>The strongly emphasized word in this subhead is<strong>blue</strong>.</h2>
```

除了标签选择器可以派生其后代之外，其他类选择器和 id 选择器都可以派生后代，且可以派生多级后代。

7.2.8 属性选择器

属性选择器可以为拥有指定属性的 HTML 元素设置样式，而不仅限于 class 和 id 属性。需要注意的是：只有在规定了!DOCTYPE 时，IE7 及以上版本的浏览器才支持属性选择器。

属性选择器中的属性和属性值需要用"[ ]"方括号括住。

1. 属性选择器

下面的例子为带有 title 属性的所有元素设置样式：

```
[title]
{
color: red;
}
```

2. 属性和值选择器

下面的例子为 title="W3School"的所有元素设置样式：

```
[title=W3School]
    {
        border:5px solid blue;
    }
```

3．属性和值选择器：多个值

下面的例子为包含指定值的 title 属性的所有元素设置样式。适用于由空格分隔的多个属性值情况。

下面的例子为 title="CSS3" 的所有元素设置样式：

```
[title~=CSS3] {
        color: red;
    }
```

下面的例子为带有包含指定值的 lang 属性的所有元素设置样式。适用于由连字符分隔的属性值的情况：

```
[lang|=en] {
    color: red;
    }
```

4．属性选择器设置表单的样式

属性选择器在为不带有 class 或 id 的表单设置样式时特别有用。以下属性选择器分别为表单中的文本框和按钮进行了 CSS 样式的设置：

```
input[type="text"] {
        width:150px;
        display: block;
        margin-bottom:10px;
        background-color: yellow;
        font-family: Verdana, Arial;
        }
input[type="button"] {
        width:120px;
        margin-left:35px;
        display: block;
        font-family: Verdana, Arial;
        }
```

5．CSS 属性选择器参考表

CSS 属性选择器及其描述，如表 7-1 所示。

表 7-1　CSS 属性选择器参考表

选　择　器	描　　　述
[attribute]	用于选取带有指定属性的元素
[attribute=value]	用于选取带有指定属性和值的元素
[attribute~=value]	用于选取属性值中包含指定词汇的元素
[attribute|=value]	用于选取带有以指定值开头的属性值的元素，该值必须是整个单词
[attribute^=value]	匹配属性值以指定值开头的每个元素
[attribute$=value]	匹配属性值以指定值结尾的每个元素
[attribute*=value]	匹配属性值中包含指定值的每个元素

7.2.9　组合选择器

CSS 的组合选择器说明了两个选择器直接的关系，包括各种简单选择器的组合方式。

在 CSS3 中包含了 4 种组合方式：后代选择器、子元素选择器、相邻兄弟选择器和普通兄弟选择器。

1．后代选择器

后代选择器匹配指定元素的所有后代元素，该元素与其后代元素之间以空格分隔。该选择器与本书中 7.2.7 节的派生选择器相同。

2．子元素选择器

子元素选择器（Child selectors）只能选择作为某元素的子元素，该元素与其子元素之间以大于号 ">" 分隔。

以下实例选择了 div 元素中所有直接子元素 p：

```
div>p {
background-color:yellow;
}
```

3．相邻兄弟选择器

相邻兄弟选择器（Adjacent sibling selector）可选择紧接在另一元素后的元素，且二者有相同父元素。该元素与其相邻兄弟元素之间以加号 "+" 分隔。

以下实例选取了所有位于 div 元素后的第一个 p 元素：

```
div+p {
background-color:yellow;
}
```

4．普通兄弟选择器

普通兄弟选择器选取所有指定元素的相邻兄弟元素。该元素与其相邻兄弟元素之间以波浪号 "~" 分隔。

以下实例选取了所有 div 元素的所有相邻兄弟元素 p：

```
div~p {
background-color:yellow;
}
```

7.3　在网页中应用 CSS 的 4 种方式

CSS 样式能够以分离网页内容和样式的形式很好地控制网页的显示。在网页中应用 CSS 样式有 4 种方法：内联 CSS 样式、嵌入 CSS 样式、链接外部 CSS 样式表和导入外部 CSS 样式表。在实际操作中，4 种方式要根据设计的不同需求进行选择。

7.3.1　内联 CSS 样式

内联 CSS 样式是所有 CSS 样式中比较简单、直观的方法，就是直接把 CSS 样式代码添加到 HTML 的标签中，作为 HTML 标签的属性存在。通过这种方法，可以很简单地对某个标签元素单独定义 CSS 样式。

使用内联样式的方法是直接在 HTML 标签中使用 style 属性，该属性的内容就是 CSS 的属性和值，其语法格式如下：

内联样式

可以看出，内联 CSS 样式仅仅是 HTML 标签对于其 style 属性的支持所产生的一种 CSS 样式编写方式，内联 CSS 样式只能影响 HTML 文档中某个标签的样式，其作用范围非常有限。重要的是，内联 CSS 样式不符合 Web 标准提出的表现与内容要分离的设计模式。使用内联样式与表格布局从代码机构上来说完全相同，仅仅利用了 CSS 对元素可以精确控制的优点，并没有很好地实现表现与内容分离的标准，所以这种书写方式应当尽量少用。

7.3.2　嵌入 CSS 样式

嵌入 CSS 样式是将 CSS 样式代码添加到 HTML 文档的<head>与</head>标签之间，并且用<style>与</style>标签进行的声明。这种写法虽然没有完全实现网页内容和 CSS 样式表现相分离，但可以将内容与 HTML 代码分离在两个部分进行统一管理。其应用的代码片段如下：

```
<head>
<style type="text/css">
    h1{color: red}
    p{color: blue}
</style>
<head>
<body>
    <h1>一级标题是红色的。</h1>
    <p>段落文字是蓝色的。</p>
</body>
```

可以看出，嵌入 CSS 样式是将所有的 CSS 代码统一写在 HTML 文档的<style>和</style>标签之间，页面相对于内联 CSS 样式比较精简和便于维护。但是一个网站有很多个网页，为了统一网站显示风格，对于不同网页中的某个标签元素都希望采用相同的 CSS 样式设置时，嵌入样式就需要对每个网页进行该标签元素的 CSS 样式设置，这样效率就会非常低。因此，嵌入 CSS 样式只适用于单一网页设置单独的 CSS 样式。

7.3.3　链入外部 CSS 样式表

链入外部 CSS 样式表是 CSS 样式使用最为高效的一种形式。将 CSS 样式代码单独编写在一个独立文件中，该文件扩展名为 ".css"，即称其为外部 CSS 样式表文件，该文件可以被网站中任一网页调用。也就是说多个网页可以同时调用同一个外部样式表文件，因此，这种形式能够实现代码的最大化使用及网站文件的最优化配置。

网页调用外部 CSS 样式表时有两种方法：一是链入式；二是导入式。

链接外部样式表是指在网页外部定义 CSS 样式，并将其存入扩展名为 ".css" 的纯文本文件中，该文件可以用记事本等文本编辑器打开。然后在需要使用外部样式表定义样式的网页中通过<link>标签将外部存储的 CSS 样式表文件链接到该页面中，而且<link>标签必须放在网页的<head>与</head>标签之间。

【例 7-1】 外部样式表的链入式使用方法。

首先，在网站根目录下创建文件夹，命名为 "CSS"，在该文件夹下打开记事本软件，新建文本文件，输入如下 CSS 样式，并将该文件另存为 "mystyle.css"。

```
/* 外部样式表 mystyle.css 中内容  */
h1{
    color: red;
    }
p{
    color: blue;
    }
```

执行结果如图 7-2 所示。

图 7-2　创建外部样式表 mystyle.css

然后，在需要用到外部样式表 mystyle.css 的 HTML 文档的<head>与</head>标签之间添加以下<link>标签，其语法格式如下：

```
<head>
<link rel="stylesheet" type="text/css" href="外部样式表相对路径"/>
</head>
```

<link>标签有 3 个属性要说明：第一个 rel 属性指定链接到 CSS 样式，其属性值为 stylesheet；第二个 type 属性指定链接的文件类型为文本类型的 CSS 样式表，其属性值为 text/css；第三个 href 属性指定该 HTML 文档所链接的外部样式表文件和之间相对路径。

例如在网站根目录下创建首页 HTML 文档 "index.html"，在该文档中链入外部 CSS 样式表文件 "mystyle.css"，则 "index.html" 文档中代码片段如下：

```
<head>
<link rel="stylesheet" type="text/css" href="CSS/mystyle.css"/>
</head>
```

图 7-3 展示了链入外部样式表的相对路径及各文件之间的存放关系。

图 7-3　链入外部样式表 mystyle.css

7.3.4 导入外部 CSS 样式表

导入外部 CSS 样式表和链入外部 CSS 样式表基本相同，都是先创建一个单独的外部 CSS 样式文件，然后再引入到 HTML 文档中，只不过语法和运作方式有所区别。采用导入的 CSS 样式，在 HTML 文档初始化时，会被导入到 HTML 文档内部，作为文档中的一部分，类似于嵌入 CSS 样式。

导入外部 CSS 样式表是指在嵌入样式的<style>与</style>标签中，使用@import 语句导入一个外部 CSS 样式表文件，其语法格式如下：

```
<head>
<style type="text/css">
    @import url("外部样式表相对路径");
</style>
</head>
```

假如在网页 index.html 中导入 7.3.3 节中的外部样式表 mystyle.css，代码应写为：

```
<head>
<style type="text/css">
    @import url("CSS/mystyle.css");
</style>
</head>
```

无论是链入外部样式表还是导入外部样式表，都是 CSS 样式应用效率较高的方法。外部 CSS 样式表在网页中实现了良好的网站文件管理及样式管理，将样式表文件 CSS 和 HTML 文档分别存放，这种分离式的结构有助于合理分配网页的表现和内容。

使用外部 CSS 样式表文件的优点是：

1）外部样式表文件独立于 HTML 文件，便于修改和维护。

2）多个 HTML 文档可以同时引用同一个外部 CSS 样式表文件，如果想修改多个 HTML 文档所显示的样式，只需修改其引用的那个外部 CSS 样式表文件即可。

3）CSS 样式表文件只需下载一次，就可以在其他引用了该文件的多个网页内使用。

4）浏览器会先显示 HTML 内容，再根据 CSS 样式文件进行渲染样式，从而使访问者可以更快地看到网页内容。

7.4 CSS 样式的特性

CSS 通过与 HTML 的文档结构相对应的选择器来达到控制页面表现的目的。在 CSS 样式的应用过程中，需要注意 CSS 样式的一些特性，本节将对 CSS 样式的特性进行介绍。

7.4.1 CSS 样式的继承性

CSS 样式的继承性指的是，特定的 CSS 属性向下传递到子孙元素。在 CSS 样式中继承并不复杂，简单地说就是将各个 HTML 标签看作一个大容器，其中被包含的小容器会继承包含它的大容器的风格样式。子标签还可以在父标签样式风格的基础上再加以修改，产生新的样式，而子标签的样式风格完全不会影响父标签。

【例 7-2】 CSS 样式的继承性。有如下 html 代码片段：

```
<p>
CSS 样式表<span>继承特性</span>的演示代码
</p>
```

需要注意的是标签<span>是包含在标签<p>之内的，也就是说父标签<p>是大容器，子标签<span>即是该大容器包含的小容器。因此，根据 CSS 的继承性，子标签<span>将继承父标签<p>被定义的 CSS 样式。

指定父标签<p>的 CSS 样式时，观察子标签<span>的变化。

```
<style>
p { color: red; }
</style>
```

在浏览器中预览例 7-2 中 7-2.html，效果如图 7-4 所示。

图 7-4　CSS 样式的继承性范例 7-2.html 显示结果 1

该页面中标签<p>和标签<span>所影响的字体同时变成红色。CSS 样式中并没有指定子标签<span>的样式，但它继承了父标签<p>的样式特性。

然而不是所有的 CSS 属性都会被子标签继承，例如 border 属性。继续利用上面的一段代码，为标签<p>添加 border 和 width 属性，CSS 样式定义为 3 个像素粗细的蓝色实线外边框。CSS 样式片段代码如下：

```
<style>
p {
    border: 3px solid blue;
    width:300px;
}
</style>
```

在浏览器中再次预览例 7-2 中的 7-2.html，效果如图 7-5 所示。

图 7-5　CSS 样式的继承性范例 7-2.html 显示结果 2

由网页显示结果可以看出，父标签<p>的 border 属性并没有被子标签<span>继承。

那么，哪些属性是可以继承的呢？CSS 样式表可以继承的有如下属性：azimuth、border-collapse、border-spacing、caption-side、color、cursor、direction、elevation、empty-cells、font-family、font-size、font-style、font-variant、font-weight、font、letter-spacing、line-height、list-style-image、list-style-position、list-style-type、list-style、orphans、pitch-range、pitch、quotes、richness、speak-header、speak-numeral、speak-punctuation、speak、speech-rate、stress、text-align、text-indent、text-transform、visibility、voice-family、volume、whitespace、widows、word-spacing。

7.4.2 CSS 样式的特殊性

特殊性规定了不同的 CSS 规则的权重，当多个规则应用于同一个元素时，权重高的 CSS 样式会被优先采用。

【例 7-3】 CSS 样式的优先级。在 7-3.html 中有如下的 CSS 样式设置。

```
.font01{
    color: red;
    }
p{
    color: blue;
    }
```

对应的 HTML 代码如下：

```
<p class="font01">CSS 样式的特殊性范例演示</p>
```

从代码中可以看出，标签<p>设置了段落样式显示为蓝色，同时，类选择器 font01 也设置了样式，但显示为红色。当两个样式同时影响一段文字时，到底显示哪一个样式规则呢？由图 7-6 显示结果可以看出，文字最终显示为红色，也就是类选择器所设置的样式规则起到了作用。因为类选择器的权重比标签选择器的权重高，谁的权重高就采用谁的 CSS 样式。

图 7-6　CSS 样式的特殊性范例 7-3.html 显示结果

根据 CSS 样式规范，标签选择器具有特殊性的权重为 1，类签选择器具有特殊性的权重为 10，id 选择器具有特殊性的权重为 100，而继承的属性，其特殊性的权重为 0，任何一条与 CSS 继承值冲突的属性值都会覆盖继承的属性。特殊性还可以叠加，例如下面的 CSS 样式设置。

```
p{
    color: blue;              /* 特殊性权重值为 1 */
    }
p span{
    color: yellow;            /* 特殊性权重值为 1+1=2 */
    }
.warning{
    color: black;             /* 特殊性权重值为 10 */
    }
p span .warning{
    color: purple;            /* 特殊性权重值为 1+1+10=12 */
    }
#main .note p{
    color: red;               /* 特殊性权重值为 100+10+1=111，最大 */
    }
```

通过对上述定义的各 CSS 样式规则的特殊性权重计算可以得出，包含 id 选择器越多的 CSS 样式的权重值越大，各种选择器权重值可以相互叠加。因此，当多个 CSS 样式同时应用于同一个元素时，权重高的 CSS 样式会被优先采用。

7.4.3　CSS 样式的层叠性

层叠就是在 HTML 文件中对同一个元素可以有多个 CSS 样式存在，当有相同特殊性权重的样式应用于同一个元素时，CSS 规范会根据这些 CSS 样式的前后顺序来决定，位于最后面的 CSS 样式会被应用。由此可以推出，在一般情况下，CSS 样式优先级高低如下所示：内联样式表（标签内部）> 嵌入样式表（当前文档中）> 外部样式表（外部文件中）。

7.4.4　CSS 样式的重要性

不同的 CSS 样式具有不同的权重，对于同一个选择器，后定义的 CSS 样式会替代先定义的 CSS 样式，但是有时候设计人员需要某个 CSS 样式拥有最高的权重，此时就需要标出此 CSS 样式为"重要规则"，例如下面的 CSS 样式设置。

```
.font01{
        color: red;
        }
p{
    color: blue !important;
    }
<p class="font01">CSS 样式的特殊性范例演示</p>
```

在标签选择器 p 的属性值后加上"!important"之后，浏览器显示页面中的段落文字最后显示蓝色，因为!important 的优先级高于一切其他样式规则。

当设计人员不指定 CSS 样式的时候，浏览器也可以按照一定的样式显示出 HTML 文档的内容，这就是浏览器的默认样式属性。因此，浏览器默认样式的优先级别是最低的。

7.5　CSS3 常用样式属性

CSS 样式中包含了对文本、段落、背景、边框、位置、列表和光标效果等众多属性的设置，可以控制网页中几乎所有的元素。本节从应用效果的角度出发，介绍常用的 CSS 样式属性，其中包含新增的 CSS3 的样式属性。

7.5.1　字体文本样式

对于网页而言，文字永远是不可或缺的重要元素。文字也是传递信息的主要手段。网站越大，文字内容也就越多，需要管理的文字样式也越多。因此，掌握文本字体和段落的样式设置，对网页设计来说是最基本的要求。使用 CSS 对文字样式进行控制是一种容易统一网站整体文字样式的好方法，不仅能够设计出丰富的文字效果，也便于设计师对网页内容进行设置和修改。

1. 设置网页中的字体样式

CSS 字体属性定义了文本的字体系列、大小、加粗、风格（如斜体）和变形（如小型大写字母）等属性。CSS 字体属性有以下几种常用属性。

font-family：设置字体系列。使用该属性可以定义多个字体，按照优先顺序排列，用逗号隔开，当系统中没有第一个字体时，会自动应用下一个字体，以此类推。如设置的字体在用户的计算机中都没有，则浏览器显示系统默认的字体样式。

font-size：设置字体的尺寸。

font-style：设置字体风格。

font-variant：以小型大写字体或者正常字体显示文本。

font-weight：设置字体的粗细。

font：简写属性。作用是把所有针对字体的属性设置在一个声明中。font 属性的值应按以下次序书写（各个属性之间用空格隔开），顺序：font-style | font-variant | font-weight | font-size | line-height | font-family。例如：

.font01{font: italic small-caps bold 12px/1.5em arial,verdana;}

注意：font 简写时，font-size 和 line-height 只能通过斜杠/组成一个值，不能分开写；简写顺序不能改变，这种简写方法只有在同时指定 font-size 和 font-family 属性时才起作用。而且，如果没有设定 font-weight、font-style 以及 font-variant，浏览器会使用默认值显示样式。

2．设置网页中的文本样式

CSS 文本属性可定义文本的外观，可以改变文本的颜色、字符间距，对齐文本，装饰文本，对文本进行缩进等。

color：设置网页中文本字体的颜色。除了可以使用颜色名称、十六进制值、RGB 函数设置字体颜色属性值之外，CSS3 增加了 RGBA 和 HSLA 的属性值方法，这两种方法中的参数 A 可以设置颜色属性中的透明度。A 指的是 Alpha 透明度，取值在 0～1 之间。CSS3 中还新增了属性 opacity 检索或设置对象的不透明度。属性 opacity 取值使用浮点数指定对象的不透明度，值被约束在[0.0，1.0]。

line-height：设置文字段落中两行文字基线之间的距离，也就是行间距。

letter-spacing：设置字符之间的距离。

word-spacing：设置单词之间的距离。

text-align：对齐元素中的文本。

text-indent：缩进元素中文本的首行，如中文段落首行缩进两个汉字，可以在段落标签 p 中设置影响其文字的属性 text-indent: 2em，em 表示相对值，即相对于当前段落文字的字体大小，向后缩进两个字符的距离。

text-transform：设置文字的大小写，可将单词转换为大写或小写，或实现单词首字母大写。

text-decoration：在 CSS2.1 版本中，该属性指的是文本修饰的种类，即向文本添加修饰，如添加下画线、顶画线或删除线，或不要任何修饰。但在 CSS3 版本中，文本修饰又被细化为 text-decoration-line、text-decoration-style、text-decoration-color 等属性。text-decoration-line 指定文本修饰的种类，相当于 CSS2.1 的 text-decoration 属性；text-decoration-style 指定文本修饰的样式，属性值可以是 solid（实线）、double（双线）、dotted（点状线条）、dashed（虚线）、wavy（波浪线）。不过，需要注意的是，该属性只被高版本的 Firefox 支持和高版本的 Safari 部分支持。

text-decoration-color：指定文本修饰线条的颜色。该属性只被高版本的 Firefox 和 Safari 支持。

text-shadow：设置文本阴影。该属性属于 CSS3，语法为：

text-shadow: h-shadow   v-shadow   blur   color;

4 个属性值分别规定阴影水平偏移值（必需，允许负值）、阴影垂直偏移值（必需，允许负值）、阴影模糊值（可选，不允许负值），以及阴影的颜色。可以设定多组效果，每组参数值以逗号分隔。例如：

```
p{text-shadow: 1px 1px 2px red, 4px 4px 2px green;}
```

text-overflow：控制页面中溢出的文本内容。该属性属于 CSS3，属性值为 clip，表示修剪文本，不显示溢出的内容；属性值取 ellipsis 时，显示省略号来代表被修剪的文本，需要注意的是，该属性设置之前必须先设置 overflow: hidden; 才能得到想要的效果。

7.5.2 背景样式

网页中背景颜色或图像的合理设置，可以给人一种协调美观的视觉感受，还有利于烘托页面主题。在网页设计中，使用 CSS 控制网页背景颜色和图像是一项非常实用的技术，它有效地避免了 HTML 对网页元素控制所带来的不必要的麻烦。CSS 允许应用纯色作为背景，也允许使用背景图像创建相当复杂的效果。

background-color：设置元素的背景颜色。

background-image：把图像设置为背景。

background-repeat：设置背景图像是否及如何重复。默认地，背景图像在水平和垂直方向上都重复，可以单独设置图像在水平或垂直方向重复。

background-attachment：对象的背景图像是随对象内容滚动还是固定的。

background-position：设置对象背景图像的起始位置。

background：简写属性，作用是将背景属性设置在一个声明中。可以按顺序设置如下属性：background-color、background-image、background-repeat、background-attachment、background-position 设置，代码如下：

```
background: #00FF00 url(bgimage.gif) no-repeat fixed top;
```

也可以省略其中某些属性，代码如下：

```
background: url('smiley.gif') repeat;
```

在 CSS3 新增属性中，又添加了以下 3 个关于背景图像的属性设置。

background-origin：设置 background-position 属性相对于什么位置来定位。

background-clip：设置对象的背景向外裁剪的区域。

background-size：设置对象的背景图像的尺寸大小。

7.5.3 边框样式

CSS 边框样式可以给网页元素设置边框的属性，即控制对象元素的边框边线宽度、颜色、虚线或实线等 CSS 样式。

border-width：设置对象边框的粗细。

border-style：设置对象边框的样式，如实线、虚线、点画线、双实线等。

border-color：设置对象边框的颜色。

border：简写属性，设置对象 4 个边框的特性，可以按顺序设置如下属性：border-width、border-style、border-color，某些属性可以省略，省略的属性以浏览器默认样式显示。

因为边框有 4 个方向，所以以上 4 个属性都是同时设置 4 个方向的边框属性，也可以单独设置某个方向的边框属性，按照顺时针方向分别是 top、right、bottom、left。如 border-top、border-left、border-left-color、border-top-style 等。

在 CSS3 新增属性中，设计人员能够创建圆角边框、向矩形添加阴影或使用图片来绘制边框等，并且完成这些不需要使用图像处理软件。

border-radius：设置边框对象为圆角，属性值取 length 或%，这是一个简写属性，设置边框所有 4 个角的圆角弧度。也可以单独设置边框对象某个角的圆角弧度，按顺时针顺序设置边框每个角的值：top-left、top-right、bottom-right、bottom-left。

border-image：设置对象的边框样式使用图像来填充。border-image 属性是一个简写属性，用于设置以下属性：border-image-source（设置图像来源路径）、border-image-slice（设置背景图分割方式）、border-image-width（设置边框厚度）、border-image-outset（指定边框图像向外扩展所定义的数值）、border-image-repeat（设置边框图像的平铺方式）。

box-shadow：设置边框一个或多个阴影。该属性是由逗号分隔的阴影列表，每个阴影由 2~4 个长度值、可选的颜色值以及可选的 inset（内阴影）关键词来规定，省略长度的值是 0。语法如下：

```
box-shadow: h-shadow  v-shadow  blur  spread  color  inset;
```

7.5.4 列表样式

列表元素是网页中非常重要的应用形式之一，网页中经常可以看到项目列表的应用。在网页设计中，通过使用 CSS 属性制作的列表，代码数量减少，方便设计人员阅读和维护，能够轻松实现网页界面整齐直观的显示效果，使浏览者方便、快捷地对页面内容进行查看和点击。网页中的导航栏、新闻标题列表、商品信息陈列等，都是列表元素的应用。CSS 列表属性允许改变列表项标志，或者将图像作为列表项标志。

list-style-type：设置列表项标志的类型。属性值需根据无序列表 ul 和有序列表 ol 设置。

list-style-image：将图像设置为列表项标志。可用自定义图像替代无序列表中的列表项标志。

list-style-position：设置列表中列表项标志的位置。该项虽然能影响列表项目缩进的程度，但设置后显示效果不明显。

list-style：简写属性，把所有用于列表的属性设置于一个声明中。如果使用缩写，属性值的顺序是 list-style-type、list-style-position、list-style-image，某些属性值可省略。

7.6 练习

1．使用内联 CSS 样式完成图文混排，即在一段文字中插入一幅图片，图片位于文字左侧，并使文字环绕图片显示。提示：在段落标签<p></p>中嵌套图片标签<img>，并在<img>标签中添加 CSS 内联浮动样式。

2．制作页面，练习嵌入 CSS 样式的使用方法。在制作的 HTML 文档的<head> </head>标签之间，用<style></style>标签进行样式声明，并在<body></body>标签中应用这些样式来改变该页面的背景颜色及字体样式等。

3．使用外部样式表控制网页内容的样式显示。

第一步：在磁盘上新建根目录，文件夹命名为"web"。

第二步：在根目录下创建名称为"CSS"的文件夹，在该文件夹内建立外部样式表文件"style.css"，可直接使用记事本等文本编辑器完成，也可借助于 Dreamweaver 等软件完成此步。

第三步：在"style.css"样式表中分别定义<p>标签选择器、id 选择器和类选择器的样式如下：

```
p {
    color: #F00;
    text-align: center;
    font-size: 36px;
    font-weight: bold;
    }
#style {
    font-size: 16px;
    color: #0F0;
    }
.style {
    font-size: 24px;
    color: #00F;
    }
```

第四步：在根目录下创建 HTML 文档并将其命名为"index.html"，在该文档的 head 区使用<link>标签将外部样式表"style.css"链入，注意，<link>标签的 href 属性取值为相对地址链接。

第五步：应用外部样式表中已定义好的样式，影响"index.html"文档中的内容的表现形式。如在该文档的<body>中添加以下代码：

```
<body>
<p>这是标签选择器样式</p>
<p id="style">这是 id 选择器样式</p>
<p class="style">这是 class 选择器样式</p>
</body>
```

第六步：在浏览器中预览"index.html"页面，观察每行文字的不同。继续在"style.css"样式表文件中添加新样式，并在"index.html"中应用新样式改变网页内容所显示的样式。

4．练习用边框等 CSS 样式给一幅图片加上彩色圆角边框并设置立体阴影，效果如图 7-7 所示。

5．练习用列表样式制作新闻列表，要求使用自定义图像替代无序列表中的列表项标志，效果如图 7-8 所示。

图 7-7　练习 4 效果图

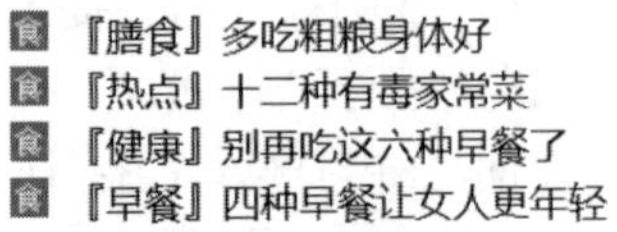

🔳 『膳食』多吃粗粮身体好
🔳 『热点』十二种有毒家常菜
🔳 『健康』别再吃这六种早餐了
🔳 『早餐』四种早餐让女人更年轻

图 7-8　练习 5 效果图

第8章 CSS3 页面布局

如何运用 Web 标准中的各种技术实现网页表现和内容相分离，已成为基于 Web 标准的网站设计的核心问题。只有真正实现了表现和结构分离的网页，才是符合 Web 标准的网页设计，所有掌握基于 CSS 的网页布局方式，是实现 Web 标准的根本。网页布局是指在页面中如何对标题、导航栏、主要内容、脚注、表单等各种主要构成元素进行合理的排版。本章将介绍如何使用 CSS 样式实现网页布局。

8.1 网页布局的类型

目前越来越多的显示设备出现，从电脑显示器到平板电脑再到智能手机，屏幕的分辨率也各不相同。在进行网页布局时，设计人员面临的最大问题可能就是要针对不同的显示器尺寸和分辨率设计出合理的页面了。Web 布局针对这个问题提出了几种基本的解决方法，在设计网页和进行页面布局时可以进行参考。

8.1.1 固定宽度网页布局

设计人员可以用固定宽度设计网页布局尺寸，这种布局有一个设置了固定宽度的外包裹，里面的各个模块也是固定宽度而非百分比。重要的是容器（外包裹）元素设置为不能移动。一般为了适应主流的分辨率（1024×768 px），许多固定宽度都设计在 1000 px 宽度以下，使浏览器的滚动条和其他部件所占用的窗口和空间在显示区域之内，最常见的固定宽度为 960 px，如果小于这个宽度，则会出现滚动条。固定布局不管屏幕分辨率如何变化，访客看到的都是固定宽度的内容。它的好处是能如同平面媒体一样，版面上所有区域的大小都能维持不变，让用户的操作习惯不会受到不同大小的屏幕分辨率影响。

1. 固定宽度网页布局的优点

1）设计师所设计的就是最终用户所看到的。

2）设计更加简单，并且更加容易定制。

3）在所有浏览器中宽度一样，所以不会受到图片、表单、视频和其他固定宽度内容的影响。

4）不需要 min-width、max-width 等属性，因为有些浏览器并不支持这些属性。

5）即使需要兼容 800×600 px 或更小的分辨率，网页的主体内容仍然有足够的宽度易于阅读。

2. 固定宽度网页布局的缺点

1）对于使用高分辨率的用户，固定宽度布局会留下很大的空白。

2）屏幕分辨率过小时会出现横向滚动条。

3）当使用固定宽度布局时，应该确保至少居中外包裹 DIV（margin:0 auto）以保持一种显示平衡，否则对于使用大分辨率的用户，整个页面会被藏到一边去。

8.1.2 流式网页布局

流式布局也通常被称作液态布局。通常采用相对于分辨率大小的百分比的方式自适应不同的分辨率。它不会像固定布局一样出现左右两侧空白，或是被窗口切掉，它可以根据浏览器的宽度和屏幕的大小自动调整效果，灵活多变。流式布局的网页中主要的划分区域的尺寸使用百分数（搭配 min-*、max-* 属性使用），例如，设置网页主体的宽度为 80%，min-width 为 960 px，图片也作类似处理（width:100%，max-width 一般设定为图片本身的尺寸，防止被拉伸而失真）。这种布局方式适用于屏幕尺度跨度不是太大的情况，主要用来应对不同尺寸的 PC 屏幕。

1．流式网页布局的优点

1）对用户更加友好，因为它能够部分自适应用户的设置。

2）页面周围的空白区域在所有分辨率和浏览器下都是相同的，在视觉上更美观。

3）如果设计良好，流动布局可以避免在小分辨率下出现水平滚动条。

2．流式网页布局的缺点

1）设计者需要在不同的分辨率下进行测试，才能够看到最终的设计效果。

2）不同分辨率下图像或者视频可能需要准备不同的对应素材。

3）在屏幕分辨率跨度特别大时，内容会过大或者过小，变得难以阅读。

8.1.3 响应式网页布局

由于固定宽度网页布局和流式网页布局都具有不可忽视的缺点，而且随着 CSS3 出现了媒体查询技术，因此又发展出了响应式网页布局设计的概念。响应式设计的目标是确保一个页面在所有终端上（各种尺寸的 PC、手机、手表、平板电脑等的 Web 浏览器等）都能显示令人满意的效果，对 CSS 编写者而言，在实现上不拘泥于具体手法，但通常是糅合了流式布局，再搭配媒体查询技术使用。它能够帮助网页根据不同的设备平台（跨度大的屏幕分辨率大小）对内容、媒体文件和布局结构进行相应的调整与优化，从而使网站在各种环境下都能为用户提供最优且相对统一的体验模式。

响应式布局的关键技术是 CSS3 中的媒体查询，可以在不同分辨率下对元素重新设置样式（不只是尺寸），在不同屏幕下可以显示不同版式，一般来说响应式布局配合流式布局效果更好。

8.2 DIV+CSS 网页布局

DIV+CSS 网页布局技术是实现页面表现和内容相分离的核心技术，虽然在 6.1.2 节中提到"DIV+CSS"这种说法是不确切的，因为 DIV 仅仅是 HTML 的一个标签而已，但是由此可见，在网页布局中，DIV 是一个非常重要的标签。DIV+CSS 布局方法的核心技术就是盒子模型，简单来说，就是将页面看成由很多矩形盒子组成，通过 CSS 定义盒子的样式，并借助 DIV 标签将这些盒子合理摆放在网页中并显示其中的内容，盒子之间可以是并列关系，也可以是嵌套关系。

8.2.1 创建 DIV

<div>标签是用来为 HTML 文档内的块（block）内容提供结构和背景的元素。<div>标签的

起始标签和结束标签之间的所有内容都是用来构成这个块的，其中包含元素的特性由<div>标签的属性来控制，或通过使用 CSS 样式格式化这个块来进行控制。<div>标签是一个容器，在 HTML 页面中可以有很多个这样的容器，而且页面的每一个标签对象都可以看成一个容器。如段落标签<p>就是一个容器，里面可以放入文本内容，<div>标签也是一个容器，也能够放置内容。<div>标签是 HTML 中指定的专门用于布局设计的容器对象，<div>标签替代早期的表格布局，完成页面的区域划分，而后由 CSS 来定义区域中内容显示的样子，因此，学习 DIV+CSS 布局技术的第一步，就是理解<div>标签的使用方法。

<div>标签只是一个普通的 HTML 标签，其作用是将网页内容标示出一个区域。<div>标签是 CSS 布局工作的第一步，需要通过<div>标签将页面中的内容元素标示出来，而为这些内容添加样式则由 CSS 来完成。<div>标签对象控制的区域除了可以直接放置文本、图片、超链接等常见 HTML 标签之外，也可以嵌套多对其他的<div>标签，最终目的是合理地标示出页面的区域。

<div>标签在使用的时候，可以加入其他属性，如 id、class、align 和 style 等，在 CSS 布局设计中，为了实现网页内容和表现分离，最好减少使用 align（对齐）属性和 style（内联样式）属性的编写次数，网页样式定义尽量都放在外部 CSS 样式表中完成。因此，div 标签属性最常用的只有 id 和 class 两种：

```
<div id="id 名称">块容器中的内容</div>
<div class="class 名称">块容器中的内容</div>
```

<div>标签就是一个"块状对象"（block），指的是当前对象显示为一个矩形块，默认显示时独立占据整行，其他对象会在下一行中显示；与之相对应的是<span>标签，是一个"行内对象"（in-line），允许下一个对象和它在同一行中显示。<div>标签用于大面积、大区域的块状排版，<span>标签用于文本内部的行内排版。

了解<div>标签的特点之后，再来分析网页布局，网页都是由大大小小的块状对象，也就是<div>标签所构成的，要设计网页布局，就先要使用<div>标签将页面划分出不同区域，并且为这些<div>标签编写 CSS 样式，控制<div>标签块所显示的位置，甚至区块中内容所显示的样子。下面就介绍怎样对<div>标签块状对象编写 CSS 样式。

8.2.2 CSS 盒模型

DIV+CSS 布局技术的核心就是盒模型，盒模型把网页上的每一个 HTML 元素都看作一个矩形的盒子，当然也包括<div>标签，只有很好地理解了盒模型的概念，才能控制页面中每个元素的位置，也就是实现网页布局和定位。

图 8-1 CSS 的盒模型

盒模型是由 margin（外边距）、border（边框）、padding（内边距）和 content（内容）4 个部分组成，此外，还有高度和宽度两个辅助属性。盒模型中各属性命名如图 8-1 所示。

一个盒子的实际大小是由 content、padding、border 和 margin 组成的。在 CSS 中，可以通过设置 width 和 height 属性来控制盒子中 content 部分的大小，并且对每个盒子，都可以分别设置四边的 border、margin 和 padding。

1）border：被称为边框属性，该属性可以设置网页中任何元素的边框，如段落文字、图像、表单和 div 块元素，使用方法见 7.5.3。border 是内边距 padding 和外边距 margin 的分界线，可以分离不同的 HTML 元素。在网页设计中，如果计算元素的宽度和高度，需要把 border 的尺寸计算在内。

2）margin：被称为外边距属性或边界属性，作用是设置网页中元素与元素之间的距离，即定义元素周围的空间范围，是页面排版中一个比较重要的概念。margin 属性语法格式如下：

```
margin: auto | length;
```

- auto：根据内容自动调整。
- length：取值为绝对长度或相对长度，如百分数是相对于上级元素的高度；对于内联元素来说，外延边距可以取负数值。
- padding：内边距属性或填充属性，用来设置元素内容 content 和边框 border 之间的距离，控制元素内部的填充区域。padding 属性语法格式如下：

```
padding: length;
```

3）length：取值为绝对长度或相对长度，如百分数是相对于上级元素的高度，但不可以取负数值。

需要注意的是，margin 和 padding 的属性取值可以是一个或多个，如果取一个值，表示该盒子的上下左右 4 个方向都是取相同的值；如果取两个值，前一个值表示上下两个方向取值，后一个值则表示左右两个方向取值；如果取 3 个值，第一个值表示盒子上方取值，第二个值表示盒子左右两个方向取值相同，第三个值表示盒子下方取值；如果取 4 个值，则分别表示该盒子的上、右、下、左 4 个方向不同的值。

【例 8-1】 定义盒子及其属性。

首先，在外部样式表 mystyle.css 中编写通用选择器、h1 标签选择器、class 选择器.bigBox 和.smallBox 的 CSS 样式：

```
* {
    padding: 0;
    margin: 0;
    }   /* 通用选择器将页面所有外边距和内边距清零。*/
h1 {
    width:300px;
    height:40px;
    border:1px solid red;
    }   /* 给 h1 标签元素加上内容尺寸和外边框。*/
.bigBox{
        width:200px;
        height:200px;
        border:1px solid green;
        background:#F30;
        margin:20px;
        }   /* class 选择器定义大盒子的尺寸、边框、背景色和外边距。 */
.smallBox{
        width:100px;
        height:100px;
        border:1px solid red;
        background:#6F9;
```

```
}    /* class 选择器定义小盒子的尺寸、边框、背景色和外边距。*/
```

接着在 8-1.html 文档中编写以下代码：

```
<!DOCTYPE HTML>
<html>
<head>
    <title>CSS 盒子模型范例</title>
    <link rel="stylesheet" type="text/css" href="CSS/mystyle.css"/>
</head>
<body>
    <h1>CSS 盒子模型范例</h1>
    <div class="bigBox">
        大盒子
    </div>
    <div class="smallBox">
        小盒子
    </div>
</body>
</html>
```

图 8-2　CSS 盒子模型范例运行结果 1

在 Firefox 浏览器中预览 8-1.html，效果如图 8-2 所示。

由图 8-2 可以看出，网页元素<h1>标签的内容也可以看作是一个盒子，并为之添加盒子模型中 content 宽度、高度和边框 border；由于 CSS 最初使用通用选择器"*"初始化了 margin 和 padding 将之清零，所以浏览器默认样式的 padding 就不起作用了，<h1>的 CSS 中也没有设置 margin，<h1>在父容器（浏览器）中就会贴在左上角显示，和浏览器边框没有任何距离；CSS 中.bigBox 和.smallBox 是两个 class 选择器定义的盒子，设置了宽度、高度、边框和背景色属性值，将两个盒子分别用<div>标签在 HTML 文档中显示出来，由于<div>标签是块状对象，所以两个盒子独据整行；因为在.bigBox 中设置了外边距 margin 属性值为 20 px，所以大盒子的上下左右四周的元素都会距离它 20 px，包括上方的<h1>和下方的小盒子，还有左侧的浏览器边框；如果想要使<h1>或者小盒子的边框不紧贴浏览器边框，可以设置它们的 CSS 属性 margin 上左或左边距为大于 0 的像素值。

为了说明盒子的 padding 属性，继续在 8-1.html 文档代码里添加下面代码：

```
<div class="bigBox">
    <div class="smallBox">
        小盒子
    </div>
</div>
```

这段代码的目的是将小盒子嵌套在大盒子里面，小盒子替代原本的"大盒子" 3 个字。运行结果如图 8-3 所示。

图 8-3 运行结果显示，小盒子被大盒子包含，大盒子为小盒子的父容器，由于小盒子未设置 margin 属性，大盒子也未设置 padding 属性，所以大小盒子两个父子容器左上边框紧贴在一起。

在 mystyle.css 中追加设置大盒子的 padding 属性为 20 px，表示大盒子中的内容上下左右 4 边都要距离它的内边距为 20 px，也就是小盒子的边框要距离大盒子的边框 20 px 的距离，8-1.html 文档运行结果如图 8-4 所示，明显看出，大盒子加了内边距 padding 之后被它里面包含的子元素向外扩充了指定像素的距离，也就是大盒子并不是原本 CSS 中定义的宽度和高度尺寸

109

了,大盒子被其填充内容和 padding 的距离撑得更大了。在图 8-3 中,大盒子的宽度、高度和边框的尺寸都要在原来基础上加上两个 20 px,也就是 200 px+40 px+2 px=242 px。注意,不要忘记大盒子边框 border 的尺寸。

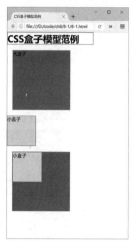
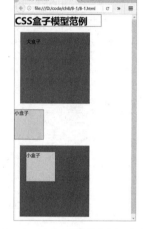

图 8-3　CSS 盒子模型范例运行结果 2　　　图 8-4　CSS 盒子模型范例运行结果 3

那么怎样才能在大盒子不被撑大的情况下,让小盒子和大盒子的边框距离是 20 px 呢?读者可以试着删除大盒子的 padding,并在小盒子的 CSS 中添加 margin 属性值。

8.2.3　网页元素的定位

在网页布局过程中,首先使用 HTML5 的语义化标签<header>、<nav>、<aside>、<article>、<section>、<footer>等将页面划分成不同区域,然后将这些区域按照设计方案定位。定位就是精确定义 HTML 元素在页面中的位置,可以是页面中的绝对位置,也可以是相对于父元素或另一个元素的相对位置。在使用 DIV+CSS 布局制作页面时,都是通过 CSS 的定位属性对元素完成位置和尺寸的控制。

CSS 为定位和浮动提供了一些属性,利用这些属性,可以建立列式布局,甚至可以将布局的一部分与另一部分重叠。CSS 有 3 种基本的定位机制:普通流、浮动和绝对定位。除非专门指定,否则所有框都在普通流中定位。也就是说,普通流中的元素的位置由元素在 HTML 中的位置决定。块级框从上到下一个接一个地排列,框之间的垂直距离由框的垂直外边距计算出来,如例 8-1 中所示,所有的页面块状元素都是从上到下挨个排列。如果想要改变普通流中元素的位置,则需要借助于 CSS 的浮动定位属性或绝对定位属性。

1. 浮动定位 float

float 属性表示浮动定位属性,用来改变页面内块状元素的显示方式。浮动定位是 CSS 布局排版中非常重要的技术手段之一。浮动的盒子可以左右移动,直到它的边缘碰到包含框或另一个浮动盒子框的边缘。float 浮动定位只能作用于水平方向上的定位,不能在垂直方向上定位。float 属性的语法规则如下:

```
float: none | left | right;
```

none:表示网页元素不浮动。

left:表示网页元素左浮动。

right：表示网页元素右浮动。

CSS 浮动的不同情况如下所示。假设有 3 个框分别为框 1、框 2 和框 3，在没有设置任何框的 float 属性时，3 个块状元素都在普通流中定位，如图 8-5 所示。当把框 1 向右浮动时，它脱离普通流并且向右移动，直到它的右边缘碰到包含框的右边缘，显示效果如图 8-6 所示。

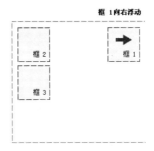

图 8-5　3 个框的普通流定位显示　　　　图 8-6　框 1 的 float 属性取 right

如图 8-7 所示，当框 1 向左浮动时，它脱离普通流并且向左移动，直到它的左边缘碰到包含框的左边缘。因为它不再处于普通流中，所以它不占据空间，实际上覆盖了框 2，使框 2 从视图中消失。

如果把所有 3 个框都向左浮动，那么框 1 向左浮动直到碰到包含框，另外两个框向左浮动直到碰到前一个浮动框，如图 8-8 所示。

图 8-7　框 1 的 float 属性取 left　　　　图 8-8　3 个框呈列式布局

如图 8-9 所示，如果包含框太窄，无法容纳水平排列的 3 个浮动元素，那么其他浮动块向下移动，直到有足够的空间。

如果浮动元素的高度不同，那么当它们向下移动时可能被其他浮动元素"卡住"，如图 8-10 所示。

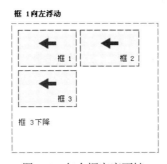
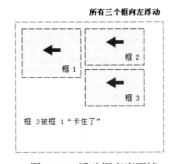

图 8-9　包含框宽度不够　　　　图 8-10　浮动框高度不够

清除（clear）是浮动（float）的相关属性。一个设置了清除 float 的元素不会如浮动所设置的一样，向上移动到 float 元素的边界，而是会忽视浮动向下移动。其实在页面设计中，常会遇到类似的情况，如图 8-11 中，在 Main Content 和 Sidebar 两个盒子中分别定义了 float 属性，设计师意图使 Footer 位于页面最下方。但是侧栏向右浮动，并且短于主内容区域，由于 Footer 中未指明浮动属性，于是可能向上跳到了图示位置。

图 8-11　Footer 中 float 未清除图例

要解决这个问题，可以在页脚（Footer）上清除浮动，以使页脚（Footer）显示在浮动元素的下面，如图 8-12 所示。

```
#footer { clear: both; }
```

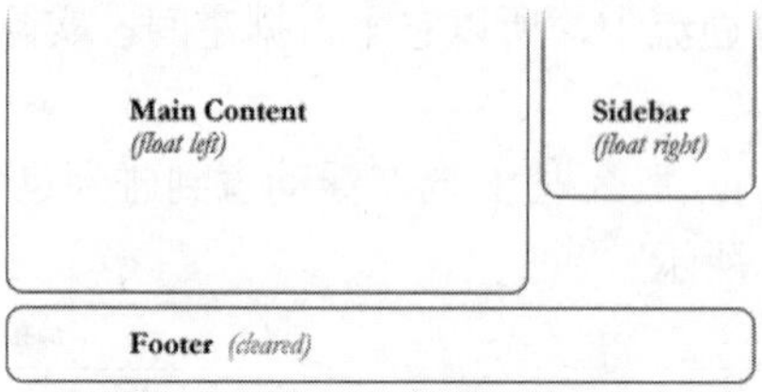

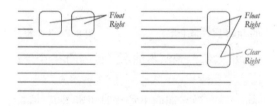

图 8-12　Footer 中 float 已清除图例

清除（clear）也有 5 个可选值。最常用的是 both，清除左右两边的浮动。left 和 right 只能清除一个方向的浮动。none 是默认值。inherit 是第五个值，规定从父元素继承 clear 属性的值。只清除左边或右边的浮动，实际中比较少见，如图 8-13 所示。

图 8-13　clear: right 图例

【例 8-2】　CSS 浮动定位列式排版。

下面举例说明图 8-14 中的 3 个框呈列式布局的实现方法。

首先，在外部样式表 mystyle.css 中编写通用选择器、class 选择器.box1、.box2 和.box3 的 CSS 样式：

```
*{
    padding: 0;
    margin: 0;
    }   /* 通用选择器将页面所有外边距和内边距清零。*/

.box1, .box2, .box3{
                    width:200px;
                    height:200px;
```

```
                    border:1px solid;
                    float: left;
                    margin: 20px;
               }    /* class 选择器定义框 1、2、3 的尺寸、边框和外边距。  */
    .box1 {
         color:red;
         } /* 将框 1 显示成红色。*/
    .box2 {
         color:green;
         } /* 将框 2 显示成绿色。*/
    .box3 {
         color:blue;
         } /* 将框 3 显示成蓝色。*/
```

由于 3 个框外形相似，所以为了节约代码，可以使用群组选择器统一定义了它们的尺寸、
边框和外边距，然而为了区分 3 个框，分别定义它们显示为不同颜色。接着在 8-2.html 文档中
编写以下代码：

```
<!DOCTYPE HTML>
<html>
<head>
    <title>CSS 浮动定位列式排版范例</title>
    <link rel="stylesheet" type="text/css" href="CSS/mystyle.css"/>
</head>
<body>
    <h1>CSS 浮动定位列式排版范例</h1>
    <div class="box1">
        框 1
    </div>
    <div class="box2">
        框 2
    </div>
    <div class="box3">
        框 3
    </div>
</body>
```

在 Firefox 浏览器中预览 8-2.html，效果如图 8-14 所示。

图 8-14　CSS 浮动定位列式排版范例显示结果

由例 8-2 可以看出，网页布局中列式排版无论是两列、三列还是更多列，都是在块状盒子
中添加 CSS 的浮动定位属性，并都赋值为 left，然后在 HTML 文档中将它们由左向右通过<div>
标签依次显示出来。

2．绝对定位

在网页制作中，除了会用到浮动定位之外，还会用到绝对定位，绝对定位就是精确定义 HTML 元素在页面中的位置，可以是网页中的绝对位置，也可以是相对于父元素或另一个元素的相对位置。在使用 DIV+CSS 布局制作页面的过程中，可以先通过 CSS 的浮动定位属性实现页面中块状元素的列式排版，然后使用绝对定位属性控制其他元素的位置和大小。CSS 中的绝对定位属性是 position，它可以规定元素的定位类型，可以使元素脱离普通流的布局，在页面的任意位置显示。

（1）position 的主要取值

absolute：绝对定位，脱离普通流的布局，遗留下来的空间由后面的元素填充。定位的起始位置为最近的父元素（其 position 不为 static），否则为 body 文档本身。

relative：相对定位，不脱离普通流的布局，只改变自身的位置，在普通流原先的位置遗留空白区域。定位的起始位置为此元素原先在普通流的位置。

fixed：固定定位，类似于 absolute，定位相对于浏览器窗口。

static：网页元素定位的默认值，无特殊定位，不脱离普通流布局，不能通过 z-index 属性进行层次分级。

（2）绝对定位的辅助属性

position 属性只是确定元素是否脱离普通流布局，要想此元素能按照希望的位置显示，还需要使用下面的属性。需要注意的是，position: static 不支持这些属性。

left：定义了定位元素左外边距边界与其包含块左边界之间的偏移。

right：定义了定位元素右外边距边界与其包含块右边界之间的偏移。

top：定义了一个定位元素的上外边距边界与其包含块上边界之间的偏移。

bottom：定义了定位元素下外边距边界与其包含块下边界之间的偏移。

上面属性的值可以为负，单位为 px。

另外，还有部分属性只针对 position 的某个取值可用，例如 clip 属性，只有当 position 为 absolute 或 fixed 的时候才能用，clip 属性用于定义一个剪裁矩形，对于一个绝对定义元素，在这个矩形内的内容才可见。其唯一合法的形状值是：rect (top, right, bottom, left)。还有一个 z-index 属性，只有当 position 取值为 absolute、fixed 或 relative 时才可以设置网页元素的堆叠顺序，拥有更高堆叠顺序的元素总是会处于堆叠顺序较低的元素的前面。该属性设置一个定位元素沿 z 轴的位置，z 轴定义为垂直延伸到显示区的轴。如果为正数，则表示离用户近，为负数则表示离用户远。

8.2.4　CSS 页面布局实例

在早期的 DIV+CSS 网页布局中，设计人员先将页面划分成不同区域，例如显示网站 logo 和网站名称的标题区，显示菜单栏的导航区，显示网页正文内容的正文区、侧边栏区，显示页面底部版权和联系方式等信息的脚注区，然后将这些区域用 id 选择器定义好 CSS 样式，最后通过在 HTML 文档中<div>标签把这些区域显示在浏览器中。然而，在 HTML5 中出现的语义标签，可以尽量减少<div>标签的使用次数，为了使页面代码可读性增强，这些语义标签将网页分块，网页分块意味着将一个页面划分为几个独立的部分，包括头部、菜单、内容、底部等。如图 8-15 中的页面结构没有一个<div>，均采用 HTML5 的语义标签。

1）<header>网站头部标签。

2）<nav>导航标签。

3）<article>内容标签。

4）<section>文章标签。

5）<aside>侧边栏。

6）<footer>网站底部标签。

要实现图 8-15 中的页面布局效果，先要在外部 CSS 样式表中定义各语义标签的显示样式，然后在 HTML 文档中将它们显示出来。具体实现过程如例 8-3 所示。

首先在图 8-15 语义标签基础上进一步细化。HTML 中有一个新的语义标签 main，<main>标签定义了网页中间的部分，也就是该文档的主要内容。对于 article 和 aside 这两个并列元素，一般需要一个父盒子将二者嵌套进去，可以把这个父盒子用<main>标签表示。然而在实际操作中，还会用到<div>标签，例如设计人员往往在最外层定义一个大的盒子放置所有页面元素，所以实际的设计结构如图 8-16 所示。

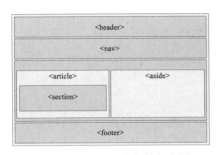

图 8-15　HTML5 语义标签概念图

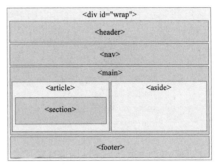

图 8-16　CSS 页面布局设计结构图

【例 8-3】 CSS 页面布局实例。

在图 8-16 中，增加了两个选择器：一个是包裹整个页面元素的 id 选择器#wrap；另一个是包含 article 和 aside 元素的语义化标签 main。根据图中标出的选择器在外部样式表中定义它们的 CSS 属性。

```
* {
    padding: 0;
    margin: 0;
    }
/*  通用选择器将页面所有外边距和内边距清零。*/
#wrap{
        width:980px;
        height:auto;
        border:1px solid purple;
        border-radius: 10px;
        margin: 5px auto;
    }
/*id 选择器定义整个网页尺寸、边框和外边距，左右居中。  */
header{
        width:960px;
        height:100px;
        border:1px solid red;
        border-radius: 10px;
```

```
                    margin: 20px auto;
            }
        /* HTML5 语义标签 header 选择器定义网页头部的尺寸、边框、外边距和位置。  */
nav{
            width:960px;
            height:50px;
            border:1px solid green;
            border-radius: 10px;
            margin: 20px auto;
            }
    /* HTML5 语义标签 nav 选择器定义网页菜单的尺寸、边框、外边距和位置。  */
main{
            width:960px;
            height:420px;
            border:1px solid blue;
            border-radius: 10px;
            margin: 20px auto;
            }
     /* 语义化标签选择器 main 定义网页主要内容的尺寸、边框、外边距和位置。  */
article{
            width:600px;
            height:400px;
            border:1px solid blue;
            border-radius: 10px;
            margin:10px 20px;
          float: left;
            }
    /* HTML5 语义标签 article 选择器定义文章的尺寸、边框和外边距。  */
section{
            width:560px;
            height:200px;
            border:1px solid green;
            border-radius: 10px;
            margin:10px 20px;
            }
     /* HTML5 语义标签 section 选择器定义文章中的节的尺寸、边框和外边距。  */
aside{
            width:300px;
            height:400px;
            border:1px solid blue;
            border-radius: 10px;
            margin:10px 0px;
            float: left;
            }
    /* HTML5 语义标签 aside 选择器定义网页侧边栏的尺寸、边框和外边距。  */

footer{
            width:960px;
            height:100px;
            border:1px solid gray;
            border-radius: 10px;
            clear: both;
            margin: 20px auto;
            }
```

/* HTML5 语义标签 footer 选择器定义网页底部的尺寸、边框和外边距。 */

然后在 HTML 文档中将这些标签元素显示出来，注意它们之间的嵌套关系。

```
<!DOCTYPE HTML>
<html>
<head>
    <title>CSS 页面布局实例</title>
    <link rel="stylesheet" type="text/css" href="CSS/mystyle.css"/>
</head>
<body>
    <div id="wrap">
        <header>头部</header>
        <nav>菜单</nav>
        <main>
            <article>
                <section>文章中的节</section>
            </article>
            <aside>侧边栏</aside>
        </main>
        <footer>底部</footer>
    </div>
</body>
```

布局完成后，浏览器预览页面显示效果如图 8-17 所示。

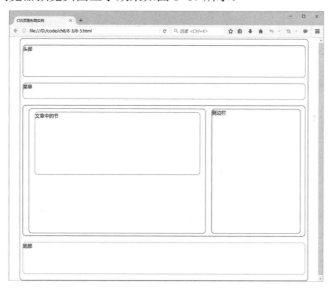

图 8-17　CSS 页面布局实例显示结果

必须说明的是，虽然 HTML5 语义标签的出现减少了 DIV+CSS 布局中<div>标签的使用，但是要清楚 W3C 定义的这些语义标签，不可能完全符合用户的设计目标，这些语义标签不可能对所有设计目标都适用，它们只是一定程度上的"通用"。因此，页面布局中有些地方还是要用<div>标签的，就是因为<div>标签是没有任何意义的元素，它只是一个标签，仅仅是用来构建外观和结构，所以是最适合做容器的标签。不能因为有了 HTML5 的语义标签就弃用<div>标签。

8.3　设计多列布局

在 CSS3 之前，主要使用 float 属性或 position 属性进行网页布局，但是使用这些属性存在一些缺点，两栏或多栏中如果元素的内容高度不一致则底部很难对齐。因此，在 CSS3 中增加了一些新的布局方式。使用这些新的布局方式，除了可以修改之前存在的多栏底部对不齐的问题，还可以更便捷地实现更复杂的网页布局。利用 CSS3 的 Multiple Columns 也就是多列自动布局功能中的多列布局属性可以自动将内容按指定的列数排列，这种特性非常适合报纸和杂志类的网页布局。

多列布局适合纯文本版式设计，不适合网页结构布局。灵活使用多列布局特性，可以实现在多列中显示文字和图片，从而节省大量的网页空间。如果网页上的文本很长，多列布局特性就能够发挥它的用户之地。

8.3.1　设置多列显示样式

columns 是多列布局特性的基本属性，该属性可以同时定义列数和每列的宽度。columns 属性的基本语法如下：

```
columns: column-width | column-count;
```

columns 属性取值简单说明如下。

column-width：可取绝对的浮点数长度或 auto。浏览器基于此数值进行计算列数，取 auto 表示多列布局根据浏览器计算值自动设置。

column-count：定义列数。可取大于 0 的正整数和 auto，取 auto 表示根据浏览器计算值自动设置。

目前 Internet Explorer 10 以及更高版本和 Opera 支持 columns 属性；Firefox 支持替代的 -moz-columns 属性；Safari 和 Chrome 支持替代的-webkit-columns 属性。

8.3.2　定义列间距

column-gap 属性可以定义两栏之间的间距，该属性的基本语法如下：

```
column-gap: normal | <length>;
```

column-gap 属性设置对象的列与列之间的间隙，初始值为 normal，表示多列布局元素根据浏览器默认设置进行解析，一般为 1em 的距离；也可以自定义间距，由浮点数字和单位标识符组成的长度值，不可为负值。如 column-gap: normal;　column-gap: 40px;。

8.3.3　定义列边框样式

column-rule 属性可以为列边框设计样式，能够有效区分各个栏目列之间的关系，使阅读变得清晰。该属性可以定义每列之间边框的宽度、样式和颜色。column-rule 属性是一个简写属性，用于设置所有 column-rule-*属性。该属性的基本语法如下：

```
column-rule：[ column-rule-width ] | [ column-rule-style ] | [ column-rule-color ];
```

该属性为复合属性，相当于 border 属性，如 column-rule:10px solid #090;。

8.3.4 定义跨列显示

在纸质报刊杂志中，经常会看到文章标题跨列居中显示，column-span 属性用于定义跨列显示，也可以设置单列显示。该属性的基本语法如下：

```
column-span：1 | all ;
```

column-span 属性初始值为 1，表示内容只在本栏中显示；如取值 all，表示设置对象元素横跨所有列。如 column-span:all;。需要注意的是：目前只有 Chrome 和 Opera 支持 column-span 属性。

【例 8-4】 使用多列布局对文章排版实例。

CSS 样式具体代码如下：

```
/* CSS Document */
.news
{
/*设置文章内容显示为 3 列*/
column-count:3;
-moz-column-count:3; /* Firefox */
-webkit-column-count:3; /* Safari and Chrome */

/*设置列间距为 40px*/
-moz-column-gap:40px; /* Firefox */
-webkit-column-gap:40px; /* Safari and Chrome */
column-gap:40px;

/*设置列表框样式*/
-moz-column-rule:4px dotted #666; /* Firefox */
-webkit-column-rule:4px dotted #666; /* Safari and Chrome */
column-rule:4px dotted #666;

font-family:微软雅黑;
}
h2
{
/*设置二级标题跨列显示*/
-webkit-column-span:all; /* Chrome */
column-span:all;
}
```

然后在 HTML 文档中将文章内容分列显示出来：

```
<!doctype html>
<html>
<head>
<meta charset="gb2312">
<title>CSS3 多列布局范例</title>
<link rel="stylesheet" href="CSS/mystyle.css">
</head>
<body>
<div class="news">
<h2>大势所趋 HTML5 成 Web 开发者最关心的技术</h2>
    <p><b>摘要：……</p>

<h3>JavaScript 仍然称王 CSS 和 HTML5 在迅速崛起</h3>
```

```
          <p>纵观最流行的三大 Web 技术……</p>

          <h3>浏览器兼容性问题越来越少</h3>
          <p>研究人员发现，……</p>

          <h3>HTML5 和 JavaScript 新功能能给开发者带来不少烦恼</h3>
          <p>在 Stack Exchange 上，……</p>

          <h3>Web 技术在移动领域的重要性愈加凸显</h3>
          <p>最后，……。</p>
      </div>
    </body>
</html>
```

由于 column-span 属性目前只有 Chrome 和 Opera 支持，所以在 Chrome 浏览器中的分列页面显示结果如图 8-18 所示。

图 8-18　文章的多列布局排版

8.4　CSS3 的弹性盒布局

弹性盒子是 CSS3 的一种新的布局模式。CSS3 弹性盒（Flexible Box 或 flexbox），是一种当页面需要适应不同的屏幕大小以及设备类型时确保元素拥有恰当的行为的布局方式。引入弹性盒布局模型的目的是提供一种更加有效的方式来对一个容器中的子元素进行排列、对齐和分配空白空间。

弹性盒布局方式与使用 float 等样式属性进行的布局方式的一个主要区别为，当使用 float 等样式属性时，需要对容器中每一个元素指定样式属性，当使用弹性盒布局时，只需对容器元素指定样式属性。

CSS3 弹性盒子由弹性容器（Flex container）和弹性子元素（Flex item）组成。弹性容器通过设置 display 属性的值为 flex 将其定义为弹性容器。弹性容器内包含了一个或多个弹性子元素。

需要注意的是：弹性容器外及弹性子元素内是正常渲染的。弹性盒子只定义了弹性子元素如何在弹性容器内布局，默认情况弹性子元素通常在弹性盒子内同一行显示。

下面列出在弹性盒子中的常用属性。

display 属性：弹性容器中设置，取值为 flex，指定弹性容器的内容显示为弹性样式。

flex-flow 属性：flex-direction 和 flex-wrap 的简写，弹性容器中设置。

flex-direction 属性：弹性容器中设置，指定了弹性容器中子元素的排列方式。

flex-wrap 属性：弹性容器中设置，设置弹性盒子的子元素超出父容器时是否换行。

flex 属性：弹性子元素中设置，定义弹性盒子的子元素如何分配空间。

order 属性：弹性子元素中设置，定义弹性盒子的子元素排列顺序。

justify-content 属性：弹性容器中设置，定义弹性盒子元素在主轴（横轴）方向上的对齐方式。

align-items 属性：弹性容器中设置，定义弹性盒子元素在侧轴（纵轴）方向上的对齐方式。

align-content 属性：弹性容器中设置，用于修改 flex-wrap 属性的行为。类似于 align-items，但它不是设置弹性子元素的对齐，而是设置各个行的对齐。

align-self 属性：在弹性子元素上使用。覆盖容器的 align-items 属性。

下面介绍各属性的用法，如图 8-19 所示，在容器 Container 中包含 3 个 Flex items，即一个 Flex container 中包含了 Left、Content、Right 3 个弹性块。

要利用弹性盒模型实现图 8-19 所示效果，首先要设置盒容器的 display 属性为 flex，让该容器变为弹性块。然后可以设置容器的 flex-flow 属性或 flex-direction 属性来确定弹性盒子中子元素的布局方向，设置为 row，盒子中子元素横向布局排列，或者不需要设置任何属性，因为弹性子元素通常在弹性盒子内一行显示，默认情况每个容器只有一行，如图 8-20 所示。

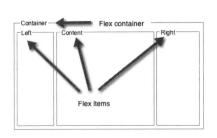 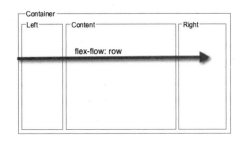

图 8-19　CSS3 弹性盒子布局示意图　　　　图 8-20　CSS3 弹性盒子横向布局

【例 8-5】 CSS3 弹性盒子布局。

在本例中，根据图 8-20 中的布局要求在外部样式表中定义各元素的 CSS 属性。

```css
/* CSS Document */
.flex-container {
    display: -webkit-flex;
    display: flex;
    flex-flow: row;
    width: 400px;
    height: 200px;
    background-color: lightgrey;

}
.flex_item_left {
    background-color: pink;
    margin: 10px;
}
.flex_item_center {
    background-color: yellow;
    margin: 10px;
```

```
}
.flex_item_right {
    background-color: cornflowerblue;
    margin: 10px;
}
```

然后在 HTML 文档中将弹性容器和子元素显示出来：

```
<!DOCTYPE html>
<html>
<head>
<meta charset="gb2312">
<title>弹性盒子范例</title>
<link rel="stylesheet" href="CSS/mystyle.css">
</head>

<body>
<div class="flex-container">
  <div class="flex_item_left">flex item left</div>
  <div class="flex_item_center">flex item center</div>
  <div class="flex_item_right">flex item right</div>
</div>
</body>
</html>
```

布局好的页面显示结果如图 8-21 所示，由代码和显示结果可以看出，如果不设置弹性容器中子元素的尺寸，其宽度会自适应子元素中的内容的宽度显示，子元素的高度将以弹性容器高度显示。

若要改变盒子容器中的默认横向布局为纵向布局排列，则必须设置容器的 flex-flow 属性或 flex-direction 属性为 column，如图 8-22 所示。

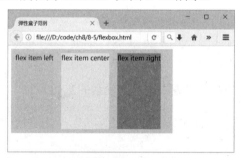

图 8-21　弹性盒子范例——横向布局　　　　图 8-22　CSS3 弹性盒子纵向布局

在例 8-5 的代码中只修改 CSS 中的弹性容器 flex-flow 属性为 column：

```
/* CSS Document */
.flex-container {
    display: -webkit-flex;
    display: flex;
    flex-flow: column;
    width: 400px;
    height: 200px;
    background-color: lightgrey;
}
```

布局好的页面显示结果如图 8-23 所示，由代码和显示结果可以看出，如果不设置弹性容器中子元素的尺寸，其宽度会以弹性容器宽度显示，子元素的高度自适应子元素中内容的高度。

弹性块可以多行或单行排列。可以设置 flex-wrap 属性为 wrap 或者 flex-flow 的第二个属性值为 wrap，让其多行排列，如图 8-24 所示。

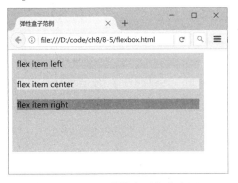

图 8-23　CSS3 弹性盒子纵向布局

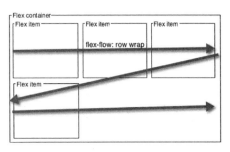

图 8-24　CSS3 弹性盒子多行排列

在例 8-5 的代码中只修改 CSS 中一些属性：

```css
/* CSS Document */
.flex-container {
    display: -webkit-flex;
    display: flex;
    flex-flow: row wrap;
    width: 400px;
    height: 200px;
    background-color: lightgrey;
}
.flex_item_left {
    background-color: pink;
    margin: 10px;
    width: 100px;
}
.flex_item_center {
    background-color: yellow;
    margin: 10px;
    width: 200px;
}
.flex_item_right {
    background-color: cornflowerblue;
    margin: 10px;
    width: 100px;
}
```

布局好的页面显示结果如图 8-25 所示。由代码和显示结果可以看出，这次设置了弹性容器中 3 个子元素的宽度，并在容器中添加 flex-flow 的 wrap 属性值为 wrap，当容器中 3 个子元素的宽度之和大于容器宽度时，最右边的子元素会排列到第二行中。

在页面布局的实际操作中，横向布局需要指定各子元素的宽度，在一般情况下，子元素中某一部分为固定宽度，另外一些为相对宽度。固定宽度，如 300 px；相对宽度，如设置子元素的 flex 属性值为 1，含义是该子元素占除指定了 width 之外的剩余空间的 N 分之一的宽度，N 是总份数。其高度是弹性容器的高度，如图 8-26 所示。

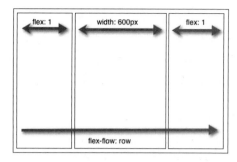

图 8-25　CSS3 弹性盒子多行布局　　　　图 8-26　CSS3 弹性盒子子元素设置宽度

在例 8-5 的代码中只修改 CSS 中的一些属性：

```
/* CSS Document */
.flex-container {
    display: -webkit-flex;
    display: flex;
flex-flow: row wrap;
    width: 400px;
    height: 200px;
    background-color: lightgrey;
}
.flex_item_left {
    background-color: pink;
    margin: 10px;
    flex: 1;
}
.flex_item_center {
    background-color: yellow;
    margin: 10px;
    width: 200px;
}
.flex_item_right {
    background-color: cornflowerblue;
    margin: 10px;
    flex: 1;
}
```

　　布局好的页面显示结果如图 8-27 所示。由代码和显示结果可以看出，这次设置了弹性容器中 center 子元素的固定宽度为 200 px，left 和 right 子元素宽度为相对值 flex:1，弹性容器显示除了固定分配给 center 子元素 200 px 的宽度之外，剩余的尺寸给 left 和 right，二者宽度分别占剩余尺寸的 1/2。

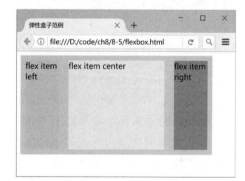

图 8-27　设置 CSS3 弹性盒子子元素宽度效果图

8.5　设计导航栏

　　在网页布局中，导航栏是页面不可或缺的重要部分。导航栏一般位于页面上方或两侧最突出的位置，由一系列的超链接热点所组成。制作网页导航栏，需要借助于 HTML 中的无序列表标签<ul>和<li>。

124

【例 8-6】 简单导航栏的 DIV+CSS。

在实际 DIV+CSS 布局项目中，一般不会只使用一次<ul>和<li>列表。为了避免在页面导航栏<nav>标签中对<ul>和<li>设置的样式会影响到其他地方出现的<ul>和<li>，所以要对<nav>标签定义一个 class 选择器样式，如.top_menu，标识出导航栏的区域。首先定义导航条栏背景宽度为 100%（浏览器全屏宽度）或固定宽度和背景颜色，由 nav.top_menu 控制，CSS 中属性设置如下：

```
nav.top_menu{
        width:100%;
        height:60px;
        background:#00A2CA;
        margin:0 auto;
        }
```

接下来有一个要点，要将<nav>标签中<ul>里的<li>内容排成一排，需要设置 li 标签选择器的 CSS 属性 display:inline（内联），可以让<li>影响的内容并排布局。

```
nav.top_menu ul li{
        display:inline;
        }
```

由于<a>标签的父级标签<li>没有设置具体宽度，所以需要对<a>标签设置 display:inline-block（内联块）属性值，让<a>标签中的内容继承<li>样式，同时对<a>标签选择器设置宽度、高度、字体大小、行高、颜色、修饰等样式。

```
nav.top_menu ul li a{
                display:inline-block;
                padding:0 20px;
                height:60px;
                line-height:60px;
                color: #FFF;
                font-size:16px;
                text-decoration: none;
                }
```

最后，设置鼠标悬停在导航栏热点文字上的背景色：

```
nav.top_menu ul li a:hover{
                background:#0095BB;
        }
/*设置鼠标滑过或悬停时变化的背景颜色*/
```

设置完 CSS 样式后，书写 HTML 代码片段如下：

```
<nav class="top_menu">
    <ul>
        <li><a href="index.html">首页</a></li>
        <li><a href="#">HTML 教程</a></li>
        <li><a href="#">CSS 基础</a></li>
        <li><a href="#">CSS 开发工具</a></li>
        <li><a href="#">CSS 特效</a></li>
    </ul>
</nav>
```

打开例 8-6 中的 index.html 文件，在浏览器中的效果如图 8-28 所示。

图 8-28 简单的 DIV+CSS 导航栏

8.6 练习

1. 结合 HTML5 的语义化标签，使用 DIV+CSS 网页布局技术将网页分成四行三列，第一行 header，第二行 nav，第三行 main，第四行 footer，在 main 中左右两侧各一个 aside 和中间一个 article，article 中包含 section。通过 CSS 盒子模型将这些内容显示在网页中。

2. 在练习 1 的基础上，参考 8.5 节，在第二行 nav 区域添加用无序列表标签 ul、li 制作的水平方向导航栏。

3. 参考 8.2.3 节的第二部分，使用和网页元素绝对定位相关的 CSS 属性，制作固定在页面顶端的导航栏，如图 8-29 所示。

图 8-29 用绝对定位制作的固定在顶端的导航栏

提示：可能用到的 CSS 属性有 width: 100%; height: 30px; position: fixed; top:0; z-index: 999;等。

4. 任意选取一篇文章，制作成 HTML 页面，使用多列布局的技术排版成 4 列的布局。

5. 使用 CSS3 弹性盒布局技术完成四行三列的页面布局。

第9章 CSS3 高级应用

随着网络技术的发展，对网页设计的要求也在不断提高，平淡无奇的页面已经无法吸引众多浏览者。想要满足人们的需要，想要在越来越多的互联网页面中脱颖而出，就需要制作出丰富多彩、创意性强、实用性高的网页。CSS3 制作出的网页不仅能够满足网页表现和内容相分离的 Web 标准，还能提供一些高级功能，例如滤镜、变形、过渡、动画等，这些功能在美化页面、增强网页视觉效果方面，比传统的借助于作图和制作动画软件要简单方便很多。

9.1 滤镜属性 filter

滤镜（filters）是 CSS3 里新增的一种神奇的功能，给用户提供了更高级的对 Web 图片、视频和网页元素进行个性化的方法。说起滤镜效果，经常使用 PhotoShop 的人应该非常清楚，每张用 Photoshop 制作出来的图片几乎都使用了滤镜进行美化。而 CSS3 滤镜，不需要你使用任何作图软件，用纯 CSS 就会生成多种的滤镜效果，如模糊效果、透明效果、色彩反差调整、色彩反相等；不仅能对图片进行滤镜处理，而且对任何网页元素，甚至视频都可以处理。这里的 CSS3 filter 是指通过 CSS 或 SVG（Scalable Vector Graphics，可缩放矢量图形）渲染元素的概念，渲染可以描述的元素，包括它的子元素。一些滤镜效果最初是用于 SVG 的，W3C 将其引入到 CSS3 中，然后制定了 CSS Filter Effects 1.0 规范，Webkit 率先支持了它。下面来看一下 CSS3 滤镜是如何使用的，如何用简单的代码创造出漂亮的滤镜效果。

首先，因为 CSS3 中的滤镜属性目前并没有被所有浏览器兼容，所以在使用和测试的时候要注意浏览器兼容的问题。现在只有 Firefox 高版本浏览器（本书测试版本为 Firefox 48.0）完全支持滤镜属性，对 webkit 内核的 Chrome 高版本（本书测试版本为 Chrome 52.0.2743.116 m）要写前缀支持，所以，读者如果想看到效果就需要下载这两个浏览器版本中的一个。

首先，介绍 filters 的语法：

> CSS 选择器 { filter: none | <filter-function > [<filter-function>]*; }

Filter 属性的默认值是 none，且不具备继承性。这些 CSS 属性的属性值基本上都是 0 到 1 之间或者大于 0 的数值。但有几个例外：blur 属性值以像素为单位，可以是任何整数；而 hue-rotate 滤镜值以 "deg" 为单位，表示度数。

其中属性值 filter-function 具有以下可选值，这些值可以是一个，也可以写多个。

1. grayscale()灰度级（黑白效果）

使用这个特效，会把网页元素变成灰色，也就是说受影响的元素会由彩色变成黑白色。参数取值范围 0～1，0 没有效果，1 为纯黑白效果。

```
/* 纯黑白效果 */
filter: grayscale(1);              /* 适用于 Firefox 48.0 */
-webkit-filter: grayscale(1);      /* 适用于 Chrome 52.0 */
```

2．sepia()褐色（怀旧老照片效果）

使用这个特效网页元素会变为褐色，参数取值范围0～1，0没有效果，1为完全褐色。

```
/* 褐色怀旧老照片效果 */
filter:sepia(1);                /* 适用于 Firefox 48.0 */
-webkit-filter:sepia(1);        /* 适用于 Google Chrome 52.0 */
```

3．saturat()色彩饱和度

饱和度，参数取值范围大于或等于0的数值，0为无饱和度，1为原图，参数取值越高饱和度越大。

```
/* 色彩饱和度 */
filter:saturate(4);             /* 适用于 Firefox 48.0 */
-webkit-filter:saturate(4);     /* 适用于 Google Chrome 52.0 */
```

4．hue-rotate()色相旋转（色调）

色相（按照色相环进行旋转，顺时针方向，红→橙→黄→黄绿→绿→蓝绿→蓝→蓝紫→紫→紫红→红），此处为叠加黄色滤镜。

```
/* 色调 */
filter:hue-rotate(30deg);           /* 适用于 Firefox 48.0 */
-webkit-filter:hue-rotate(30deg);   /* 适用于 Google Chrome 52.0 */
```

5．invert()反色

反色，参数取值范围0～1，0为原图，1为完全反色，0.5为灰色。

```
/* 反色 */
filter:invert(1);               /* 适用于 Firefox 48.0 */
-webkit-filter:invert(1);       /* 适用于 Google Chrome 52.0 */
```

6．opacity()透明度

透明度，参数取值范围0～1，0为全透明，1为原图。

```
/* 透明度 */
filter:opacity(0.8);            /* 适用于 Firefox 48.0 */
-webkit-filter:opacity(0.8);    /* 适用于 Google Chrome 52.0 */
```

7．brightness()亮度

亮度，参数取值范围大于或等于0的数值，0表示纯黑，无法看到图片，1为正常样式，参数取值越大亮度越高。

```
/* 亮度 */
filter:brightness(0.5);             /* 适用于 Firefox 48.0 */
-webkit-filter:brightness(0.5);     /* 适用于 Google Chrome 52.0 */
```

8．contrast()对比度

对比度，参数取值范围大于或等于0的数值，0为无对比度（灰色），1为原图，参数值越大对比度越大。

```
/* 对比度 */
filter:contrast(2);             /* 适用于 Firefox 48.0 */
-webkit-filter:contrast(2);     /* 适用于 Google Chrome 52.0 */
```

9．blur()模糊

改变图片的清晰度，参数取值范围大于或等于0的数值，取值0为原图，参数取值越大图

片越模糊。

```
/* 模糊，此处为 5 像素 */
filter:blur(5px);                    /* 适用于 Firefox 48.0 */
-webkit-filter:blur(5px);            /* 适用于 Google Chrome 52.0 */
```

10．drop-shadow()阴影

类似 box-shadow，给图片加阴影效果。

```
/* 阴影 */
filter:drop-shadow(17px 17px 20px black);       /* 适用于 Firefox 48.0 */
-webkit-filter:drop-shadow(17px 17px 20px black);  /* 适用于 Google Chrome 52.0 */
```

CSS3 filter 属性还可以同时取多个属性值，多个属性值之间用空格隔开，例如：

```
/* 多个 filter 属性值 */
.custom{
filter:saturate(5) hue-rotate(500deg) grayscale(0.3) sepia(0.7)
contrast(1.5) invert(0.2) brightness(.9);        /* 适用于 Firefox 48.0 */
-webkit-filter:saturate(5) hue-rotate(500deg) grayscale(0.3)
sepia(0.7) contrast(1.5) invert(0.2) brightness(.9);  /* 适用于 Google Chrome 52.0 */
}
```

这些效果就像是 PhotoShop 做出来的一样，CSS3 filter 只用某个属性取值就能够实现类似于 PhotoShop 等专业作图软件做出的某种特效，不仅提高了网页的美观性，还大大节省了设计人员的时间。

9.2 渐变 gradient

CSS3 渐变（gradient）可以在两个或多个指定的颜色之间显示平稳的过渡效果。以前，网页设计师必须使用图像来实现这些效果。但是，通过使用 CSS3 渐变（gradient），可以不用下载图像，从而节约宽带。此外，渐变效果的元素在放大时看起来效果更好，因为渐变（gradient）是由浏览器生成的。

CSS3 定义了两种类型的渐变（gradient）：

线性渐变（Linear Gradient）——向下/向上/向左/向右/对角方向。

径向渐变（Radial Gradient）——由它们的中心定义。

下面分别介绍这两种渐变效果的实现方法。

1．线性渐变

为了创建一个线性渐变，必须至少定义两种颜色结点。颜色结点即希望呈现平稳过渡的颜色。同时，也可以设置一个起点和一个方向（或一个角度），语法如下：

```
background: linear-gradient(direction, color-stop1, color-stop2, …);
```

（1）线性渐变——从上到下（在默认情况下）

下面的代码显示了从顶部开始的线性渐变。起点是红色，慢慢过渡到绿色。

从上到下的线性渐变：

```
#grad {
        background: -webkit-linear-gradient(red, green);    /* Safari 5.1 - 6.0 */
        background: -o-linear-gradient(red, green);         /* Opera 11.1 - 12.0 */
        background: -moz-linear-gradient(red, green);        /* Firefox 3.6 - 15 */
```

```
        background: linear-gradient(red, green);                    /* 标准的语法 */
    }
```

（2）线性渐变——从左到右

下面的代码显示了从左边开始的线性渐变。起点是红色，慢慢过渡到绿色。

从左到右的线性渐变：

```
#grad {
        background: -webkit-linear-gradient(left, red , green);      /* Safari 5.1 - 6.0 */
        background: -o-linear-gradient(right, red, green);          /* Opera 11.1 - 12.0 */
        background: -moz-linear-gradient(left, red, green);         /* Firefox 3.6 - 15 */
        background: linear-gradient(to right, red , green);         /* 标准的语法 */
    }
```

（3）线性渐变——对角

可以通过指定水平和垂直的起始位置来制作一个对角渐变。

下面的代码显示了从左上角开始（到右下角）的线性渐变。起点是红色，慢慢过渡到绿色。

从左上角到右下角的线性渐变：

```
#grad {
        background: -webkit-linear-gradient(left top, red , green);      /* Safari 5.1 - 6.0 */
        background: -o-linear-gradient(bottom right, red, green);       /* Opera 11.1 - 12.0 */
        background: -moz-linear-gradient(bottom right, red, green);     /* Firefox 3.6 - 15 */
        background: linear-gradient(to bottom right, red , green);      /* 标准的语法 */
    }
```

（4）线性渐变——指定角度

如果要在渐变的方向上做更多的控制，可以定义一个角度，而不用预定义方向（to bottom、to top、to right、to left、to bottom right 等），语法如下：

```
        background: linear-gradient(angle, color-stop1, color-stop2);
```

角度 angle 是指水平线和渐变线之间的角度，逆时针方向计算。换句话说，0deg 将创建一个从下到上的渐变，90deg 将创建一个从左到右的渐变。

但是，请注意很多浏览器（Chrome、Safari、firefox 等）都使用了旧的标准，即 0deg 将创建一个从左到右的渐变，90deg 将创建一个从下到上的渐变。换算公式为 $90 - x = y$，其中 x 为标准角度，y 为非标准角度。

下面的代码显示了如何在线性渐变上使用角度。

带有指定的角度的线性渐变：

```
#grad {
        background: -webkit-linear-gradient(180deg, red, green);     /* Safari 5.1 - 6.0 */
        background: -o-linear-gradient(180deg, red, green);          /* Opera 11.1 - 12.0 */
        background: -moz-linear-gradient(180deg, red, green);        /* Firefox 3.6 - 15 */
        background: linear-gradient(180deg, red, green);             /* 标准的语法 */
    }
```

2．CSS3 径向渐变

径向渐变由它的中心定义，为了创建一个径向渐变，也必须至少定义两种颜色结点。颜色结点即想要呈现平稳过渡的颜色。同时，也可以指定渐变的中心、形状（圆形或椭圆形）、大小。在默认情况下，渐变的中心是 center（表示在中心点），渐变的形状是 ellipse（表示椭圆形），渐变的大小是 farthest-corner（表示到最远的角落），语法如下：

```
background: radial-gradient(center, shape size, start-color, ···, last-color);
```

（1）径向渐变——颜色结点均匀分布（在默认情况下）

颜色结点均匀分布的径向渐变：

```
#grad {
    background: -webkit-radial-gradient(red, green, blue);    /* Safari 5.1 - 6.0 */
    background: -o-radial-gradient(red, green, blue);         /* Opera 11.6 - 12.0 */
    background: -moz-radial-gradient(red, green, blue);       /* Firefox 3.6 - 15 */
    background: radial-gradient(red, green, blue);            /* 标准的语法 */
}
```

（2）径向渐变——颜色结点不均匀分布

颜色结点不均匀分布的径向渐变：

```
#grad {
    background: -webkit-radial-gradient(red 5%, green 15%, blue 60%);    /* Safari 5.1 - 6.0 */
    background: -o-radial-gradient(red 5%, green 15%, blue 60%);         /* Opera 11.6 - 12.0 */
    background: -moz-radial-gradient(red 5%, green 15%, blue 60%);       /* Firefox 3.6 - 15 */
    background: radial-gradient(red 5%, green 15%, blue 60%);            /* 标准的语法 */
}
```

（3）径向渐变——设置形状

shape 参数定义了形状。它可以是值 circle 或 ellipse。其中，circle 表示圆形，ellipse 表示椭圆形。默认值是 ellipse。

形状为圆形的径向渐变：

```
#grad {
    background: -webkit-radial-gradient(circle, red, yellow, green);    /* Safari 5.1 - 6.0 */
    background: -o-radial-gradient(circle, red, yellow, green);         /* Opera 11.6 - 12.0 */
    background: -moz-radial-gradient(circle, red, yellow, green);       /* Firefox 3.6 - 15 */
    background: radial-gradient(circle, red, yellow, green);            /* 标准的语法 */
}
```

9.3 2D 和 3D 转换 transform

除了滤镜属性 filter，CSS3 只用代码就能够实现的效果还有很多，不用任何图片处理，不用 JavaScript，几句简简单单的 CSS3 代码就能实现以前不敢想的效果。CSS3 的 2D 和 3D transform 属性让 Web 设计师有了更多的自由来装饰和变形 HTML 组件。

9.3.1 2D 转换

在网页中可以对文字和 DIV 盒子进行 2D 变形，如图 9-1 所示。在 CSS3 2D transform 属性中主要包含的一些基本功能如下：位移、旋转、缩放和倾斜。

图 9-1 CSS3 2D transform 效果举例

首先，介绍一下 transform 的语法：

```
CSS 选择器  { transform: none | <transform-function > [ <transform-function> ]* ;}
```

transform 属性的默认值是 none，其中属性值 filter-function 具有以下可选值，这些值可以是一个，也可以是多个：

1. translate()元素位移

元素从其当前位置移动到指定位置，根据给定的 left（x 坐标）和 top（y 坐标）位置参数，坐标可取负数值，代码如下：

```
div {
    transform: translate(50px,100px);
    -ms-transform: translate(50px,100px);        /* IE 9 以下 */
    -webkit-transform: translate(50px,100px);    /* Safari and Chrome */
}
```

元素向右 50 px，向下 100 px 位移效果如图 9-2 所示。

2. rotate()元素旋转

元素按给定的角度顺时针旋转。如果是负值，元素将逆时针旋转，代码如下：

```
div {
    transform: rotate(30deg);
    -ms-transform: rotate(30deg);        /* IE 9 */
    -webkit-transform: rotate(30deg);    /* Safari and Chrome */
}
```

元素顺时针旋转 30°效果如图 9-3 所示。

图 9-2　CSS3 2D transform 位移效果

图 9-3　CSS3 2D transform 旋转效果

3. scale()元素缩放

元素按给定参数进行放大或缩小，可以使任意元素对象尺寸发生变化，取值包括正数、负数以及小数值，取负数值时元素内的内容会发生翻转，代码如下：

```
div{
    transform: scale(1.1,1.5);
    -ms-transform: scale(1.1,1.5);        /* IE 9 */
    -webkit-transform: scale(1.1,1.5);    /* Safari and Chrome */
}
```

scale(1.1,1.5) 取值把元素的宽度转换为原始尺寸的 1.1 倍，把高度转换为原始高度的 1.5 倍。放大效果如图 9-4 所示。

4. skew()元素倾斜

该元素会根据横向（X 轴）和垂直（Y 轴）线参数给定角度倾斜，两个参数分别用来定义 X、Y 轴坐标倾斜的角度，代码如下：

```
div{
    transform: skew(30deg,20deg);
    -ms-transform: skew(30deg,20deg);        /* IE 9 */
    -webkit-transform: skew(30deg,20deg);    /* Safari and Chrome */
}
```

skew(30deg,20deg)取值使元素围绕 X 轴倾斜 30°，围绕 Y 轴倾斜 20°，倾斜效果如图 9-5 所示。

图 9-4 CSS3 2D transform 缩放效果   图 9-5 CSS3 2D transform 倾斜效果

注意：skew()和 rotate()不同，rotate()只是旋转，而不会改变元素的形状，skew()会改变元素的形状。

5. matrix()多种变形

matrix()方法有 6 个参数，包含旋转、缩放、移动（平移）和倾斜功能，代码如下：

```
div{
    transform:matrix(0.866,0.5,−0.5,0.866,0,0);
    -ms-transform:matrix(0.866,0.5,−0.5,0.866,0,0);      /* IE 9 */
    -webkit-transform:matrix(0.866,0.5,−0.5,0.866,0,0);  /* Safari and Chrome */
}
```

利用 matrix(0.866,0.5,−0.5,0.866,0,0)旋转 div 元素 30°，效果如图 9-6 所示。

9.3.2 3D 转换

3D 转换基于 2D 转换的属性，其功能和 2D 转换的功能相似。CSS3 中的 3D 转换主要包括 3D 位移、3D 缩放、3D 旋转和 3D 矩阵，详细用法如表 9-1 所示。

图 9-6 CSS3 2D transform 的 matrix 效果

表 9-1 CSS3 3D 转换方法

函　　数	描　　述
translate3d(x,y,z)	定义 3D 位移转换
translateX(x)	定义 3D 位移转换，仅用于 X 轴的值
translateY(y)	定义 3D 位移转换，仅用于 Y 轴的值
translateZ(z)	定义 3D 位移转换，仅用于 Z 轴的值
scale3d(x,y,z)	定义 3D 缩放转换
scaleX(x)	定义 3D 缩放转换，通过给定一个 X 轴的值
scaleY(y)	定义 3D 缩放转换，通过给定一个 Y 轴的值
scaleZ(z)	定义 3D 缩放转换，通过给定一个 Z 轴的值
rotate3d(x,y,z,angle)	定义 3D 旋转
rotateX(angle)	定义沿 X 轴的 3D 旋转
rotateY(angle)	定义沿 Y 轴的 3D 旋转
rotateZ(angle)	定义沿 Z 轴的 3D 旋转
matrix3d(n,n,n,n,n,n,n,n,n,n,n,n,n,n,n,n)	定义 3D 转换，使用 16 个值的 4×4 矩阵
perspective(n)	定义 3D 转换元素的透视视图

根据表 9-1 中列举的函数，以 rotateX()方法为例，举例说明 3D 旋转变换的用法。rotateX()方法：元素按给定的角度围绕 *X* 轴旋转，代码如下：

```
div {
    transform: rotateX(120deg);
    -ms-transform: rotateX(120deg);              /* IE 9 */
    -webkit-transform: rotateX(120deg);          /* Safari and Chrome */
    }
```

元素围绕 *X* 轴旋转 120°效果如图 9-7 所示。

9.4 过渡 transition

除了静态改变 HTML 元素之外，CSS3 还可以制作出动画效果。CSS3 的 transition 呈现的是一种过渡，就是一种动画转换过程，如渐显、渐弱、动画快慢等。过渡属性 transition 允许 CSS 的属性值在一定的时间和区间内平滑地过渡，这种效果可以在鼠标单击、获得焦点、被点击或对元素任何改变中触发，并平滑地以动画效果改变 CSS 的属性值。

图 9-7　CSS3 3D transform 旋转效果

CSS3 的过渡属性 transition 的语法如下：

```
transition: [<'transition-property'> | <'transition-duration'> |
<'transition-timing-function'> | <'transition-delay'> [,<'transition-property'> |
<'transition-duration'> | <'transition-timing-function'> | <'transition-delay'>]]*
```

transition 属性是一个复合属性，主要包含 4 个子属性：执行过渡变换的属性 transition-property；过渡变换延续的时间 transition-duration；在延续时间段、过渡变换的速率变化 transition-timing-function；过渡变换延迟时间 transition-delay。下面分别来看这 4 个属性值。

1．transition-property 属性

该属性用来定义应用过渡效果的 CSS 属性的名称，也就是当指定的 CSS 属性改变时，过渡效果才会开始。过渡效果通常在用户将鼠标指针浮动到元素上时发生。其基本语法如下：

```
transition-property: none | all | property;
```

该属性主要有以下几个值：none（没有属性改变）；all（所有属性改变）这个也是其默认值；property（定义应用过渡效果的 CSS 属性名称列表，列表以逗号分隔。）；当其值为 none 时，transition 马上停止执行；当指定为 all 时，则元素产生任何属性值变化时都将执行 transition 效果；property 是可以指定元素的某一个属性值。常见的类型有 background-color、width 等。

下面的代码可以实现卷轴动画效果：

```
div{
width:100px;
height:100px;
background:yellow;
transition: width 2s;
-moz-transition: width 2s;                    /* Firefox 4 */
-webkit-transition: width 2s;                 /* Safari 和 Chrome */
-o-transition: width 2s;                      /* Opera */
}
```

```
div:hover{
    width:300px;
    }
```

上述代码中，transition 属性取值 width 2s，width 是 transition-property 的取值，表示当该属性发生变化时，也就是当鼠标指针悬浮于<div>元素上时，width 由原来定义的 100 px 要变化成 300 px，此时过渡效果开始，当指针移出元素时，它会逐渐变回原来的样式。

2．transition-duration 属性

该属性用来定义过渡转换动画的时间长度，即设置从旧属性过渡到新属性花费的时间，单位为 s（秒）或 ms（毫秒），其语法如下：

```
transition-duration: time;
```

time 默认值是 0，意味着不会有效果。

上例卷轴动画代码中 transition 属性取值 width 2s，其中 transition-duration 子属性取值为 2 s，表示 div 盒子的 width 由 100 px 伸展到 300 px 要耗时 2 s。

3．transition-delay 属性

transition-delay 用来指定过渡动画开始执行的时间，也就是说当改变元素属性值后多长时间开始执行 transition 效果。其语法如下：

```
transition-duration:   <time> [, <time>];
```

time 初始值是 0，过渡变换立即执行，没有延迟；也可以取整数数值，单位为 s（秒）或 ms（毫秒），它的取值和 transition-duration 极其相似。

4．transition-timing-function 属性

该属性用来规定过渡效果的速度曲线，允许过渡效果随着时间来改变其速度，语法如下：

```
transition-timing-function: linear|ease|ease-in|ease-out|ease-in-out|cubic-bezier(n,n,n,n);
```

该属性有 6 个可能值：

linear：线性效果，规定以相同速度开始至结束的过渡效果（等于 cubic-bezier(0,0,1,1)）。

ease：缓解效果，规定慢速开始，然后变快，最后慢速结束的过渡效果（cubic-bezier(0.25,0.1,0.25,1)），即立方贝塞尔。

ease-in：渐显效果，规定以慢速开始的过渡效果（等于 cubic-bezier(0.42,0,1,1)）。

ease-out：渐隐效果，规定以慢速结束的过渡效果（等于 cubic-bezier(0,0,0.58,1)）。

ease-in-out：渐显渐隐效果，规定以慢速开始和结束的过渡效果（等于 cubic-bezier(0.42,0,0.58,1)）。

cubic-bezier(n,n,n,n)：特殊的立方贝塞尔曲线效果，在 cubic-bezier 函数中定义自己的值。可能的值是 0 至 1 之间的数值。

9.5 动画 animation

在 CSS3 中，还可以使用 animation 属性实现更为复杂的动画效果。该属性可以创建动画，取代许多网页动画图像、Flash 动画和 JavaScript 脚本程序。CSS3 动画是使元素从一种样式逐渐变化为另一种样式的效果。

CSS3 动画的相关属性如下：

animation：所有动画属性的简写属性，除了 animation-play-state 属性。

animation-name：规定 @keyframes 动画的名称。

animation-duration：规定动画完成一个周期所花费的秒或毫秒。默认是 0。

animation-timing-function：规定动画的速度曲线。默认是 "ease"。

animation-delay：规定动画何时开始。默认是 0。

animation-iteration-count：规定动画被播放的次数。默认是 1。

animation-direction：规定动画是否在下一周期逆向地播放。默认是 "normal"。

animation-play-state：规定动画是否正在运行或暂停。默认是 "running"。

要创建 CSS3 动画，就要了解@keyframes 规则。@keyframes 规则就是创建动画，@keyframes 规则内指定一个 CSS 样式和动画，将逐步从目前的样式更改为新的样式。

```
@keyframes myfirst
{
from {background: red;}
to {background: yellow;}
}

@-webkit-keyframes myfirst        /* Safari and Chrome */
{
from {background: red;}
to {background: yellow;}
}
```

要用@keyframes 创建动画，应先把它绑定到一个选择器，否则动画不会有任何效果。指定至少两个 CSS3 的动画属性绑定同一个选择器：规定动画的名称和规定动画的时长。

```
div{
animation: myfirst 5s;
-webkit-animation: myfirst 5s;      /* Safari 和 Chrome */
}
```

需要注意的是，必须定义动画的名称和动画的持续时间，如果省略持续时间，动画将无法运行，因为默认值是 0。

动画是使元素从一种样式逐渐变化为另一种样式的效果，所以可以改变任意多的样式任意多的次数。用百分比来规定变化发生的时间，或用关键词"from"和"to"，等同于 0%和100%。0%是动画的开始，100%是动画的完成。为了得到最佳的浏览器支持，应该始终定义 0%和 100%选择器。

下面代码使用了 animation 的简写属性，完成盒子变色和移动的动画效果。

```
div
{
width:100px;
height:100px;
background:red;
position:relative;
animation:myfirst 5s linear 2s infinite alternate;
-webkit-animation:myfirst 5s linear 2s infinite alternate;    /* Safari and Chrome: */
}
```

```
@keyframes myfirst
{
0%    {background:red; left:0px; top:0px;}
25%   {background:yellow; left:200px; top:0px;}
50%   {background:blue; left:200px; top:200px;}
75%   {background:green; left:0px; top:200px;}
100%  {background:red; left:0px; top:0px;}
}

@-webkit-keyframes myfirst       /* Safari and Chrome */
{
0%    {background:red; left:0px; top:0px;}
25%   {background:yellow; left:200px; top:0px;}
50%   {background:blue; left:200px; top:200px;}
75%   {background:green; left:0px; top:200px;}
100%  {background:red; left:0px; top:0px;}
}
```

除了上述 CSS3 的高级应用新属性之外，还有一些特效，如颜色的渐变、3D transform 的转换等，读者可以依据网页设计中的需要自行学习。

随着 CSS3 的发展，越来越复杂的网页特效只通过 CSS 属性就可以简单地实现，不需要借助于作图软件和脚本语言。越来越多的浏览器也渐渐支持 CSS3 的新属性。在今后的网页设计制作过程中，CSS3 的熟练应用可以极大限度地精简代码和节约带宽，给浏览者带来更加丰富的视觉效果。

9.6　用户界面相关属性

在 CSS3 中，增加了一些新的用户界面特性，包括重设元素尺寸、规定盒尺寸和定义外轮廓，分别对应的是 resize、box-sizing 和 outline 属性。

1．调整元素尺寸（resize）

resize 属性允许用户通过拖动的方式来改变元素的大小，其主要目的是增强用户体验。该属性的取值有：

> resize: none | both | horizontal | vertical | inherit

none：用户不能拖动元素修改尺寸大小。

both：用户可以拖动元素，同时修改元素的宽度和高度。

horizontal：用户可以拖动元素，仅可以修改元素的宽度，但不能修改元素的高度。

vertical：用户可以拖动元素，仅可以修改元素的高度，但不能修改元素的宽度。

inherit：继承父元素的 resize 属性值。

2．规定盒尺寸（box-sizing）

box-sizing 属性允许设计师以确切的方式规定适应某个区域的具体内容，通俗理解就是定义盒子模型。常用属性值如下：

> box-sizing: content-box | border-box | inherit

content-box：标准盒模型，默认值，是 CSS2.1 指定的盒模型宽度和高度。即盒模型元素实际宽度=内容宽度+padding+border。

border-box：怪异盒模型，也叫 IE 盒模型，是 CSS3 指定的盒模型宽度和高度。即盒模型元素实际高度=指定的高度（padding 和 border 计算在内）。

inherit：从父元素继承。

3．外轮廓属性（outline）

外轮廓 outline 在页面中呈现的效果和边框 border 呈现的效果极其相似，但和元素边框 border 完全不同。外轮廓线不占用网页布局空间，且不一定是矩形，外轮廓是一种动态样式，只有元素获得焦点或者被激活时呈现。

outline: outline-color | outline-style | outline-width | outline-offset | inherit

outline-color 相当于 border-color，outline-style 相当于 border-style，而 outline-width 相当于 border-width，只不过 CSS3 给 outline 属性增加了一个 outline-offset 属性，其取值说明如下。

outline-color：定义轮廓线的颜色，属性值为 CSS 中定义的颜色值。在实际应用中，可以将此参数省略，省略时此参数的默认值为黑色。

outline-style：定义轮廓线的样式，属性值为 CSS 中定义线的样式。在实际应用中，可以将此参数省略，省略时此参数的默认值为 none，省略后不对该轮廓线进行任何绘制。

outline-width：定义轮廓线的宽度，属性值可以为一个宽度值。在实际应用中，可以将此参数省略，省略时此参数的默认值为 medium，表示绘制中等宽度的轮廓线。

outline-offset：定义轮廓边框的偏移位置的数值，此值可以取负数值。当此参数的值为正数值，表示轮廓边框向外偏离多少个像素；当此参数的值为负数值，表示轮廓边框向内偏移多少个像素。

inherit：元素继承父元素的 outline 效果。

需要注意的是，outline-color、outline-style 和 outline-width 这 3 个属性可以像定义 border 一样缩写，但是 outline-offset 属性表示偏移距离，需要单独设置。

```
div
{
    border:2px solid black;        /* 元素外边框 */
    outline:2px solid red;         /* 元素外轮廓样式缩写 */
    outline-offset:15px;           /* 元素外轮廓向外偏移 15 个像素 */
}
```

9.7　CSS3 综合实例——茶文化网站的 CSS 样式

本书第 5 章茶文化网站的实例，仅使用 HTML5 标签将网站内容显示在网页中，并未对页面进行布局和美化，学习完 CSS3 样式之后，将在这一节对茶文化网站添加 CSS3 样式。本节将解析【例 9-1】中 CSS 样式添加的过程，分 3 步布局及美化茶文化网站样式。详细代码可参看配套资源中的 "code\ch9\9-1\"。

9.7.1　茶文化网站的网页布局 CSS3 样式实现

仅使用 HTML5 中的语义化标签完成的网站页面布局都是呈块状从上往下流式排列，以网站首页为例分析布局结构，如图 9-8 所示，虚线框为辅助线。

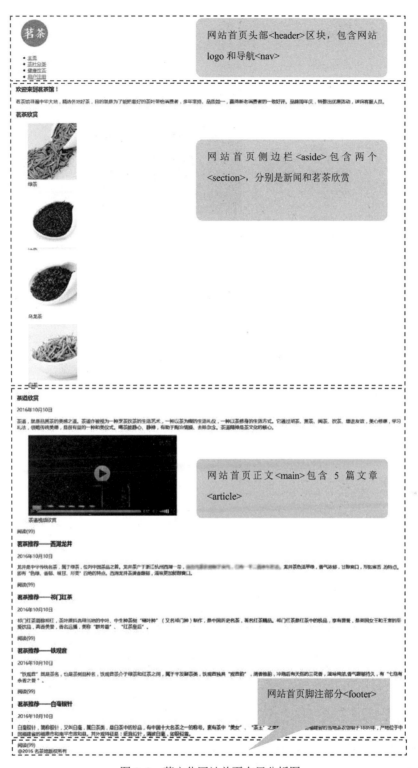

图 9-8　茶文化网站首页布局分析图

　　利用本书 8.2 节介绍的 DIV+CSS 布局技术中的盒子模型和定位方法，在外部样式表中添加相应的 CSS3 样式，实现图 9-9 所示布局效果。

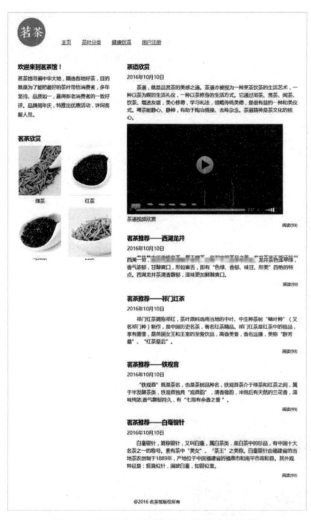

图 9-9　茶文化网站首页布局样式效果图

实现图 9-9 显示的首页布局样式效果图的方法如下

1）在网站根目录下创建名称为"CSS"的文件夹，在该文件夹内新建样式表文件"style.css"，在该外部样式表文件中输入以下代码：

```
@charset "utf-8";
/* CSS Document */
/*HTML5 新标签兼容低版本的 IE*/
article,aside,footer,header,section,footer,nav,figure,main{display:block;}
/*页面样式初始化*/
*{
    padding: 0;
    margin: 0;
}


/*通用样式*/                                          .left-aside section{
ul{                                                       padding: 20px;
    list-style-type: none;                                margin-bottom: 10px;
}                                                    }
```

```
/*外层盒子*/
.wrap{
    width: 960px;
    margin: 0 auto;
}   /*设置网页实际显示宽度并使其居中*/

/*头部*/
.top-header{
    margin: 10px 0;
    height: 120px;
}

/*logo*/
.tea-logo{
    float: left;
}

/*导航*/
.top-menu{
    float: left;
    margin-top: 73px;
    margin-left: 30px;
}

.top-menu ul li{
    display: inline;
    padding: 5px 10px;
    margin: 0 5px;
}

/*侧边栏*/
.left-aside{
    float: left;
    width: 350px;
}
.clear{
    clear: both;
}

/*主内容区域*/
main{
    padding: 20px;
    margin-left: 360px;
}

main article{
    margin-bottom: 10px;
    padding-bottom: 10px;
}

main .last-article{
    border-bottom: none;
    margin-bottom: 0;
```

```
.left-aside h3{
    margin-bottom: 10px;
}

/*新闻导语*/
.news p{
    line-height: 1.8em;
}

.news a{
    text-decoration: none;
}

/*茗茶欣赏*/
.teas figure{
    float: left;
}

.teas .figure-r{
    margin-left: 20px;
}

.teas figure img{
    width: 141px;
    height: 158px;
    border: 2px solid #ffffff;
}

.teas figcaption{
    text-align: center;
    margin-bottom: 10px;
}

main article p{
    line-height: 1.5em;
    text-indent: 2em;
    margin: 10px 0;
}

main article footer{
    text-align: right;
    font-size: 0.8em;
}

/*页脚*/
.page-footer{
    clear: both;
    padding: 15px;
    margin-top: 10px;
    text-align: center;
    font-size: 0.9em;
```

```
            padding-bottom: 0;                                              }
    }

    main article h3 {
        margin-bottom: 10px;
    }
```

2）在网站首页"index.html"文档中的\<head\>\</head\>标签内链入第 1 步中创建的外部样式表，代码如下：

```
    <link rel="stylesheet" href="CSS/style.css">
```

在\<body\>\</body\>中添加相应的布局样式代码如下：

```
<div class="wrap">
    <header class="top-header">
        <img class="tea-logo" src="images/logo.png" alt="茗茶馆">
        <nav class="top-menu">
            <ul>
                <li class="selected"><a href="index.html" title="茗茶馆主页">主页</a></li>
                <li><a href="category.html" title="茶叶分类">茶叶分类</a></li>
                <li><a href="method.html" title="健康饮茶">健康饮茶</a></li>
                <li><a href="form.html" title="用户注册">用户注册</a></li>
            </ul>
        </nav>
    </header>
    <aside class="left-aside">
        <section class="news">
            <header>
                <h3>欢迎来到茗茶馆！</h3>
            </header>
            <p>
                茗茶馆寻遍中华大地，精选各地好茶，目的就是为了能把最好的茶叶带给消费者，多
年坚持、品质如一，赢得新老消费者的一致好评。品牌周年庆，特推出优惠活动，详询客服人员。
            </p>
        </section>

        <section class="teas">
            <header>
                <h3>茗茶欣赏</h3>
            </header>

            <figure>
                <img src="images/pic-1.jpg" alt="绿茶">
                <figcaption>绿茶</figcaption>
            </figure>
            <figure   class="figure-r">
                <img src="images/pic-2.jpg" alt="红茶">
                <figcaption>红茶</figcaption>
            </figure>
            <figure>
                <img src="images/pic-3.jpg" alt="乌龙茶">
                <figcaption>乌龙茶</figcaption>
            </figure>
            <figure   class="figure-r">
```

```html
                    <img src="images/pic-4.jpg" alt="白茶">
                    <figcaption>白茶</figcaption>
                </figure>
                <div class="clear"></div>
            </section>
        </aside>

        <main>
            <article>
                <header>
                    <h3>茶道欣赏</h3>
                    <time datetime="2016-10-10">2016 年 10 月 10 日</time>
                </header>
                <p>
                茶道……茶道精神是茶文化的核心。
                </p>
                <figure>
                    <video controls width="512" height="288">
                        <source src="video/tea.mp4">
                        <p>对不起，您的浏览器不支持 video 标签</p>
                    </video>
                    <figcaption>茶道视频欣赏</figcaption>
                </figure>

                <footer>
                    <span>阅读(99)</span>
                </footer>
            </article>
            <article>
                <header>
                    <h3>茗茶推荐——西湖龙井</h3>
                    <time datetime="2016-10-10">2016 年 10 月 10 日</time>
                </header>
                <p>
                龙井……味更加鲜醇爽口。
                </p>
                <footer>
                    <span>阅读(99)</span>
                </footer>
            </article>
        <!-- 篇幅有限，此处省略其余三篇 article 的内容 -->

        </main>
    </div>
    <footer class="page-footer">
        @2016 名茶馆版权所有<br><br>
    </footer>
```

9.7.2 茶文化网站的页面美观 CSS3 样式实现

在利用外部样式表"style.css"中定义的 CSS3 样式属性完成茶文化网站的首页布局之后，

为了美化页面的显示效果，可以添加更多的 CSS3 样式，如文字字体、大小、颜色，显示背景色或背景图片，导航按钮的背景色及超链接状态的颜色等，代码如下：

```
body{
    background-color: #ffffff;
    font: 14px 微软雅黑，黑体, Verdana, Arial, sans-serif;
    color: #333333;
    border-top: 8px solid #A78560;
} /*利用只显示<body>盒子的上边框的方法在页面最顶端加上一个彩色宽条*/

.top-menu ul li{
    background-color: #EEEEEE;
    }

.top-menu ul li.selected, .top-menu ul li:hover{
    background-color: #FBECA1;
}

.top-menu ul li a:link, .top-menu ul li a:visited{
    color: #a78560;
    text-decoration: none;
    font-weight: bold;
}
...
```

也可以使用 CSS3 的盒子圆角属性、盒子阴影属性等制造页面的立体显示效果，代码如下：

```
.top-menu ul li, .news, .teas, main{
        border-radius: 5px;
        box-shadow: 3px 3px #AAA;
    }
```

还可以添加 CSS3 高级应用中的过渡属性制作简单的动画效果，如导航栏中的 hover 属性颜色变化设置为缓慢变成目标颜色；或者光标悬浮在左侧边栏中茗茶欣赏的图片上时，可以有图片慢慢放大的效果，具体代码如下：

```
.top-menu ul li{
        transition: 1.5s;
}

.teas figure{
    transition: transform 2s;
}

.teas figure:hover{
        transform: scale(1.1);
}
```

添加上述 CSS3 属性美化主页之后，页面显示比图 9-9 效果更加立体，颜色更加丰富，如图 9-10 所示。

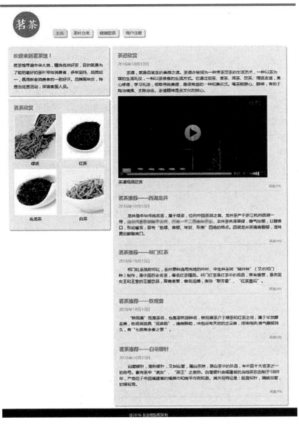

图 9-10　茶文化网站主页 CSS3 美化效果图

9.7.3　茶文化网站中注册表单 CSS3 样式实现

在茶文化网站中包含了一个用户注册的网页，该页面中的表单元素较多，在对诸多的 <form>表单元素设置其显示样式之前，页面如图 9-11 所示。

图 9-11　茶文化网站中用户注册表单未添加 CSS 样式效果图

为了使用户注册表单显示整齐，可以对表单中每个元素分别设置其 CSS 样式，在外部样式表"style.css"中追加下列代码：

```css
main.form{
    margin-left: 0;
    line-height: 1.5em;
}

main.form h3 {
    color: #A78560;
    font-size: 1.2em;
    font-weight: bold;
    margin-bottom: 10px;
    text-align: center;
}

main.form p {
    margin: 0 0 15px 0;
}

main.form form {
    padding: 10px;
}

main.form form fieldset {
    padding:15px;
    border-radius:10px;
    width:700px;
    margin: 0 auto;
}

main.form form legend {
    color: #4B7AA3;
    font-weight: bold;
    font-size: 16px;
}

/* 表单中提交和重置按钮的样式 */
main.form form .btn {
    width: 65px;
    height: 30px;
    border-radius: 5px;
    box-shadow: 2px 2px #AAA;
    font-size: 20px;
    font-weight: bold;
    color: #FFF;
    background-color:   #a78560;
    margin: 10px 10px 0px 250px;
}

main.form form textarea {
    width: 500px;
    height: 250px;
}

/* 表单中左侧文字提示的样式 */
main.form form .left{
    width: 120px;
    height:20px;
    float: left;
    font-size: 16px;
    font-weight: 400;
    text-align: right;
    margin:0 15px;
    background-color: #fff;
    padding: 0px 10px;
    border: 1px solid   #a78560;
    border-radius: 3px;
    color: #000000;
}

/* 表单中红色星号*的样式 */
main.form span.red{
    color: red;
    font-weight: bold;
}

/* 表单中右侧文本框、密码框、弹出列表框等的样式 */
main.form form .right {
    width:250px;
    height:20px;
    text-align:center;
    margin-bottom:5px;
}
```

在外部样式表中添加过表单样式之后，还需在用户注册页面"form.html"中增加相应的代码，除了表单中的标签选择器如\<form\>、\<fieldset\>、\<legend\>、\<textarea\>等不需要改变 HTML 代码之外，要在不同位置添加 class 选择器，代码如下：

```
<main class="form">
    <h3>会员申请表</h3>
    <p>欢迎您申请会员卡，申请过程将不会收取您任何费用。我们承诺保护您的信息安全,不会将它
提供给任何第三方。</p>
    <p>注: <span class="red">*</span> 为必填内容</p>
    <form action="success.html" method="post">
        <fieldset>
            <legend>账号信息</legend>
            <label for="email" class="left"> 邮  箱<span class="red">* </span></label>
            <input type="email" id="email" name="email" class="right" required> <br><br>
            <label for="pw1" class="left"> 密  码<span class="red">* </span></label>
            <input type="password" id="pw1" name="pw1" class="right" required> <br><br>
            <label for="pw2" class="left"> 确认密码<span class="red">* </span></label>
            <input type="password" id="pw2" name="pw2" class="right" required > <br>
        </fieldset>
        <fieldset>
            <legend>个人信息</legend>
            <label for="name" class="left"> 姓  名<span class="red">* </span></label>
            <input type="text" id="name" name="name" class="right"><br><br>
            <label for="national" class="left"> 国  家<span class="red">* </span></label>
            <select name="national" id="national" class="right">
                <option value="1">中华人民共和国</option>
                <option value="2">其他国家和地区</option>
            </select><br><br>
            <label for="district" class="left">地  区<span class="red">* </span> </label>
            <select name="district" id="district" class="right">
                <option selected>请选择您所属的地区</option>
                <option value="1">华东</option>
                <option value="2">华南</option>
                <option value="3">华中</option>
                <option value="4">华北</option>
                <option value="5">西北</option>
                <option value="6">西南</option>
                <option value="7">东北</option>
                <option value="8">港澳台</option>
                <option value="9">其他</option>
            </select><br><br>
            <label for="age" class="left"> 年  龄</label>
            <input type="number" id="age" name="age" min="10" maxlength="3" class="right"><br><br>
            <div class="left">性  别</div>
            <input type="radio" id="sex_1" name="sex" value="male">
            <label for="sex_1">男</label>      
            <input type="radio" id="sex_2" name="sex" value="female">
            <label for="sex_2">女</label><br><br>
            <div class="left">兴趣爱好</div>
            <input type="checkbox" id="interest_0" name="interest_0" value="0">
            <label for="interest_0">书籍</label>   
            <input type="checkbox" id="interest_1" name="interest_1" value="1">
            <label for="interest_1">音乐</label>   
```

```
        <input type="checkbox" id="interest_2" name="interest_2" value="2">
        <label for="interest_2">电影</label>   
        <input type="checkbox" id="interest_3" name="interest_3" value="3">
        <label for="interest_3">健身</label>   
    </fieldset>
    <fieldset>
        <legend>服务条款</legend>
        <label for="yes" class="left"> 是否同意条款<span class="red">* </span></label>
        <textarea name="terms" cols="50" rows="3" readonly>
    一、总则    <!-- 省略文字 -->
    </textarea>
    <div align="center">
    <input name="yes" type="checkbox" id="yes" /> <label for="yes"> 已阅读并同意上述条款</label>
    </div>
    </fieldset>
    <input type="reset" class="btn" value="重  填">
    <input type="submit" class="btn" value="注  册">
    </form>
</main>
```

应用 CSS 样式之后的表单元素整齐有序地排列，不仅页面美观，而且增加了用户填写的友好体验。美化后的茶文化网站的用户注册页面显示效果如图 9-12 所示。

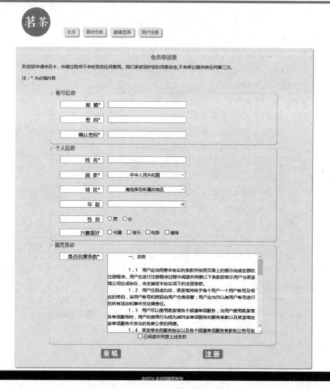

图 9-12　茶文化网站中用户注册页面应用 CSS 样式显示效果图

上述内容对茶文化网站首页和用户注册页面的 CSS 样式进行了详细介绍，由于导航栏中超链接热点指向的其余各一级页面的 CSS 样式较为简单，读者可自行查看【例 9-1】的源代码（code\ch9\9-1\），此处不再赘述。

9.8 练习

1．根据本章介绍的 CSS3 新增属性，尝试在【例 9-1】茶文化网站的页面中添加丰富的 CSS3 高级应用的效果，使用线性渐变样式给页面添加渐变色背景颜色。

2．使用 CSS3 的 transform 中的 scale()元素缩放属性和 transition 中的 transition-duration 动画时间长度属性制作图片的放大镜效果，要求光标放在图片上时，图片缓慢放大，当移走光标时，图片缓慢恢复原有尺寸。

提示：使用 img{transition: transform 3s;}和 img:hover{transform: scale(1.5);}。

3．在网页中设置下列 CSS3 样式：img{transition: transform 5s; filter: grayscale(1);}，img:hover{transform: rotateY(360deg);}，并插入图片观察图片显示效果。

4．自建网页，运行 9.5 节中的代码，实现盒子变色和移动的动画效果。

5．模仿茶文化网站制作新网站，主题自拟。

第 10 章　JavaScript 概述

JavaScript 语言作为目前流行的脚本语言，与 HTML5 更是密不可分。HTML5 中的核心功能基本都需要 JavaScript 语言的支持。本章作为入门章节，主要为读者讲述 JavaScript 的发展历程及编写环境。

10.1　JavaScript 简介

JavaScript 是一种可以给网页增加交互性的脚本语言。它的简单、易学易用特性，使其立于不败之地。

10.1.1　JavaScript 是什么

JavaScript 最初由 Netscape 公司的 Brendan Eich 设计，是一种动态、弱类型、基于原型的语言，内置支持类。经过二十多年的发展，它已经成为健壮的、基于对象和事件驱动并具有相对安全性的客户端脚本语言。同时也是一种广泛用于客户端 Web 开发的脚本语言，常用来给 HTML 网页添加动态功能，例如响应用户的各种操作。

1. JavaScript 的特点

（1）语法简单，易学易用

JavaScript 语法简单、结构松散。可以使用任何一种文本编辑器来进行编写，JavaScript 程序运行时不需要编译成二进制代码，只需要支持 JavaScript 的浏览器进行解释。

（2）解释性语言

非脚本语言编写的程序需要经过编写→编译→链接→运行 4 个步骤，而脚本语言 JavaScript 只需要经过编写→运行两个步骤。

（3）跨平台

由于 JavaScript 程序的运行依赖于浏览器，只要操作系统中安装有支持 JavaScript 的浏览器即可，因此 JavaScript 与平台（操作系统）无关，在 Windows、UNIX、Linux，或者是用于手机的 Android、iOS 上均可运行。

（4）基于对象和事件驱动

JavaScript 把 HTML 页面中的每个元素都当作一个对象来处理，并且这些对象具有层次关系，像一颗倒立的树，这种关系被称为"文档对象模型（DOM）"。在编写 JavaScript 代码时会接触到大量对象及对象的方法和属性。可以说，学习 JavaScript 的过程就是了解 JavaScript 对象及其方法和属性的过程。因为基于事件驱动，所以 JavaScript 可以捕捉到用户在浏览器中的操作，可以将原来静态的 HTML 页面变成能够和用户交互的动态页面。

（5）用于客户端

尽管 JavaScript 分为服务器端和客户端两种，但目前应用最多的还是客户端。

2. JavaScript 的作用

JavaScript 可以弥补 HTML 语言的缺陷，实现 Web 页面客户端动态效果，其主要作用如下。

（1）动态改变网页内容

HTML 语言是静态的，一旦编写，内容是无法改变的。JavaScript 可以弥补这种不足，可以将内容动态地显示在网页中。

（2）动态改变网页外观

JavaScript 通过修改网页元素的 CSS 样式，可以动态地改变网页的外观。例如，修改文本的颜色、大小等属性，改变图片的位置等。

（3）验证表单数据

为了提高网页的效率，用户在填写表单时，可以在客户端对数据进行合法性验证，验证成功之后才能提交到服务器上，进而减小服务器的负担和网络带宽的压力。

（4）响应事件

JavaScript 是基于事件的语言，因此可以响应用户或浏览器产生的事件。只有事件产生时才会执行某段 JavaScript 代码。例如，当用户单击计算按钮时，程序才显示运行结果。

注意：几乎所有浏览器都支持 JavaScript，如 Edge、FireFox、Chrome、Opera 等。

10.1.2　JavaScript 和 Java 的关系

初次接触 JavaScript 的读者，很容易对 Java 和 JavaScript 感觉迷惑，分辨不清它们之间的关系。JavaScript 诞生于 1995 年，是由 Netscape（网景）公司开发的，最初它的名字为 LiveScript，后来才将其改名为 JavaScript。JavaScript 与 Java 名称近似，是当时 Netscape 公司为了营销考虑与 Sun 公司达成协议的结果。

JavaScript 和 Java 除了在语法方面有些类似之外，几乎没有相同之处，并且由不同的公司开发研制。JavaScript 和 Java 之间主要存在以下几个区别。

1）Java 是传统的编程语言，JavaScript 是脚本语言。

2）Java 语言多用于服务器端，JavaScript 主要用于客户端。

3）Java 不能直接嵌入到网页中运行，JavaScript 程序可以直接嵌入到网页中运行。

4）Java 和 JavaScript 语法结构有差异。

10.1.3　JavaScript 的发展历史

随着网络技术的不断发展，JavaScript 的功能越来越强大，至今经历了多个版本，各个版本的发布日期及功能如表 10-1 所示。

表 10-1　JavaScript 历史版本

版本	发 布 日 期	新 增 功 能
1.0	1996 年 3 月	目前已经不用
1.1	1996 年 8 月	修正了 1.0 中的部分错误，并加入了对数组的支持
1.2	1997 年 6 月	加入了对 switch 选择语句和正则表达式的支持
1.3	1998 年 10 月	修正了 JavaScript 1.2 与 ECMA 1.0 中不兼容的部分
1.4	1999 年	加入了服务器端功能
1.5	2000 年 11 月	在 JavaScript 1.3 的基础上增加了异常处理程序，并与 ECMA 3.0 完全兼容
1.6	2005 年 11 月	加入对 E4X、字符串泛型的支持以及新的数组、数据方法等新特性
1.7	2006 年 10 月	在 JavaScript 1.6 的基础上加入了生成器、声明器、分配符变化、let 表达式等新特性

版本	发布日期	新增功能
1.8	2008 年 6 月	更新很小，包含了一些向 ECMAScript 4/JavaScript 2 进化的痕迹
1.8.1	2009 年 6 月	该版本只有很少的更新，主要集中在添加实时编译跟踪
1.8.5	2010 年 7 月	ECMAScript 5 添加了 "严格模式"。添加了 JSON 支持。添加了 String.trim()。添加了 Array.isArray()。添加了数组迭代方法。
ES5.1	2011 年	ECMAScript 5.1 编辑改变
ES2015	2015 年	ECMAScript 2015 添加了 let 和 const；添加了默认参数值；添加了 Array.find()；添加了 Array.findIndex()
ES2016	2016 年	ECMAScript 2016 添加了指数运算符（**）；添加了 Array.prototype.includes
ES2017	2017 年	ECMAScript 2017 添加了字符串填充；添加了新的 Object 属性；添加了异步功能；添加了共享内存
ES2018	2018 年	ECMAScript 2018 添加了 rest/spread 属性；添加了异步迭代；添加了 Promise.finaly()；增加 RegExp

　　JavaScript 版本很多，早年的浏览器并不完全支持，随着浏览器不断地发展进步，所有浏览器都完全支持 ECMAScript 3。所有主流浏览器都完全支持 ECMAScript 5。对 ES5 的浏览器支持（2009）如表 10-2 所示。

表 10-2　对 ES5 的浏览器支持（2009）

浏览器	版本	起始日期
Chrome	23	2012 年 9 月
Firefox	21	2013 年 4 月
IE	9	2011 年 3 月
IE/Edge	10	2012 年 9 月
Safari	6	2012 年 7 月
Opera	15	2013 年 7 月

10.1.4　JavaScript 开发及运行环境

1. 开发环境

　　JavaScript 是一种脚本语言，代码不需要编译成二进制，而是以文本的形式存在，因此任何文本编辑器都可以作为其开发环境。通常使用的 JavaScript 编辑器有记事本（Notepad）、UltraEdit 和 Dreamweaver。

　　（1）记事本

　　记事本是 Windows 系统自带的文本编辑器，也是最简洁方便的文本编辑器。由于记事本的功能过于单一，所以要求开发者必须熟练掌握 JavaScript 语言的语法、对象、方法和属性等，对于初学者是一个极大的挑战，因此，不建议使用记事本。但是由于记事本简单方便、打开速度快，所以常用来做局部修改。

　　（2）UltraEdit

　　UltraEdit 是能够满足一切编辑需要的编辑器。UltraEdit 是一套功能强大的文本编辑器，可以编辑文本、十六进制、ASCII 码，可以取代记事本，内建英文单词检查，可同时编辑多个文件，而且即使开启很大的文件速度也不会慢。软件附有 HTML 标记颜色显示、搜寻替换以及无限制的还原功能，是一款受到广泛喜爱的文本编辑器。

　　（3）Dreamweaver

　　前面章节已经介绍过，此处不再赘述。

2．运行环境

JavaScript 程序依赖于浏览器。本书介绍的 JavaScript 基本功能，几乎所有浏览器都适用，在本章至第 13 章中主要以 Firefox 浏览器为主。

3．调试软件

JavaScript 编辑器会对语法进行简单的错误识别，不同浏览器也提供对 JavaScript 程序的调试功能，读者可参阅相关资料，此处不再赘述。

10.2 在 HTML5 文件中使用 JavaScript 代码

在 HTML5 文件中使用 JavaScript 代码主要有两种方法：一种是将 JavaScript 代码书写在 HTML5 文件内部，称为内嵌式；另一种是将 JavaScript 代码书写在扩展名为.js 的文件中，然后在 HTML5 文件中引用，称为外部引用。

10.2.1 JavaScript 嵌入 HTML5 文件内

将 JavaScript 代码直接嵌入到 HTML5 文件内部时，需要使用<script>和</script>标记，告诉浏览器这个位置是脚本语言。<script>标记的使用方法，如例 10-1 中加粗部分代码所示。

【例 10-1】 使用 JavaScript 输出问候语。

```
<!DOCTYPE html>
<html>
<head>
<meta charset="utf-8">
<title>JavaScript 嵌入 HTML5 文件</title>
<script type="text/javascript">
//向页面输入问候语
document.write("Hello");
</script>
</head>
<body>
</body>
</html>
```

在上述代码中，用 type 属性指明脚本的语言类型。还可以使用 language 属性来表示脚本的语言类型。使用 language 时可以指明 JavaScript 的版本。新的 HTML 标准不建议使用 language 属性。type 属性在早期版本的浏览器中不能识别，因此有些开发者会同时使用这两个属性，但是在 HTML5 标准中，建议使用 type 属性或者省略，如加粗部分代码所示。

在 Firefox 中浏览效果如图 10-1 所示。

图 10-1 JavaScript 嵌入 HTML5 文件内

10.2.2 外部 JavaScript 文件

通过前面的学习，不难发现，在 HTML 文件中可以包含 CSS 代码、JavaScript 代码。把这些代码书写在同一个 HTML 文件中，虽然看起来简便，但实际上使得 HTML 代码结构变得复杂，而且难以重复使用。为了解决这个问题，可以将 JavaScript 代码存放在一个独立的脚本文件（扩展名.js）之中，然后在 HTML 文件中调用该脚本文件即可，其调用方法如下所示。

```
<script src=外部脚本文件路径>
</script>
```

将上一个范例程序改为调用外部 JavaScript 文件的形式，操作步骤如下：

（1）新建 JavaScript 文件

使用文本编辑器创建文件，保存为 hello.js 并在文件中输入如下代码：

```
//JavaScript Document
//向页面输入问候语
document.write("Hello");
```

（2）新建 HTML 文件

按照以前的方法创建 HTML 文件，并保存。为保证范例代码正常运行，将该文件与 hello.js 保存在同一个目录下。在 HTML 文件中，输入加粗部分所示代码。

```
<!DOCTYPE html>
<html>
<head>
<meta charset="utf-8">
<title>JavaScript 嵌入 HTML5 文件</title>
<script src="hello.js">
</script>
</head>
<body>
</body>
</html>
```

运行该页面，浏览器显示效果参考图 10-1。

外部脚本文件的使用大大简化了代码结构的复杂度，且提高了代码的复用性。在使用时注意以下几点。

1）在外部脚本文件中，只允许包括 JavaScript 代码，不允许出现其他代码。

2）在引用外部脚本文件的 HTML 文件中，只用<script>标记的 src 属性指定外部脚本文件，一定要加上路径，通常使用相对路径，并且文件名带扩展名。

3）在引用外部脚本文件的 HTML 文件中，<script>标记和</script>标记之间不可以有任何代码，包括脚本程序代码，且</script>标记不可以省略。

4）<script></script>标记可以出现在 HTML 文档的任何位置，并且可以有多组，在没有特殊要求的情况下，建议放在 HTML 文档的 head 部分。

10.3 练习

1．访问网站http://www.w3.org/standards/webdesign/script，了解 Web 脚本语言的相关标准。

2．尝试使用记事本或其他文本编辑器创建扩展名为.js 的文件。

3．创建 HTML 页面，尝试嵌入 JavaScript 脚本代码的几种方法。

4．访问网站 http://www.w3school.com.cn/index.asp，查看 JavaScript 参考手册。

第11章　JavaScript 语言基础

无论是传统编程语言，还是脚本语言，都具有数据类型、常量和变量、运算符、表达式、注释语句、流程控制语句等基本元素，这些基本元素构成了语言基础。本章讲述的知识是 JavaScript 语言的基础。

11.1　数据类型与变量

数据类型是对一种数据的描述，任何一种程序语言都可以处理多种数据。有些数据的值是不确定的，在不同的时刻有不同的取值，在 JavaScript 语言中用变量来处理这些数据。

11.1.1　数据类型

JavaScript 中的数据类型主要包括 3 类。

1）简单数据类型：JavaScript 中常用的 3 种基本数据类型是数值数据类型（Number）、文本数据类型（String）和布尔数据类型（Boolean）。

2）复合数据类型：复合数据类型主要包括用来保存一组相同或不同数据类型数据的数组；用来保存一段程序，这段程序可以在 JavaScript 程序中反复被调用的函数；用来保存一组不同类型的数据和函数。

3）特殊数据类型：特殊数据类型主要包括没有值存在的空数据类型 null；没有进行定义的无定义数据类型 undefined。

1．基本数据类型

（1）数值数据类型

数值数据类型的值就是数字，例如：7，3.14，-2 等都是数值类型数据。在 JavaScript 中没有整数和浮点数之分，无论什么样的数字都属于数值数据类型，其有效范围在 $-10^{308} \sim 10^{308}$ 之间。大于 10^{308} 的数值，超出数值类型的上限，即为无穷大，用 Infinity 表示；小于 -10^{308} 的数值，超出数值类型的下限，即为负无穷大，用 -Infinity 表示。如果 JavaScript 在进行数学运算时产生了错误或不可预知的结果，就会返回 NaN（Not a Number）。NaN 是一个特殊的数字，属于数值型。

（2）字符串数据类型

字符串数据类型是由双引号或者单引号括起来的 0 个或多个字符组成的序列，它可以包括大小写字母、数字、标点符号或其他可显示字符以及特殊字体，也可以包含汉字。一些常见的字符串范例及解释如表 11-1 所示。

表 11-1　字符串范例

字　符　串	解　释
"Hello JavaScript! "	字符串为：Hello JavaScript!
"举头望明月，低头思故乡。"	字符串为：举头望明月，低头思故乡。
"A"	字符串为：A

字　符　串	解　释
'a'	字符串为：a
""	不含任何字符的空字符串
" "	空格构成的字符串
"'Hello' JavaScript"	字符串为：'Hello' JavaScript
""Hello" JavaScript"	字符串为："Hello" JavaScript

在使用字符串时，应注意以下几点。

1）作为字符串定界符的引号必须匹配：即字符串前面使用的是双引号，那么后面也必须使用双引号，同样，前面是单引号，后面也要用单引号。在用双引号作为定界符的字符串中可以直接含有单引号，在用单引号作为定界符的字符串中也可以直接含有双引号。

2）空字符串中不包含任何字符，用一对引号表示，引号之间不包含任何空格。

3）引号必须在英文输入法状态下输入。

通过转义字符"\"可以在字符串中添加不可显示的特殊字符，即转义序列，或者防止引号匹配混乱问题，常用的转义序列如表 11-2 所示。

表 11-2　常用转义序列及含义

转　义　序　列	字　符
\b	退格
\f	换页
\n	换行
\t	Tab 符号
\'	单引号
\"	双引号
\\	反斜杠

（3）布尔数据类型

布尔（Boolean）型也称为逻辑型，主要进行逻辑判断，它只有两个值：true 和 false，分别表示真和假。在 JavaScript 中还可以用 0 表示 false，非 0 整数表示 true。

2．复合数据类型

（1）数组

在 JavaScript 中数组主要用来保存一组相同或不同数据类型的数据，详见 12.4 节。

（2）函数

在 JavaScript 中函数用来保存一段程序，这段程序可以在 JavaScript 中反复被调用，详见 11.4 节。

（3）对象

在 JavaScript 中对象用来保存一组不同类型的数据和函数等，详见第 12 章。

3．特殊数据类型

（1）无定义数据类型 undefined

Undefined 的意思是"未定义的"，表示没有进行定义，通常只有执行 JavaScript 代码时才会返回该值。在以下几种情况下通常会返回 undefined。

1）在引用一个定义过但没有赋值的变量时，会返回 undefined。

2）在引用一个不存在的数组元素时，会返回 undefined。

3）在引用一个不存在的对象属性时，会返回 undefined。

注意： 由于 undefined 是一个返回值，因此，可以对该值进行操作，如输出该值或将其与其他值作比较。

（2）空数据类型 null

Null 的中文意思是"空"，表示没有值存在，与字符串、数值、布尔、数组、对象、函数和 undefined 都不同，在进行比较时，null 也不会与以上任何数据类型相等。

11.1.2 变量

变量，顾名思义，在程序运行过程中，其值可以改变。变量是存储信息的单元，它对应于某个内存空间。变量用于存储特定数据类型的数据，用变量名代表其存储空间。程序能在变量中存储值和取出值。

1. 标识符

编写 JavaScript 程序时，很多地方都要求用户给定名称，例如，JavaScript 中的变量、函数等要素定义时都要求给定名称。可以将定义要素时使用的字符序列称为标识符。这些标识符必须遵循如下命名规则。

1）标识符只能由字母、数字、下画线和美元符号组成，而不能包含空格、标点符号、运算符等其他符号。

2）标识符的第一个字符不能是数字。

3）标识符不能与 JavaScript 中的关键字名称相同，例如：if、else 等。

例如，以下为合法的标识符。

```
FirstName
User7
_File_Name
age
```

以下为不合法的标识符。

```
3cats
Last  Name
It's-A-Number
```

2. 变量的声明

JavaScript 是一种弱类型程序设计语言，变量可以在不声明的情况下直接使用。所谓声明变量即为变量指定一个名称。声明之后，就可以把它作为存储单元。

（1）声明变量

JavaScript 中使用关键字"var"声明变量，在这个关键字后加上变量名。其格式为：

```
var  变量名;
```

例如，声明变量 firstname，代码如下：

```
var   firstname;
```

另外，一个关键字 var 可以同时声明多个变量名，多个变量名之间使用逗号"，"分隔，例如，同时声明 one、two、three 三个变量，代码如下：

```
var   one, two, three;
```

（2）变量赋值

要给变量赋值，可以使用 JavaScript 中的赋值运算符，即等于号（=）。

声明变量名时可以同时赋值，例如，声明变量 firstname，并同时赋值为"Tom"，代码如下：

```
var   firstname="Tom";
```

声明变量之后，再给变量赋值，或者给未声明的变量直接赋值。例如，声明变量 age 后，再给它赋值，或直接给未声明的变量 number 赋值。

```
var   age;          //声明变量
age=20;             //给已声明的变量赋值
number=9;           //给未声明的变量赋值
```

注意：JavaScript 中的变量如果未初始化（赋值），默认值为 undefined。

3．变量的作用范围

变量的作用范围是指可以访问该变量的代码区域。JavaScript 中按变量的作用范围分为全局变量和局部变量。

全局变量：可以在整个 HTML 文档范围中使用的变量，这种变量通常都是在函数体外定义的变量。

局部变量：只能在局部范围内使用的变量，这种变量通常都是在函数体内定义的变量，所以只在函数体内部有效。

注意：省略关键字 var 声明的变量，无论在函数体内部还是外部，都是全局变量。

11.1.3　关键字与保留字

关键字是在 JavaScript 中有特殊意义的单词，例如之前多次使用的 var、function 等。由于这些标识符已经被 JavaScript 使用，所以在用户声明变量、函数、数组等名称时，不能使用这些关键字。JavaScript 中的关键字见表 11-3。还有一些目前未使用但将来可能使用的关键字，称作保留字，如表 11-4 所示。

表 11-3　JavaScript 关键字

break	do	instanceof	typeof
case	else	new	var
catch	finally	return	void
continue	for	switch	while
debugger	function	this	with
default	if	throw	delete
in	try		

表 11-4　JavaScript 保留字

abstract	enum	int	short
boolean	export	interface	static
byte	extends	long	super

char	final	native	synchronized
class	float	package	throws
const	goto	private	transient
debugger	implements	protected	volatile
double	import	public	

11.2 运算符与表达式

运算符是程序处理的基本元素之一，其主要作用是操作 JavaScript 中的各种数据，即操作数，包括变量、数组、对象、函数等。表达式则是 JavaScript 中一个有意义的语句。

按照运算符使用的操作数的个数来划分，可以分为三种运算符：一元运算符、二元运算符和三元运算符。

按照运算符的功能来划分，可以分为以下几种运算符：赋值运算符、算术运算符、关系运算符、位操作运算符、逻辑运算符、条件运算符、特殊运算符。

11.2.1 算术运算符及表达式

1. 算术运算符

算术运算符（Arithmetic Operators）是用来处理四则运算的运算符，是最简单、最常用的符号。

JavaScript 中提供的算术运算符有+、-、*、/、%、++、--七种。分别表示加、减、乘、除、求余数、自加和自减。其中+、-、*、/、%五种为二元运算符，表示对运算符左右两边的操作数做运算，其运算规则与数学中的运算规则相同，即先乘除后加减。++、--两种运算符则是一元运算符，其结合性为自右向左，在默认情况下表示对运算符右边的变量的值加 1 或减 1，而且它们的优先级比其他算术运算符高。

2. 算术表达式

由算术运算符和操作数组成的表达式称为算术表达式，算术表达式的结合性为自左向右。常用的算术运算符和表达式如表 11-5 所示。

表 11-5　算术运算符和表达式

运算符	说　　明	举例（假设 y=5）	x 运算结果	y 运算结果
+	加号。将两个数据相加	x = y+2	7	5
-	减号。将两个数据相减	x = y-2	3	5
*	乘号。将两个数据相乘	x = y*2	10	5
/	除号。将两个数据相除	x = y/2	2.5	5
%	求余运算。求两个数据相除的余数	x = y%2	1	5
++	自加。将操作数加 1	x = ++y	6	6
		x = y++	5	6
--	自减。将操作数减 1	x = --y	4	4
		x = y--	5	4

11.2.2 赋值运算符及表达式

赋值就是把一个数据赋值给一个变量，例如，FirstName="Tom"的作用就是执行一次赋值操作，把常量 Tom 赋值给变量 FirstName。

1．赋值运算符

赋值运算符为二元运算符，要求运算符两侧的操作数类型必须一致（或者右侧的操作数必须可以转换为左侧操作数的类型）。JavaScript 中提供的简单赋值运算符为等号（=）；复合赋值运算符则包括+=、-=、*=、/=、%=、&=、|=、^=、<<=、>>=。

注意： 在书写复合赋值运算符时必须连续书写，符号之间不允许使用空格，否则会出错。

2．赋值表达式

由赋值运算符和操作数组成的表达式称为赋值表达式。赋值表达式的功能是计算表达式的值然后赋值给左侧变量。赋值表达式可以分为简单赋值运算符（=）和复合赋值运算符。复合赋值运算符由一个算术运算符（或其他运算符）与一个简单赋值运算符组合构成（例如：+=）。一方面简化了程序，使程序看上去精炼；另一方面提高了编译效率。

JavaScript 中常用赋值表达式使用说明如表 11-6 所示。

表 11-6　常用赋值表达式

运　算　符	说　　明	举　　例	转　　化
=	简单赋值运算	x = 10	
+=	加法运算或连接操作并赋值	a+=b	a = a+b
-=	减法运算并赋值	a-=b	a = a-b
*=	乘法运算并赋值	a*=b	a = a*b
/=	除法运算并赋值	a/=b	a = a/b
%=	求余运算并赋值	a%=b	a = a%b
<<=	左移位运算并赋值	a<<=b	a = a<<b
>>=	右移位运算并赋值	a>>=b	a = a>>b
>>>=	无符号右移位运算并赋值	a>>>=b	a = a>>>b
&=	位与运算并赋值	a&=b	a = a&b
|=	位或运算并赋值	a|=b	a = a|b
^=	位异或运算并赋值	a^=b	a = a^b

3．赋值表达式注意事项

1）赋值的左操作数必须是一个变量，JavaScript 中可以对变量进行连续复制，这时为右关联，从右向左运算符被分组。例如：表达式 a = b = c 等价于 a = (b = c)。

2）如果赋值运算符两边的操作数类型不一致，如果存在隐式转换，系统会自动将赋值运算符右边的类型转换为左边的类型再赋值。如果不存在隐式转换，则无法赋值，程序会报错。为避免此类情况，用户可以先进行类型转换，然后再赋值。

11.2.3 关系运算符及表达式

关系运算实际上是逻辑运算的一种，可以把它理解为一种"判断"，判断的结构要么是

"真"，要么是"假"，也就是说关系表达式的返回值总是布尔值。JavaScript 中定义关系运算符的优先级低于算术运算符，高于赋值运算符。

1．关系运算符

JavaScript 中定义的关系运算符有==（等于）、!=（不等于）、<（小于）、>（大于）、<=（小于或等于）、>=（大于或等于）6 种。

注意：关系运算符中的等于号==很容易与赋值运算符=混淆，一定要注意区分单个等号和双等号的含义。

2．关系表达式

由关系运算符和操作数构成的表达式称为关系表达式。关系表达式中的操作数可以是整数型、实数型、布尔型、枚举型、字符型、引用型等。对于整数型、实数型和字符型，上述 6 种比较运算符都适用；对于布尔型和字符串的比较运算符只能使用==和!=。

JavaScript 中常用的关系运算符如表 11-7 所示。

表 11-7　常用关系运算符

运　算　符	说　　明	举　　例	返　回　值
==	等于	5 == 5	true
		"A" == "a"	flase
!=	不等于	5 != 5	false
		true != false	true
<	小于	5 < 8	true
		"b" < "a"	false
>	大于	5 > 8	false
		"abd" > "abc"	true
<=	小于或等于	5 <= 8	true
>=	大于或等于	5 >= 8	false

注意：两个字符串值只有都为 null 或两个字符串长度相同、对应的字符序列也相同的非空字符串时比较的结果才能为 true。

11.2.4　位运算符及其表达式

本小节将介绍 JavaScript 位运算，需要读者对二进制运算有所了解。

1．位运算符

任何信息在计算机中都是以二进制的形式保存的。位运算符就是对二进制数进行运算的运算符。JavaScript 中的位运算符有&（与）、|（或）、^（异或）、～（非）、<<（左移）、>>（右移）。其中，非运算符为一元运算符，其他的位运算符都是二元运算符。

2．位运算表达式

由位运算符和操作数构成的表达式为位运算表达式。在位运算表达式中，系统首先将操作数转换为二进制，然后进行位运算，计算完毕，再将其转换为十进制整数。各种位运算方法如表 11-8 所示。

表 11-8 位运算表达式计算方法

运 算 符	说 明	举 例	运 算 结 果
&	位与运算。 操作数中两个位都为 1，结果为 1，两个位中有一个为 0，结果为 0	8&3	8 转换二进制为 1000； 3 转换二进制为 0011； 位与运算结果为 0000，转换十进制为 0
|	位或运算。 操作数中两个位都为 0，结果为 0，否则，结果为 1	8|3	8 转换二进制为 1000； 3 转换二进制为 0011； 位或运算结果为 1011，转换十进制为 11
^	位异或运算。 两个操作位相同时，结果为 0，不同时，结果为 1	8^3	8 转换二进制为 1000； 3 转换二进制为 0011； 位异或运算结果 1011，转换十进制为 11
~	位非运算。 操作数各个位取反，1 变为 0，0 变为 1	~8	8 转换二进制为 1000； 位非运算结果为 0111； 符号位运算后为负，转换十进制为-9
<<	左位移。 操作数按位左移，高位被丢弃，低位依次补 0	8<<2	8 转换二进制为 1000； 左移 2 位结果为 100000，转换十进制为 32
>>	右位移。 操作数按位右移，低位被丢弃，高位依照原有符号位填充空位	8>>2	8 转换二进制为 1000； 右移 2 位结果为 10，转换十进制为 2

11.2.5 逻辑运算符及逻辑表达式

在解决实际问题时，条件判断必不可少，JavaScript 提供逻辑运算符来完成。

1. 逻辑运算符

JavaScript 语言提供了&&、||、!三种逻辑运算符，分别是逻辑与、逻辑或、逻辑非。逻辑运算符要求操作数只能是布尔型。逻辑与和逻辑或都是二元运算符，要有两个操作数，而逻辑非为一元运算符，只有一个操作数。

逻辑非运算符表示对某个布尔型操作数的值求反，即当操作数为 false 时运算结果返回 true，当操作数为 true 时运算结果返回 false。

逻辑与运算符表示对两个布尔型操作数进行与运算，仅当两个操作数均为 true 时，结果为 true。

逻辑或运算符表示对两个布尔型操作数进行或运算，两个操作数中只要有一个操作数为 true，结果就为 true。

为方便掌握逻辑运算符的使用，将逻辑运算符运算结果用"真值表"的形式来表示，如表 11-9 所示。

表 11-9 真值表

a	b	!a	a&&b	a||b
true	true	false	true	true
true	false	false	false	true
false	true	true	false	true
false	false	true	false	false

2. 逻辑表达式

由逻辑运算符组成的表达式称为逻辑表达式。逻辑表达式的结果只能是布尔值，要么为 true，要么为 false。在逻辑表达式的求值过程中，不是所有的逻辑运算符都被执行。有时候，不需要执行所有的运算符，就可以确定逻辑表达式的结果。只有在必须执行下一个逻辑运算符后再能求出逻辑表达式的值时，才继续执行该运算符。这种情况称为逻辑表达式的"短路"。

例如，表达式 a&&b，其中 a 和 b 均为布尔值，系统在计算该逻辑表达式时，首先判断 a

的值，如果 a 为 true，再判断 b 的值，如果 a 为 false，系统就不需要继续判断 b 的值，直接确定表达式的结果为 false。

逻辑运算符通常和关系运算符配合使用，以实现判断。例如，判断一个年份是否为闰年。闰年的条件是，年份能被 4 整除，但不能被 100 整除，或者能被 400 整除。假设年份为 year，判断闰年的逻辑表达式可以表示为：

```
(year%400)==0||((year%4)==0&&(year%100)!=0)
```

逻辑表达式在实际应用中非常广泛，后面将学习的流程控制语句中的条件都会涉及逻辑表达式。

11.2.6 其他运算符及运算优先级

JavaScript 还提供一些特殊的运算符。

1．条件运算符及其表达式

条件运算符是 JavaScript 中唯一的一个三元运算符，其符号为"?:"。由条件运算符组成的表达式称为条件表达式。其语法格式如下：

```
条件表达式 ? 表达式 1 : 表达式 2
```

先计算条件，然后进行判断。如果条件表达式结果为 true，计算表达式 1 的值，表达式 1 为整个条件表达式的值；否则，计算表达式 2，表达式 2 为整个条件表达式的值。

?:的第一个操作数必须是一个可以隐式转换成布尔型的常量、变量或表达式，如果不满足上述条件，则发生运行错误。

?:的第二个和第三个操作数控制了条件表达式的类型。它们可以是 JavaScript 中任意类型的表达式。

例如，求出 a 和 b 中最大值的表达式。

```
a>b?a:b   //取 a 和 b 的最大值
```

条件运算符相当于后面将学习的 if…else 语句。

其他运算符还有很多，例如，逗号运算符、void 运算符、new 运算符等，在此不再赘述。

2．运算符优先级

运算符的种类非常多，通常不同的运算符又构成不同的表达式，甚至一个表达式中又包含多种运算符，这些运算符在处理时也有优先顺序，运算符的优先级如表 11-10 所示。

表 11-10　运算符优先级

优先级（1 最高）	说　　明	运　算　符
1	括号	()
2	自加、自减运算符	++　--
3	乘法、除法、求余运算符	*　/　%
4	加法、减法运算符	+　-
5	小于、小于或等于、大于、大于或等于	<　<=　>　>=
6	等于、不等于	==　!=
7	逻辑与	&&
8	逻辑或	||
9	赋值运算符和快捷运算符	=、+=、-=、*=、/=、%=、

建议在书写表达式的时候，如果无法确定运算符的优先级，则尽量采用括号来保证运算的顺序，这样也使得程序一目了然、思路清晰。

11.3 流程控制语句

构成程序的基本结构有顺序结构、选择结构和循环结构三种。

顺序结构是最基本也是最简单的程序，一般由定义常量和变量语句、赋值语句、输入/输出语句、注释语句等构成。顺序结构在程序执行过程中，按照语句的书写顺序从上至下依次执行，但大量实际问题需要根据条件判断，以改变程序执行顺序或重复执行某段程序，前者称为选择结构，后者称为循环结构。本节将对这些内容进行详细阐述。

11.3.1 注释语句和语句块

1. 注释

注释通常用来解释程序代码的功能（增加代码的可读性）或阻止部分代码的执行（调试程序），不参与程序的执行。在 JavaScript 中注释分为单行注释和多行注释两种。

（1）单行注释

在 JavaScript 中，单行注释以双斜杠"//"开始，直到这一行结束。单行注释"//"符号可以放在一行的任意位置，从"//"符号开始到本行结束为止的所有内容都不会执行。如下列代码加粗部分所示。

```
<!DOCTYPE html>
<html>
<head>
<meta charset="utf-8">
<title>date 对象</title>
<script>
function   disptime()
{
//创建日期对象 now，并实际输出当前日期
var now= new Date();
//document.write("<h1>欢迎访问我们的网站</h1>");
document.write("<h2>今天日期："+ now.getYear() + "年" + (now.getMonth()+1) + "月" + now.getDate() +
"日</h2>");     // 在页面上显示当前年月日
}
</script>
</head>
<body onLoad="disptime()">
</body>
</html>
```

以上代码中，共出现 3 处注释语句：第一个注释语句将"//"符号放在行首，通常用来解释下面代码的功能与作用；第二个注释语句放在代码的行首，阻止了该行代码的执行；第三个注释语句放在代码行末尾，主要是对该行代码进行解释说明。

（2）多行注释

单行注释语句只能注释一行代码，假如在调试程序时，希望有一整段代码暂不执行或者对代码的功能说明需要多行书写，那么就需要使用多行注释符号。多行注释以/*开始，以*/结束，

中间的内容不论是单行还是多行都视为注释。

2. 语句块

语句块是一些语句的组合，通常语句块都会被一对大括号括起来。在调用语句块时，JavaScript 会按书写顺序执行语句块中的语句。JavaScript 会把语句块中的语句看成一个整体全部执行，语句块通常用在函数或流程控制语句中。

11.3.2　选择语句

在现实生活中，经常需要根据不同的情况做出不同的选择。例如，如果明天下雨出门带雨伞，如果明天不下雨就不用带雨伞。在程序中要实现这些功能需要使用选择结构语句。JavaScript 提供的选择结构语句有 if 语句、if…else 语句和 switch 语句。

1. if 语句

单个 if 语句用来判断所给定的条件是否满足，根据判定结果（真或假）决定要执行的操作。if 语句的基本结构如下：

```
if(条件表达式)
{
语句块;
}
```

关于 if 语句语法格式的几点说明：

1）if 关键字后面的一对圆括号不能省略。圆括号内的表达式要求结果为布尔型或可以隐式转换为布尔型的表达式、变量或常量，即表达式返回值一定是布尔型 true 或 false。

2）if 表达式后的一对大括号内是语句块。如果语句块只有一个语句，大括号可以省略，多个语句时，大括号不能省略。

3）if 语句表达式后一定不要加分号，如果加上分号代表条件成立后执行空语句。

当 if 语句的条件为 true 时，执行大括号中的语句块；当条件为 false 时，将跳过语句块，直接执行大括号后面的语句。if 语句执行流程如图 11-1 所示。

【例 11-1】设计一个程序，判断考试成绩是否合格。以 60 分为标准，60 分以下为不合格，60 分或 60 分以上为合格。在第一个文本框内输入分数，单击"确定"按钮，在第二个文本框内显示成绩是否合格，如图 11-2 和图 11-3 所示。

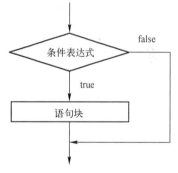

图 11-1　if 语句执行流程图

图 11-2　成绩不合格

图 11-3　成绩合格

具体步骤如下。

1）创建 HTML 文件，代码如下：

```
<!doctype html>
<html>
<head>
<meta charset="utf-8">
<title>判断成绩是否合格</title>
</head>
<body>
<form id="scoreForm" name="scoreForm" method="get">
    <p><label>输入分数：</label><input type="text" id="txtScore" name="txtScore"></p>
    <p><label>判断结果：</label><input type="text" id="txtResult" name="txtResult"></p>
    <p><input type="button" value="确 定"></p>
</form>
</body>
</html>
```

HTML 文件注意表单 form 的属性标记、两个 input 文本框的属性标记，以保证程序的正确性。

2）在 HTML 文件的 head 部分加入 JavaScript 代码，如下所示。

```
<script>
function   score()
{
var userScore=document.scoreForm.txtScore.value;    //将输入的分数赋值给变量
var result="合格";   //结果初始值
if (userScore<60)
{
    result="不合格";
}
document.scoreForm.txtResult.value = result;
}
</script>
```

3）为按钮添加单击（onclick）事件，调用 score()函数。将<p><input type="button" value="确
定"></p>修改为如下代码。

```
<p><input type="button" value="确 定" onClick="score()"></p>
```

在本例中用到了读取文本框的值和设置文本框的值，以及对象时间的知识，这些知识会在后序章节详细介绍。

2．if…else 语句

单 if 语句只能对满足条件的情况进行处理，但是在实际应用中，常常需要两种不同的操作或处理，也就是说，在满足条件时，执行一种操作，不满足条件时，执行另一种操作。JavaScript 中提供 if…else 语句来解决上述问题。if…else 语句的基本结构如下：

```
if(条件表达式)
{
语句块 1;
}
else
{
语句块 2;
}
```

可以把 if…else 语句理解为中文的"如果……就……否则……"。上述语句的意思是，假设 if 后的条件表达式为 true，就执行语句块 1，否则执行 else 后面的语句块 2。执行流程如图 11-4 所示。

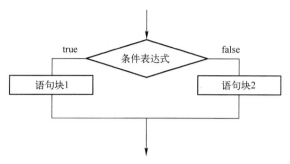

图 11-4　if…else 语句执行流程图

同样给出一个分数判断是否合格，使用 if…else 和弹出窗口提示显示结果，核心代码如下。

```
var   score;
if(score<60)
{
    alert("不合格");
}
else
{
    alert("合格");
}
```

3．if 语句嵌套

在实际应用中，所判断的情况存在多种可能性，此时，可以在 if…else 语句中再包含一个或多个 if…else 语句。这种表达形式称为 if 语句嵌套。一般表示形式为：

```
if(表达式 1)
{
    if(表达式 2)
    {
        语句块 1;       //表达式 2 为真时执行
    }
    else
    {
        语句块 2;       //表达式 2 为假时执行
    }
}
else
{
    if(表达式 3)
    {
        语句块 3;       //表达式 3 为真时执行
    }
    else
    {
        语句块 4;       //表达式 3 为假时执行
    }
}
```

首先执行表达式 1，如果返回值为 true，再判断表达式 2，如果表达式 2 为 true，则执行语句块 1，否则执行语句块 2；如果表达式 1 返回值为 false，再判断表达式 3，如果表达式 3 为 true，则执行语句块 3，否则执行语句块 4。

【例 11-2】 利用 if…else 嵌套语句实现分数等级划分。90 分及以上为优秀，80～89 分为良好，70～79 分为中等，60～69 分为及格，60 分以下为不及格。预览网页，如图 11-5 所示，在文本框内输入分数，单击"判断"按钮，在弹出的消息窗口中显示分数等级，如图 11-6 所示。

图 11-5　分数录入　　　　　　　　　图 11-6　判断分数等级

具体步骤如下。

1）创建 HTML 文件，代码结构如下：

```html
<!doctype html>
<html>
<head>
<meta charset="utf-8">
<title>成绩等级划分</title>
</head>
<body>
<form action="" method="get" name="scoreForm" id="scoreForm">
  <p>
    <label>成绩：</label>
    <input type="text" name="txtScore" id="txtScore">
    <input type="button" name="button" id="button" value="判断">
  </p>
</form>
</body>
</html>
```

2）在 HTML 文件的 head 部分加入 JavaScript 代码，如下所示：

```javascript
<script>
function grade()
{
var score=document.scoreForm.txtScore.value;
if (score<60)
{
    alert("不及格");
}
else
{
    if (score<70)   {alert("及格");}
    else
    {
```

```
            if (score<80)   {alert("中等");}
            else
            {
                if (score<90)   {alert("良好");}
                else   {alert("优秀");}
            }
        }
    }
    }
    </script>
```

3）为判断按钮添加单击（onclick）事件，调用 grade()函数，将 HTML 文件中的<input type="button" name="button" id="button" value="判断">修改为如下代码。

```
<input type="button" name="button" id="button" value="判断" onClick="grade()">
```

4. switch 语句

switch 语句与 if 语句类似，也是选择结构的一种形式，一个 switch 语句可以处理多个判断条件。一个 switch 语句相当于一个 if…else 嵌套语句，几乎所有的 switch 语句都能转换为 if…else 嵌套语句。它们之间最大的区别在于：if…else 语句中的条件表达式是一个逻辑值，即结果为 true 或 false，而 switch 语句后的表达式值为整型、字符型或字符串型并与 case 标签里的值进行比较。switch 语句的基本结构如下：

```
switch (表达式)
{
case    常量表达式 1：语句块 1; break;
case    常量表达式 2：语句块 2; break;
…
case    常量表达式 n：语句块 n; break;
[default：语句块 n+1;break;]
}
```

首先计算表达式的值，当表达式的值等于常量 1 的值时，执行语句块 1；当表达式的值等于常量表达式 2 的值时，执行语句块 2……当表达式的值等于常量表达式 n 的值时，执行语句块 n，否则执行 default 后面的语句块 $n+1$，当执行到 break 语句时，自动跳出 switch 语句。

在使用 switch 语句时，应注意以下几点。

1）switch 关键字后的表达式结果只能为整型、字符型或字符串。

2）case 标记后的值必须为常量表达式，不能使用变量。

3）case 和 default 标记后使用冒号而非分号。

4）case 标记后的语句块，无论是一句还是多句，大括号{}都可以省略。

5）default 标记可以省略，也可以把 default 子句放在最前面。

6）break 语句为可选项，如果没有 break 语句，程序会执行满足条件 case 后的所有语句，如此一来很可能达不到多选一的效果，因此，建议不要省略 break。

【例 11-3】 将【例 11-2】用 switch 语句改写。

操作步骤参阅上例，其中判断语句修改为如下代码。

```
<script>
function grade()
{
var score=parseInt(document.scoreForm.txtScore.value/10);      //将输入成绩除以 10 取整，只判断十位数字
```

```
        switch (score)
        {
            case 10:
            case 9:alert("优秀");break;
            case 8:alert("良好");break;
            case 7:alert("中等");break;
            case 6:alert("及格");break;
            default:alert("不及格");break;
        }
        }
        </script>
```

对比前面两个例子的代码，使用 switch 语句使代码变得更为清晰，但是 switch 语句适合做枚举，不能直接表示某个范围，在比较范围区间时，选择 if 语句更为方便。

11.3.3 循环语句

循环是程序设计中一个常见的结构。例如，从 1 加到 100，就需要重复执行加法运算，直到 100 为止。循环是一组重复执行的指令，重复的次数由条件决定。其中给定的条件称为循环条件，反复执行的程序段称为循环体。一个完整的循环结构，必须有以下四个基本要素：循环变量初始化、循环条件、循环体和改变循环变量的值。JavaScript 语言提供了 while、do…while、for 三种循环语句。

1. while 语句

while 循环语句根据循环条件的返回值来判断执行循环体的次数。当逻辑条件成立时，重复执行循环体，直到条件不成立时终止。while 语句的基本结构如下：

```
        while (布尔表达式)
        {
        语句块;
        }
```

while 语句执行时，首先计算布尔表达式，当布尔表达式的值为 true 时，执行一次循环体中的语句块，循环体中的语句块执行完毕，再次计算布尔表达式，若表达式的值为 true，再次执行循环体中的相同的语句块；若表达式的值为 false，则跳出循环。

注意：while 语句是先判断条件，后执行语句块。

循环结构四要素：对于 while 语句循环变量初始化应放在 while 语句之前，循环条件即 while 关键字后面的布尔表达式，循环体是大括号内的语句块，其中改变循环变量值的语句包含在循环体语句块中。

【例 11-4】 计算 100 以内自然数之和，即 1+2+3+…+100。

新建 HTML 文件，并输入 JavaScript 代码，代码如下：

```
        <!doctype html>
        <html>
        <head>
        <meta charset="utf-8">
        <title>while 语句计算 100 以内自然数之和</title>
        <script>
        var i=1,sum=0;        //声明变量 i 和 sum，并赋初值
        while(i<=100)
```

```
{
sum+=i;
i++;
}
document.write("1+2+3+...+100 = "+sum);        //输出运算结果
</script>
</head>
<body>
</body>
</html>
```

执行效果如图 11-7 所示。

2. do…while 语句

do…while 语句和 while 语句的相似度很高，只是考虑问题的角度略有不同，while 语句是先判断条件，再执行循环体。do…while 语句则是先执行循环体，再判断条件。do…while 语句的基本结构如下：

图 11-7　求和运算结果

```
do
{
语句块;
}
while(布尔表达式);
```

程序执行到上述语句时，首先是关键字 do，执行大括号里的语句块，然后执行 while 关键字后面的布尔表达式，如果表达式返回值为 true，则执行上方的语句块；如果表达式返回值为 false，则跳出循环，执行 while 下面的程序代码。

do…while 和 while 主要的区别如下。

1）do…while 语句先执行循环体，再判断循环条件，while 语句先判断循环条件再执行循环体。

2）do…while 语句循环体至少执行 1 次。while 语句循环体最少执行 0 次。

【例 11-5】 将【例 11-4】用 do…while 语句改写。

HTML 文档部分与上例相同，JavaScript 代码如下：

```
<script>
var i=1,sum=0;        //声明变量 i 和 sum，并赋初值
do
{
sum+=i;
i++;
}
while(i<=100);
document.write("1+2+3+...+100 = "+sum);        //输出运算结果
</script>
```

3. for 语句

for 语句循环是按照指定的循环次数，执行循环体内的语句块。for 语句的基本结构如下：

```
for(表达式 1;表达式 2;表达式 3)
{
语句块;
```

```
    }
```

表达式 1 为赋值语句，表示循环变量的初始值。

表达式 2 为布尔型表达式，表示循环条件。

表达式 3 为赋值表达式，更新循环变量，程序每执行完一次循环体内的语句块，都要执行该表达式更新循环变量。

for 语句的执行过程如下：

1）首先计算表达式 1，为循环变量赋初值。

2）然后计算表达式 2，检查循环条件，若表达式 2 为 true，则执行一次循环体的语句块；若为 false，终止循环。

3）循环体执行完一次后，计算表达式 3，改变循环变量的值，再重复第 2 步操作，判断是否继续执行循环。流程如图 11-8 所示。

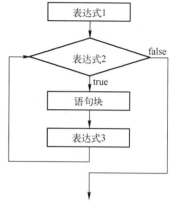

图 11-8 for 语句执行流程图

注意： JavaScript 允许省略 for 语句中的 3 个表达式，但两个分号不能省略，并且需要保证语句块中有相同作用的语句。

【例 11-6】 将【例 11-4】用 for 语句改写。

HTML 文档部分与上例相同，JavaScript 代码如下：

```
<script>
var sum=0;
for(var i=1;i<=100;i++)
{
sum+=i;
}
document.write("1+2+3+...+100 = "+sum);        //输出运算结果
</script>
```

while、do…while、for 三种循环语句具有相同的功能，在实际编程过程中，应根据需要和程序简单易懂的原则来选择使用哪种循环语句。

11.4 函数

函数是执行特定任务的语句块，通过调用函数的方式可以让这些语句块反复执行。本节将介绍函数的定义、使用及系统函数的功能与使用方法。

11.4.1 函数简介

首先回顾【例 11-6】，执行并预览网页时，直接在页面输出计算结果。如果在其他程序中，想调用这个计算结果，或是在单击按钮时，才显示计算结果。这样的问题该如何解决呢？答案就是可以使用函数，将计算结果写在函数内，在需要的时候通过按钮或其他事件触发调用即可。

所谓函数是指在程序设计中，将一段经常使用的代码"封装"起来，在需要的时候进行调用。

11.4.2 定义函数

使用函数前，先要用关键字 function 定义函数。在 JavaScript 中定义函数的方法有两种。

1. 声明式函数

声明式函数是最常见的一种函数形式。首先需要一个关键字 function，接着是函数名称、放在圆括号内的可选参数，然后是函数体。语法格式如下：

```
function 函数名([参数 1,参数 2...])
{
//函数体语句
[return   表达式]
}
```

各部分的含义如下：

1）function 为关键字，在此用来定义函数。

2）函数名必须是唯一的，由用户自行定义，与变量命名规则基本相同。

3）方括号[ ]表示可选部分。

4）参数是可选的，可以定义一个或多个参数，也可以为空。多个参数之间用逗号分隔。即使不带参数，圆括号也必须保留，不能省略。

5）return 指定函数的返回值，为可选参数。

下面给出一个简单的函数代码片段，并在声明之后立刻调用这个函数。

```
<script>
function sayHi(toWhom)
{
alert("Hi " + toWhom);
}
sayHi("World!");
</script>
```

在这段代码中，调用 sayHi 函数会弹出一个 alert 对话框，显示"Hi　World!"，这个函数只有一个参数，并且没有返回值。

函数与调用它的程序之间的通信是通过函数的参数以及函数返回值来完成的。

（1）函数的参数

在定义函数时，函数名后面圆括号中的变量名称为"形参"；在程序中调用函数时，函数名后面圆括号中的表达式称为"实参"。形参是函数声明时的参数，相当于定义变量，实参是函数调用时的参数，实质上是实参为形参赋值的过程。

关于形参与实参的几点说明。

1）在未调用函数时，形参并不占用存储单元。只有在发生调用时，才会给形参分配内存单元。在调用结束后，形参所占的内存单元也自动释放。

2）实参可以是常量、变量或表达式；形参必须是声明的变量，由于 JavaScript 是弱类型语言，所以不需要指定类型。

3）在函数调用中，实参列表中参数的数量、类型和顺序与形参列表中的参数可以不匹配，如果形参个数大于实参个数，多出来的形参值为 undefined，反之，多出来的实参将被忽略。

4）实参对形参的数据传递是单向传递，即只能由实参传给形参，不能由形参传给实参。

（2）函数返回值

如果函数执行完毕需要一个返回值，可以使用 return 语句。如果函数没有使用 return 语句，默认返回值为 undefined。当程序执行到 return 语句时，函数执行结束，因此 return 语句一般都位于函数体的最后一行。return 语句格式如下：

```
        return   [返回值];
```

return 语句中的返回值，可以是常量、变量、表达式等，并且类型可以是前面介绍过的任意类型。如果省略返回值，代表结束函数。

【**例 11-7**】 编写函数 cubic，用户输入一个数值，计算该数值的三次方。页面上通过单击"计算"按钮调用函数，如图 11-9 所示。通过提示对话框获取输入数值，如图 11-10 所示。再通过对话框显示计算结果，如图 11-11 所示。

图 11-9　网页加载效果　　　　　图 11-10　获取数值　　　　　图 11-11　计算结果

具体步骤如下。

1）创建 HTML 文件，结构如下：

```
<!DOCTYPE html>
<html>
<head>
<meta charset="utf-8">
<title>计算三次方函数</title>
</head>
<body>
<input type="button" value="计 算">
</body>
</html>
```

2）在 HTML 文档的 head 部分，增加 JavaScript 代码，如下所示：

```
function cubic(x)
{
var y;                     //声明变量 y，存储计算结果
y = x*x*x;                 //计算 x 的三次方
alert("计算结果："+y);      //输出运算结果
}
</script>
```

3）通过"计算"按钮的 onclick 事件来调用（cubic）函数。将 HTML 中的<input type="button"　value="计 算">这一行代码修改为如下所示：

```
<input type="button"   value="计 算"   onClick="cubic(prompt('请输入一个数值：'))">
```

本例中，prompt 方法是系统内置的一个调用输入对话框的方法，详见 13.2 节。

2. 匿名函数

匿名函数就是不指定名称的函数，定义匿名函数非常简单，只需要使用关键字 function 和可选参数，后面跟一对大括号，大括号内是语句块，称为函数体。语法格式如下：

```
function ([参数 1,参数 2…])
{
```

```
//函数体语句
}
```

与声明式函数相比，上面的语句中没有给出函数名，没有函数名就会产生一个问题：如何调用匿名函数？对于匿名函数的调用一般有如下两种情况。

（1）赋值给变量

```
var   aa= function ([参数 1,参数 2…])
{
//函数体语句
}
```

此时，变量 aa 将作为函数的名称，这种方法的本质是把函数当作数据赋值给变量。而调用函数时直接使用变量名，由于函数可能包含参数，因此，变量名后面的圆括号是不能省略的。匿名函数范例代码如下。

```
<!DOCTYPE html>
<html>
<head>
<meta charset="utf-8">
<title>匿名函数赋值给变量</title>
<script>
var sayHi = function(toWhom)
{
alert("Hi " + toWhom);
}
sayHi("World!");
</script>
</head>
<body>
</body>
</html>
```

（2）网页事件调用

```
window.onload = function ([参数 1,参数 2…])
{
//函数体语句
}
```

其中，window.onload 是指网页加载时的触发事件，即加载网页时执行该函数中的代码。注意这种方法只能触发一次函数，函数不能重复使用，常用于页面对象的初始化操作。

11.4.3　调用函数

定义函数的目的是为了在后序代码中使用函数。函数自己不会执行，必须通过调用，函数才会执行。在 JavaScript 中调用函数的常用方法有直接调用、表达式调用、事件调用。

1. 直接调用

直接调用的方式，一般比较适合没有返回值的函数。实例代码如下，注意加粗部分的代码。

```
<script>
function sayHello()
{
```

```
document.write("Hello!");
}
sayHello();
</script>
```

2．表达式调用

在表达式中调用函数的方式，一般比较适合有返回值的函数，函数的返回值参与表达式的计算。通常该方式还可以和输出语句（alert、document 等）配合使用。实例代码如下，注意加粗部分的代码。

```
<script>
function sayHello()
{
return "Hello!"
}
document.write(sayHello());
</script>
```

3．事件调用

JavaScript 是基于事件模型的程序语言，页面加载、用户单击鼠标、移动光标等操作都会产生事件。当事件产生时，JavaScript 可以调用某个函数来响应这个事件。在前面的很多例子都是通过 onclick 事件来调用函数的，onclick 事件调用函数的代码如下所示。

```
<!DOCTYPE html>
<html>
<head>
<meta charset="utf-8">
<title>事件调用函数</title>
<script>
function sayHello()
{
document.write("Hello!");
}
</script>
</head>
<body>
<input type="button"   value="单击按钮调用函数"   onClick="sayHello()">
</body>
</html>
```

11.4.4　全局函数

除了自定义函数，JavaScript 还内置了很多全局函数，可以直接在程序中调用。在JavaScript 中，函数一般都是指自定义函数或者是系统的全局函数。常用的全局函数（系统函数）如表 11-11 所示。

表 11-11　全局函数

函　　数	描　　述
decodeURI(URI)	解码某个编码的 URI
decodeURIComponent(URI 组件)	解码一个编码的 URI 组件
encodeURI(URI)	把字符串编码为 URI
encodeURIComponent(URI 组件)	把字符串编码为 URI 组件

函　　数	描　　述
escape(字符串)	对字符串进行编码
eval(字符串)	计算 JavaScript 字符串，并把它作为脚本代码来执行
isFinite(数字)	检查某个值是否为有限大的数
isNaN(参数)	检查某个值是否是数字
Number(参数)	把参数转换为数字
parseInt(字符串)	解析一个字符串并返回一个整数
parseFloat(字符串)	解析一个字符串并返回一个浮点数
unescape(字符串)	对由 escape()编码的字符串进行解码

1．eval()

eval()函数，参数为字符串类型，主要功能是将字符串作为脚本代码来执行。范例代码如下。

```
eval("document.write(1+2)");      //输出 3
```

注意：参数必须是字符串类型，否则该函数将不作任何处理，将原参数返回。

2．isFinite()

isFinite()函数，参数为数值类型，主要功能是检查其参数是否为有限大。如果参数是有限数字（或可以转换为有限数字），则返回 true。如果参数是 NaN（非数字）或者正、负无穷大的数值，则返回 false。几种情况的范例代码如下。

```
isFinite(123);           //返回 true
isFinite(-1.5);          //返回 true
isFinite("函数");         //返回 false
isFinite("2016-6-6");    //返回 false
```

3．isNaN()

isNAN()函数，参数无限制，主要功能是用于检查其参数是否为非数字值。如果参数为数字值，则返回 false。如果参数不是数字值，则返回 true。几种情况的范例代码如下。

```
isNaN(123);              //返回 false
isNaN(0);                //返回 false
isNaN("-1.5");           //返回 true
isNaN("2016-6-6");       //返回 true
```

4．Number()

Number()函数，参数无限制，主要功能是把对象的值转换为数字。如果参数是 Date 对象，Number()函数返回从 1970 年 1 月 1 日零时至今的毫秒数。如果对象的值无法转换为数字，那么 Number()函数返回 NaN。范例代码如下。

```
var a1= new Boolean(true);
var a2= new Boolean(false);
var a3= new Date();
var a4= new String("111");
var a5= new String("222 333");
document.write(Number(a1) + "<br>");         //输出 1
document.write(Number(a2) + "<br>");         //输出 0
document.write(Number(a3) + "<br>");         //输出 1470820601476
document.write(Number(a4) + "<br>");         //输出 111
document.write(Number(a5) + "<br>");         //输出 NaN
```

```
document.write(Number());                                    //输出 0
```

注意：如果没有提供参数，则返回 0。

5. parseInt()

parseInt()函数，参数任意，但一般要求为数字字符串才有意义。函数的功能是解析一个字符串，并返回一个整数。解析失败则返回 NaN。函数在转换过程中，遇到第一个非数字即终止转换，因此，字符串中的第一个字符为数字，即可转换成功。范例代码如下。

```
document.write(parseInt("123") + "<br>");                    //输出 123
document.write(parseInt("12.34") + "<br>");                  //输出 12
document.write(parseInt("12  34") + "<br>");                 //输出 12
document.write(parseInt("4M6") + "<br>");                    //输出 4
document.write(parseInt("a2") + "<br>");                     //输出 NaN
document.write(parseInt("  05  ") + "<br>");                 //输出 5
document.write(parseInt("10",16) + "<br>");                  //输出 16
```

注意：字符串开头和结尾的空格是允许的。

该函数参数包含第二个可选参数，表示被解析数字的基数（取值范围：2～36）。

6. parseFloat()

parseFloat()函数，参数任意，但一般要求为数字字符串才有意义。函数的功能是解析一个字符串，并返回一个浮点数（含小数数值）。解析失败则返回 NaN。函数在转换过程中，遇到第一个非数字即终止转换，因此，字符串中的第一个字符为数字，即可转换成功。范例代码如下。

```
document.write(parseFloat ("123") + "<br>");                 //输出 123
document.write(parseFloat ("12.00") + "<br>");               //输出 12
document.write(parseFloat ("12.34") + "<br>");               //输出 12.34
document.write(parseFloat ("12  34") + "<br>");              //输出 12
document.write(parseFloat ("  05  ") + "<br>");              //输出 5
document.write(parseFloat ("20  years") + "<br>");           //输出 20
document.write(parseFloat ("years  20") + "<br>");           //输出 NaN
```

7. encodeURI()

encodeURI()函数，参数为 String 类型，主要功能是把字符串作为 URI 进行编码。该函数不会对 ASCII 字母和数字进行编码，也不会对这些 ASCII 标点符号（- _ . ! ~ * ' ()）进行编码。其他字符（; / ? : @ & = + $, #），不会进行转义编码。范例代码如下。

```
document.write(encodeURI("http://www.w3school.com.cn/") + "<br>");
//输出 http://www.w3school.com.cn/
document.write(encodeURI("http://www.w3school.com.cn/My first/") + "<br>");
//输出 http://www.w3school.com.cn/My%20first/
document.write(encodeURI(",/?:@&=+$#") + "<br>");
//输出 ,/?:@&=+$#
```

注意：encodeURI()函数对整个 URI 进行编码，而 URI 的特定标识符不会被转码。

8. decodeURI()

decodeURI()函数，参数为 String 类型，主要功能是对 encodeURI()函数编码过的 URI 进行解码。范例代码如下。

```
var uri="my test.htm"
document.write(encodeURI(uri) + "<br>");
//输出 my%20test.htm
document.write(decodeURI(uri));
//输出 my test.htm
```

9. encodeURIComponent()

encodeURIComponent()函数，参数为 String 类型，主要功能是把字符串作为 URI 进行编码。该函数不会对 ASCII 字母和数字进行编码，也不会对这些 ASCII 标点符号（- _ . ! ~ * ' ()）进行编码。其他字符（; / ? : @ & = + $, #），都会由一个或多个十六进制的转义序列替换。范例代码如下。

```
document.write(encodeURIComponent("http://www.w3school.com.cn/") + "<br>");
//输出 http%3A%2F%2Fwww.w3school.com.cn%2F
document.write(encodeURIComponent(",/?:@&=+$#") + "<br>");
//输出 %2C%2F%3F%3A%40%26%3D%2B%24%23
```

10. decodeURIComponent()

decodeURIComponent()函数，参数为 String 类型，主要是对 encodeURIComponent()函数编码的 URI 进行解码。

11. escape()

escape()函数，参数为 String 类型，主要功能是把字符串进行编码。该函数不会对 ASCII 字母和数字进行编码，也不会对这 ASCII 标点符号（- _ . ! ~ * ' ()）进行编码，其他所有字符都会被转义编码。

注意：ECMAScript v3 不推荐使用该函数，应使用 encodeURI()和 encodeURIComponent()替代。

12. unescape()

unescape()函数，参数为 String 类型，主要是对 escape()函数编码的字符串进行解码。

注意：ECMAScript v3 不推荐使用该函数，应使用 decodeURI()和 decodeURIComponent()替代。

11.5 练习

1. 请编写一个 JavaScript 程序，将一个摄氏温度值转换为一个华氏温度值，并将转换的结果输出在页面上，要求输出的转换结果包含在一个具有描述性的语句中。摄氏温度转换为华氏温度的公式为：华氏温度= 9/5×摄氏温度+ 32。

2. 使用 switch 语句，判断表达式的数值是否为"one""tow"或"three"，当表达式为"one"或"two"时，将变量值设置为"Yes"；当表达式为"three"时，将变量值设置为"No"；如果没有匹配的值，将变量值设置为"None"。

3. 请使用 document.write()方法，输出 12 的乘法表，输出结果如下所示：

12×1 = 12

12×2 = 24

12×3 = 36

...

$12 \times 11 = 132$

$12 \times 12 = 144$

4．将习题 3 中的代码修改为一个函数，用于计算某个数的乘法表，这个数作为函数的一个参数传入，另外，函数还有两个参数，分别表示乘法表的起始值和终止值。例如，从 2 开始到 8 结束，计算 3 的乘法表，也就是从 3×2 开始，一直计算到 3×8。

5．继续修改习题 4 中的函数，函数的计算乘法表的功能不变。要求循环调用该函数，即用户输入参数，函数计算并输出结果后，再次要求用户输入参数，直到用户输入-1 结束程序。此外，增加输入有效性检测功能，如果用户输入内容无效，提示用户重新输入。

第 12 章　JavaScript 对象

JavaScript 是面向对象的语言，但 JavaScript 不使用类。JavaScript 中将对象分为三种：本地对象、内置对象和宿主对象。本章主要介绍常用 JavaScript 对象。

- 本地对象：是独立于宿主环境的 JavaScript 预定义对象，通俗地说就是构造函数，本地对象主要包括 Object、Function、Array、String、Boolean、Number、Date、RegExp、Error、EvalError、RangeError、ReferenceError、SyntaxError、TypeError、URIError。
- 内置对象：是由本地对象来实现的独立于宿主环境的所有对象。在 JavaScript 程序执行时，内置对象会自动初始化并存在。ECMA-262 只定义了两个内置对象：Global 和 Math。内置对象与本地对象相同，内置对象是本地对象的一类特例。
- 宿主对象：是 JavaScript 寄宿环境定义的对象（即 BOM 和 DOM），它们由客户端浏览器环境定义，与 JavaScript 语言本身没有直接关系。但 JavaScript 能够控制这些对象的行为，实现读写操作。

掌握对象的使用，主要是学习对象的创建、对象的属性和方法的使用。

12.1　字符串对象

字符串对象是和字符串数据类型相对应的 JavaScript 本地对象，属于 JavaScript 常用对象之一，主要提供诸多方法实现字符串检查、抽取、连接、分隔等字符串相关操作。

12.1.1　创建字符串对象

创建字符串对象有两种方法。

1. 直接声明字符串变量

首先声明字符串变量，然后把它作为一个字符串对象来使用，JavaScript 把基本数据类型的字符串转换为一个字符串对象。格式如下：

```
[var] 字符串变量=字符串;
```

例如，创建字符串对象 string1，并对其赋值，代码如下：

```
var string1 = "Hello";
```

2. 使用 new 关键字创建字符串对象

使用 new 关键字创建字符串对象的格式如下：

```
[var] 字符串对象=new String(字符串);
```

例如，通过 new 关键字创建字符串对象 string1，并对其赋值，代码如下：

```
var string1 = new String("Hello");
```

注意：上述两种创建语句的效果相同。

12.1.2　字符串对象的属性

JavaScript 中，字符串对象有三个属性，如表 12-1 所示。其中常用属性为 length。

表 12-1　字符串对象属性

属　　性	描　　述
constructor	字符串对象的函数模型
length	字符串长度
prototype	字符串对象的属性

关于对象属性的调用格式如下：

```
对象名.属性名                    //获得对象属性值
对象名.属性名 = 值               //为属性赋值
```

例如，创建字符串对象 txt，并对其赋值，然后输出包含的字符数。

```
var txt = "Hello World!";        //创建字符串对象并赋值
document.write(txt.length);      //输出字符串对象的字符长度
```

注意：计算字符串长度时，空格也占一个字符位。因此，本例输出字符串长度为 12。此外，一个汉字占一个字符位。

12.1.3　字符串对象的方法

JavaScript 中，字符串对象内置了大量的方法，用户只需要直接调用这些方法即可完成相应的操作。字符串对象常用方法如表 12-2 所示。表格示例中字符串对象 s="HTML5 CSS3 JavaScript"，关于字符串中字符的位置：字符串第 0 个位置的字符是"H"，第 1 个位置的字符是"T"……以此类推。

表 12-2　字符串对象常用方法

属　　性	描　　述	示　　例
charAt(位置)	字符串对象在指定位置处的字符	s.charAt(3)结果为 L
charCodeAt(位置)	字符串对象在指定位置处字符的 Unicode 值	s.charCodeAt(3)结果为 76
indexOf(要查找的字符串,[起始位置])	返回被查找的字符串在原字符串对象中首次出现的位置	s.indexOf("a")结果为 12
lastIndexOf(要查找的字符串)	返回被查找的字符串在原字符串对象中最后出现的位置，从后往前进行查找	s.lastIndexOf("a")结果为 14
substr(开始位置,[长度])	从字符串对象指定位置开始，按照指定的数量截取字符，并返回截取的字符串	s.substr(6,2)结果为"CS"
substring(开始位置，结束位置)	从字符串对象指定的位置开始，截取到结束位置，并返回截取的字符串	s.substring(2,5)结果为"ML5"
split([分隔符])	分割字符串到一个数组中	document.write(str.split(" "))以"空格"为分隔符将字符串对象拆分成三部分，输出结果为 HTML5,CSS3,Javascript
replace(要查找的字符串,新字符串)	在字符串对象中，将指定的字符串替换为新字符串	s.replace("JavaScript","JS")结果为 "HTML5 CSS3 JS"
toLowerCase()	字符串对象转换为小写	s.toLowerCase()结果为"html5 css3 javascript"
toUpperCase()	字符串对象转换为大写	s.toUpperCase()结果为"HTML5 CSS3 JAVASCRIPT"

【例 12-1】 设计程序，在文本框输入字符串，单击"检查"按钮，检查字符串是否为有效

字符串。约定字符串只能由大小写字母、数字、下画线"_"和连字符（减号）"-"构成，如图 12-1 所示。如果输入的字符串有效，弹出对话框"合法字符串"，如图 12-2 所示。如果输入的字符串无效，弹出对话框"不合法字符串"，如图 12-3 所示。

图 12-1　网页加载效果

图 12-2　合法字符串提示

图 12-3　不合法字符串提示

具体步骤如下。

1）创建 HTML 文件，结构如下：

```
<!DOCTYPE html>
<html>
<head>
<meta charset="utf-8">
<title>检验字符串是否合法</title>
</head>
<body>
<form id="myform" name="myform" method="post">
   <input type="text" name="txtString" id="txtString">
   <input type="button" name="button" id="button" value="检 查">
</form>
</body>
</html>
```

2）在 HTML 文档的 head 部分，增加 JavaScript 代码，如下所示：

```
<script>
function inputCheck(userStr)
{
var charSet="ABCDEFGHIJKLMNOPQRSTUVWXYZabcdefghijklmnopqrstuvwxyz1234567890_-";
//定义合法字符集和字符串
for(i=0;i<userStr.length;i++)                  //根据字符串长度建立循环，逐个字符进行判断
{
    if(charSet.indexOf(userStr.charAt(i)) == -1)     //在 charSet 字符集中逐个查找字符
    {
        alert("不合法字符串");
        return;
    }
}
alert("合法字符串");
}
</script>
```

3）为检查按钮添加单击事件（onclick），调用"检查"函数。将 HTML 中<input type="button" name= "button" id="button" value="检 查">这一行代码修改为如下所示：

```
<input type="button" name="button" id="button" value="检 查"
```

4）保存网页，浏览最终效果。

12.2 数学对象

在编写程序的过程中，通常会涉及数学运算，JavaScript 把许多数学公式与运算都封装在 Math 对象中。该对象不需要实例化，就可以直接调用，因为在程序初始化时就已经提前完成了烦琐的操作。

Math 对象的属性和方法并不复杂，下面分别来介绍。

12.2.1 数学对象的属性

Math 对象包含几个属性，这些属性主要是数学领域的专用值，如圆周率、自然对数的底数等，即数学常数，如表 12-3 所示。

表 12-3 数学对象属性

属　　性	描　　述	值
E	算术常量 e，即自然对数的底数	约等于 2.718
LN2	2 的自然对数	约等于 0.693
LN10	10 的自然对数	约等于 2.303
LOG2E	以 2 为底的 e 的对数	约等于 1.443
LOG10E	以 10 为底的 e 的对数	约等于 0.434
PI	圆周率	约等于 3.14159
SQRT1_2	1/2 的平方根	约等于 0.707
SQRT2	2 的平方根	约等于 1.414

注意：Math 对象的属性都是数学常数，属性值是固定的，不能对其赋值。

12.2.2 数学对象的方法

Math 对象的方法与示例如表 12-4 所示。

表 12-4 数学对象的方法与示例

方　　法	描　　述	示　　例
abs(x)	返回 x 的绝对值	Math.abs(-3.3)结果为 3.3
acos(x)	返回 x 的反余弦值（以弧度为单位）	Math.acos(0.6)结果为 0.9272952180016123
asin(x)	返回 x 的反正弦值（以弧度为单位）	Math.asin(0.6)结果为 0.6435011087932844
atan(x)	返回 x 的反正切值（以弧度为单位）	Math.atan(0.6)结果为 0.5404195002705842
ceil(x)	对数进行上舍入（等于或大于该数的最小整数）	Math.ceil(18.8)结果为 19，Math.ceil(-18.8)结果为-18
cos(x)	返回 x 的余弦	Math.cos(0.6)结果为 0.8253356149096783
exp(x)	返回 e 的 x 次方	Math.exp(3)结果为 20.085536923187668
floor(x)	对数进行下舍入（等于或小于该数的最大整数）	Math.floor(18.8)结果为 18，Math.floor(-18.8)结果为-19
log(x)	返回数的自然对数（底为 e）	Math.log(0.6)结果为-0.5108256237659907
max(x,y)	返回 x 和 y 中的最大值	Math.max(3,-3)结果为 3

方　　法	描　　述	示　　例
min(x,y)	返回 x 和 y 中的最小值	Math.min(3,-3)结果为-3
pow(x,y)	返回 x 的 y 次幂	Math.pow(2,3)结果为 8
random()	返回 0～1 之间的随机数	每次产生的值都不同
round(x)	把 x 四舍五入为最接近的整数	Math.round(18.8)结果为 19
sin(x)	返回 x 的正弦	Math.sin(0.6)结果为 0.5646424733950354
sqrt(x)	返回 x 的平方根	Math.sqrt(0.6)结果为 0.7745966692414834
tan(x)	返回 x 的正切	Math.tan(0.6)结果为 0.6841368083416923

在上述方法中，并没有提供四舍五入保留小数的方法。如果想指定位数保留小数，可以通过以下两种方法。

1. round 和 pow 配合

四舍五入取整数方法 round 和求某数的次幂方法 pow 配合使用，格式如下：

```
Math.round(num*Math.pow(10,n))/Math.pow(10,n);
```

其中，num 是需要四舍五入的数值；n 是需要保留的小数位数。利用上面的方法，尝试保留 1 位小数和 3 位小数，代码如下：

```
var num = 12.3456;
var a = Math.round(num*Math.pow(10,1))/Math.pow(10,1);      //结果为 12.3
var b = Math.round(num*Math.pow(10,3))/Math.pow(10,3);      //结果为 12.346
```

上述代码可以进行简化，如下所示：

```
var num = 12.3456;
var a = Math.round(num*10)/10;            //结果为 12.3
var b = Math.round(num*1000)/1000;        //结果为 12.346
```

简化之后可以看出，对于保留小数位数，就是利用 10 的 N 次幂来实现，保留 1 位小数，将数值放大 10 倍取整，再缩小到原来的 1/10。保留 3 位小数，将数值放大 1000 倍取整，再缩小到原来的 1/1000。

2. toFixed 方法和 toPrecision 方法

JavaScript 针对数值（Number）对象提供了 toFixed 方法和 toPrecision 方法，实现对数值型小数位数的保留操作，如表 12-5 所示。

表 12-5　Number 对象保留小数方法

方　　法	描　　述
toFixed(x)	返回某数四舍五入之后保留 x 位小数
toPrecision(x)	返回某数四舍五入之后保留 x 位数字

保留小数位数的 toFixed 方法和 toPrecision 方法的使用格式如下：

```
数字.toFixed(x);            //保留 x 位小数
数字.toPrecision(x);        //保留 x 位数字
```

例如，下面的代码分别使用两种方法实现保留小数位数。

```
var num = 12.3456;
var c=num.toFixed(2);      //保留两位小数，结果为 12.35
```

```
        var d=num.toFixed(3);                    //保留 3 位小数，结果为 12.346
        var e=num.toFixed(6);                    //保留 6 位小数，结果为 12.345600
        var f=num.toPrecision(4);                //保留 4 位数字，结果为 12.34
        var g=num.toPrecision(5);                //保留 5 位数字，结果为 12.346
        var h=num.toPrecision(8);                //保留 8 位数字，结果为 12.345600
```

注意：toFixed 方法保留位数只针对小数部分，而 toPrecision 方法保留位数是除小数点外所有的数字位数。

【**例 12-2**】 设计程序，单击"随机数"按钮，使用 Math 对象的 random 方法产生一个 0～100 之间（含 0 和 100）的随机整数，并通过消息对话框显示该随机数，如图 12-4 所示。单击"计算"按钮，计算该随机数的平方、平方根和自然对数，保留两位小数，并在消息对话框中显示，如图 12-5 所示。

图 12-4　产生随机整数

图 12-5　计算结果

具体操作步骤如下。

1）创建 HTML 文件，代码如下：

```
<!DOCTYPE html>
<html>
<head>
<meta charset="utf-8">
<title>产生随机整数，计算平方、平方根和自然对数</title>
</head>
<body>
<form id="myForm" name="myForm" method="post">
  <input type="button" value="随机数">
  <input type="button" value="计 算">
</form>
</body>
</html>
```

2）在 HTML 文档的 head 部分，增加 JavaScript 代码，如下所示：

```
<script>
var data;                    //声明变量
/*生成随机整数函数*/
function getRandom()
{
data=Math.floor(Math.random()*100);
alert("随机整数为： "+ data);
```

```
        }
        /*计算平方、平方根和自然对数*/
        function calc()
        {
        var a = Math.pow(data,2);                  //平方
        var b = Math.sqrt(data).toFixed(2);        //平方根，保留两位小数
        var c = Math.log(data).toFixed(2);         //自然对数，保留两位小数
        alert("随机整数"+data+"计算结果为：\n 平方\t 平方根\t 自然对数\n"+a+"\t"+b+"\t"+c);
        }     //输出计算结果
        </script>
```

3）为随机数按钮和计算按钮添加单击事件（onclick），调用"检查"函数。将 HTML 中 `<input type="button" value="随机数">``<input type="button" value="计 算">`这两行代码修改为如下所示：

```
        <input type="button" value="随机数" onClick="getRandom()">
        <input type="button" value="计 算" onClick="calc()">
```

4）保存网页，浏览最终效果。

12.3 日期对象

在程序设计过程中，经常遇到需要处理时间和日期的情况。JavaScript 内置了本地对象 Date，该对象可以表示从毫秒到年的所有时间和日期，并提供了一系列操作时间和日期的方法。

12.3.1 创建日期对象

在 JavaScript 中，创建日期对象必须使用关键字 new。可以使用如下四种方法。

1. 获取本地系统的当前时间

语法格式如下：

```
        new Date();
```

示例代码如下：

```
        var date1 = new Date();
        alert(date2);
        //返回当前时间对象，如"Sat Aug 8 2016 14:30:28 GMT+0800"
```

2. 通过一个时间格式的字符串来创建指定的时间对象

语法格式如下：

```
        new Date(日期字符串);
```

示例代码如下：

```
        var date2=new Date("2016/8/1 8:30:30");
        alert(date2);
        //返回时间对象，"Mon Aug 01 2016 80:30:30 GMT+0800"
```

注意：日期字符串的格式，年、月、日之间可使用","或"/"，时间数字间使用":"。

3. 通过多选参数来创建指定时间对象

语法格式如下：

```
new Date(年,月,日,[时,分,秒,毫秒]);
```

示例代码如下：

```
var date3=new Date(2016,8,1);
alert(date3);          //返回时间对象，"Thu Sep 01 2016 00:00:00 GMT+0800"
var date4=new Date(2016,8,1,5,30,30);
alert(date4);          //返回时间对象，"Thu Sep 01 2016 05:30:30 GMT+0800"
```

注意： 参数之间使用逗号","隔开，年份要使用四位，月份用 0 至 11 的整数，代表 1 月到 12 月。

4. 通过传递一个毫秒数值来创建指定的时间对象

语法格式如下：

```
new Date(毫秒);
```

示例代码如下：

```
var date5=new Date(1000000000000);
alert(date5);          //返回时间对象，"Sun Sep 09 2001 09:46:40 GMT+0800"
```

注意： 计算起点为 1970 年 1 月 1 日 0 时 0 分 0 秒 0 毫秒。

【例 12-3】 使用四种方法创建日期对象。

```
<!DOCTYPE html>
<html>
<head>
<meta charset="utf-8">
<title>创建日期对象</title>
<script>
var myDate1=new Date();                //获取本地系统的当前时间
var myDate2=new Date("June 10,2016");  //通过一个时间格式的字符串来创建指定的时间对象
var myDate3=new Date("2016/5/1");      //通过一个时间格式的字符串来创建指定的时间对象
var myDate4=new Date(2016,10,19,16,15,14);  //通过多选参数来创建指定时间对象
var myDate5=new Date(20000);           //通过传递一个毫秒数值来创建指定的时间对象
//输出以上日期对象
document.write("myDate1 时间为："+myDate1.toLocaleString()+"<br>");
document.write("myDate2 时间为："+myDate2.toLocaleString()+"<br>");
document.write("myDate3 时间为："+myDate3.toLocaleString()+"<br>");
document.write("myDate4 时间为："+myDate4.toLocaleString()+"<br>");
document.write("myDate5 时间为："+myDate5.toLocaleString()+"<br>");
</script>
</head>
<body>
</body>
</html>
```

在 Firefox 浏览器中浏览效果，如图 12-6 所示。

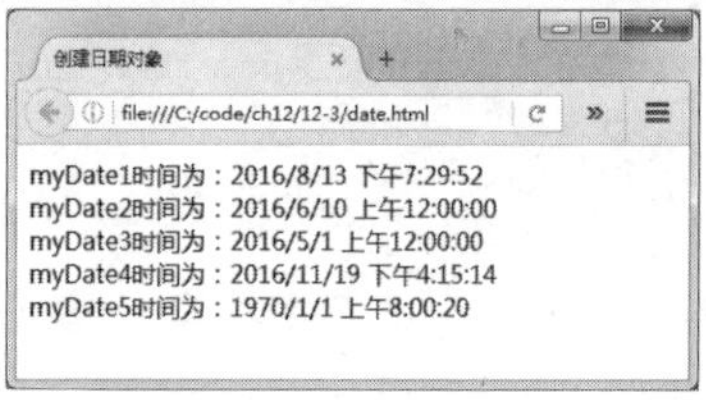

图 12-6　创建日期对象

12.3.2　日期对象的方法

日期对象提供成熟的操作日期和时间的诸多方法，方便在开发过程中简单快速地控制日期和时间。日期对象方法如表 12-6 所示。

表 12-6　日期对象的方法

方　　法	描　　述
Date()	返回当前的日期和时间
getDate()	从 Date 对象返回一个月中的某一天（1～31）
getDay()	从 Date 对象返回一周中的某一天（0～6）
getMonth()	从 Date 对象返回月份（0～11）
getFullYear()	从 Date 对象以 4 位数字返回年份
getYear()	使用 getFullYear() 方法代替
getHours()	返回 Date 对象的小时（0～23）
getMinutes()	返回 Date 对象的分钟（0～59）
getSeconds()	返回 Date 对象的秒数（0～59）
getMilliseconds()	返回 Date 对象的毫秒（0～999）
getTime()	返回 1970 年 1 月 1 日至今的毫秒数
getTimezoneOffset()	返回本地时间与格林尼治标准时间（GMT）的分钟差
getUTCDate()	根据世界时从 Date 对象返回月中的一天（1～31）
getUTCDay()	根据世界时从 Date 对象返回周中的一天（0～6）
getUTCMonth()	根据世界时从 Date 对象返回月份（0～11）
getUTCFullYear()	根据世界时从 Date 对象返回四位数的年份
getUTCHours()	根据世界时返回 Date 对象的小时（0～23）
getUTCMinutes()	根据世界时返回 Date 对象的分钟（0～59）
getUTCSeconds()	根据世界时返回 Date 对象的秒钟（0～59）
getUTCMilliseconds()	根据世界时返回 Date 对象的毫秒（0～999）
parse()	返回 1970 年 1 月 1 日午夜到指定日期（字符串）的毫秒数
setDate()	设置 Date 对象中月的某一天（1～31）
setMonth()	设置 Date 对象中月份（0～11）
setFullYear()	设置 Date 对象中的年份（4 位数字）
setYear()	使用 setFullYear() 方法代替
setHours()	设置 Date 对象中的小时（0～23）
setMinutes()	设置 Date 对象中的分钟（0～59）
setSeconds()	设置 Date 对象中的秒钟（0～59）
setMilliseconds()	设置 Date 对象中的毫秒（0～999）
setTime()	以毫秒设置 Date 对象
setUTCDate()	根据世界时设置 Date 对象中月份的一天（1～31）
setUTCMonth()	根据世界时设置 Date 对象中的月份（0～11）
setUTCFullYear()	根据世界时设置 Date 对象中的年份（4 位数字）
setUTCHours()	根据世界时设置 Date 对象中的小时（0～23）
setUTCMinutes()	根据世界时设置 Date 对象中的分钟（0～59）
setUTCSeconds()	根据世界时设置 Date 对象中的秒钟（0～59）

方　法	描　述
setUTCMilliseconds()	根据世界时设置 Date 对象中的毫秒（0～999）
toSource()	返回该对象的源代码
toString()	把 Date 对象转换为字符串
toTimeString()	把 Date 对象的时间部分转换为字符串
toDateString()	把 Date 对象的日期部分转换为字符串
toGMTString()	使用 toUTCString() 方法代替
toUTCString()	根据世界时，把 Date 对象转换为字符串
toLocaleString()	根据本地时间格式，把 Date 对象转换为字符串
toLocaleTimeString()	根据本地时间格式，把 Date 对象的时间部分转换为字符串
toLocaleDateString()	根据本地时间格式，把 Date 对象的日期部分转换为字符串
UTC()	根据世界时返回 1970 年 1 月 1 日 到指定日期的毫秒数
valueOf()	返回 Date 对象的原始值

由于用户对日期格式的需求多种多样，现有的方法并不能完全达到理想效果。从 JavaScript 1.6 开始，增加了一个 toLocaleFormat()方法，该方法可以有选择地将日期对象中的某些部分转换成字符串，也可以指定转换的字符串格式。toLocaleFormat()方法的语法格式如下所示。

日期对象.toLocaleFormat(格式字符串);

参数"格式字符串"为要转换的日期部分字符，字符列表及含义如表 12-7 所示。

表 12-7　格式字符说明

格式字符	描　述
%a	显示星期的缩写，显示方式有本地区域设置
%A	显示星期的全称，显示方式有本地区域设置
%b	显示月份的缩写，显示方式有本地区域设置
%B	显示月份的全称，显示方式有本地区域设置
%c	显示日期和时间，显示方式有本地区域设置
%d	以 2 位数的形式显示月份中的某一日，01～31
%H	以 2 位数的形式显示小时，24 小时制，00～23
%I	以 2 位数的形式显示小时，12 小时制，01～12
%j	以 3 位数的形式显示一年中的第几天，001～366
%m	以 2 位数的形式显示月份，01～12
%M	以 2 位数的形式显示分钟，00～59
%p	本地区域设置的上午或者下午
%S	以 2 位数的形式显示秒钟，00～59
%U	以 2 位数的形式显示一年中的第几周，00～53（星期天为每周的第一天）
%w	一周中的第几天，0～6（星期天为每周的第一天，0 为星期天）
%W	2 位数显示一年中的第几周，00～53（星期一为每周的第一天，一年中第一个星期认为是第 0 周）
%x	显示日期，显示方式有本地区域设置
%X	显示时间，显示方式有本地区域设置
%y	以 2 位数的形式显示年份

%Y	以 4 位数的形式显示年份
%Z	不支持当前时区
%%	显示%

下面通过实例来介绍 toLocaleFormat 方法及其参数的使用。

【例 12-4】 自定义格式输出日期：将日期对象以 YYYY-MM-DD PM H:M:S 星期 X 的格式显示在页面上，代码如下：

```
<!DOCTYPE html>
<html>
<head>
<meta charset="utf-8">
<title>日期对象格式</title>
<script>
var now = new Date();
document.write("今天是："+now.toLocaleFormat("%Y-%m-%d
%p %H:%M:%S %a"));
</script>
</head>
<body>
</body>
</html>
```

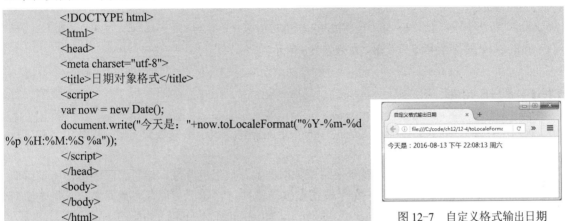

图 12-7 自定义格式输出日期

网页预览效果如图 12-7 所示。

12.3.3 日期运算

日期数据之间的运算通常指的是日期对象之间的加减运算。

1. 日期对象与整数年、月或日相加

日期对象与整数年、月或日相加，需要将相加的结果通过 set 开头的方法设置成新的日期对象。语法格式如下：

```
date.setDate(date.getDate()+value);        //增加天
date.setMonth(date.getMonth()+value);      //增加月
date.setFullYear(date.getFullYear()+value); //增加年
```

2. 日期相减

JavaScript 中允许两个日期对象相减，相减之后将得到两个日期之间的毫秒数。通常会将毫秒转换成秒、分、小时、天等。下面通过例子来介绍日期相减，以及相减后时间的转换。

【例 12-5】 计算当前日期距离 2022 年国庆节（10 月 1 日）还有多久？分别用：毫秒、秒、分钟、小时、天，来显示结果。

```
<!DOCTYPE html>
<html>
<head>
<meta charset="utf-8">
<title>日期相减</title>
<script>
var now = new Date();                       //创建当前日期对象
var nationalDay = new Date(2022,10,1,0,0,0); //创建 2022 年国庆节日期对象
```

```
        var msel = nationalDay - now;                    //日期相减，获得相差毫秒数
        //输出结果
        document.write("距离 2022 年国庆节还有："+msel+"毫秒<br>");
        document.write("距离 2022 年国庆节还有："+parseInt(msel/1000)+"秒<br>");
        document.write("距离 2022 年国庆节还有："+parseInt(msel/(60*1000))+"分钟<br>");
        document.write("距离 2022 年国庆节还有："+parseInt(msel/ (60*60*1000))+"小时<br>");
        document.write("距离 2022 年国庆节还有："+parseInt(msel/ (60*60*24*1000))+"天<br>");
    </script>
    </head>
    <body>
    </body>
    </html>
```

在 Firefox 浏览器中浏览效果，如图 12-8 所示。

图 12-8　日期对象相减

12.4　数组对象

数组是有序数据的集合，JavaScript 中的数组元素允许属于不同数据类型。用数组名和下标可以唯一确定数组中的元素。

数组（Array）是一类数据，属于引用型数据类型。数组包含或存储了编码的值，所谓编码就是编号的意思，也就是说数组中每个值都被编号排列，它属于一种有序数据集合，每个编码的值称作该数组的一个元素（Element），每个元素的编码被称作下标（Index）。

JavaScript 1.1 版本增加了对数组的支持。由于 JavaScript 是弱类型的语言，所以数组的数据结构比较特殊，其结构表现和语法约定都很松散。

首先，数组元素的值可以为任意类型的数据，同一数组的不同元素可以保存为不同类型，这在许多语言中是不允许的。

其次，数组的长度不是固定的，可以任意延长和缩减。在许多语言中都是在数组初始化阶段就固定长度的。

最后，JavaScript 不支持二维或多维数组。但是，JavaScript 数组元素可以包含数组，这样能够间接创建复杂的多维数组。

12.4.1　创建数组对象

JavaScript 中使用 new 关键字创建 Array 对象，创建数组对象有三种方法。

（1）空数组

```
var  数组名=new Array();
```

例如，声明数组 a，长度为 0，代码如下：

```
var a=new Array();
```

（2）声明长度为 *n* 的空数组

```
var  数组名=new Array(n);
```

例如，声明数组 b，长度为 10，代码如下：

```
var b=new Array(10);
```

（3）通过参数列表赋值，创建数组

```
var 数组名=new Array(元素 1,元素 2,元素 3,…);
```

例如，声明数组 a3，并为元素赋值为 1, 2, 3, 4，代码如下：

```
var a3=new Array(1,2,3,4);
```

JavaScript 数组的索引是从零开始，上例中数组 a3 包含 4 个元素，分别是 a3[0]、a3[1]、a3[2]、a3[3]，这 4 个元素的值分别为 1、2、3、4。

12.4.2 数组对象的操作

1．数组的长度属性

数组对象的属性非常少，最常用的属性为 length，可以返回数组对象的长度，也就是数组中元素的个数。length 的取值随着数组元素的增减变化，并且用户还可以修改 length 属性值。假设有一个长度为 4 的数组，那么数组对象的 length 属性值将会是 4，如果用户将 length 属性赋值为 3，那么数组中的最后一个元素将会被删除，并且数组的长度也会改为 3。如果将该数组的 length 属性值设置为 7，那么该数组的长度将会变为 7，而数组中的新增的几个元素值均为 undefined。因此，length 属性还具有快速添加和删除数组元素的功能，但是添加或删除只能从数组尾部进行，并且新添加的元素值均为 undefined。例如，声明长度为 3 的数组对象 myArray，并赋值"a"，"b"，"c"，输出该数组的长度，然后将长度修改为 2，代码如下：

```
var myArray=new Array("a"，"b"，"c");      //创建数组
document.write("数组长度为："+myArray.length);      //输出数组长度
myArray.length=2;      //修改长度为 2
```

2．访问数组

引用数组元素是通过数组的序列号来实现的。在 JavaScript 数组中的元素序列号从 0 开始，依次加 1。可以对数组元素赋值或取值，其语法规则如下：

```
数组变量[i]=值;      //为数组元素赋值
变量名=数组变量[i];      //使用数组元素为变量赋值
```

其中，i 为数组元素序列号。

【例 12-6】 创建长度为 3 的数组 myArray，并且对第 1 个元素赋值，然后分别输出三个元素，代码如下：

```
<!DOCTYPE html>
<html>
<head>
<meta charset="utf-8">
<title>访问数组</title>
<script>
var myArray= new Array(3);      //创建数组
myArray[0]=10;      //给第 1 个元素赋值
document.write("元素 1 的值为："+myArray[0]+"<br>元素 2 的值为："+myArray[1]+"<br>元素 3 的值为："+myArray[2]);      //输出数组的 3 个元素
</script>
</head>
<body>
</body>
```

```
</html>
```

程序首先创建数组，然后给第 1 个元素赋值 10，第 2 和第 3 个元素均未初始化，默认值为 undefined。网页浏览效果如图 12-9 所示。

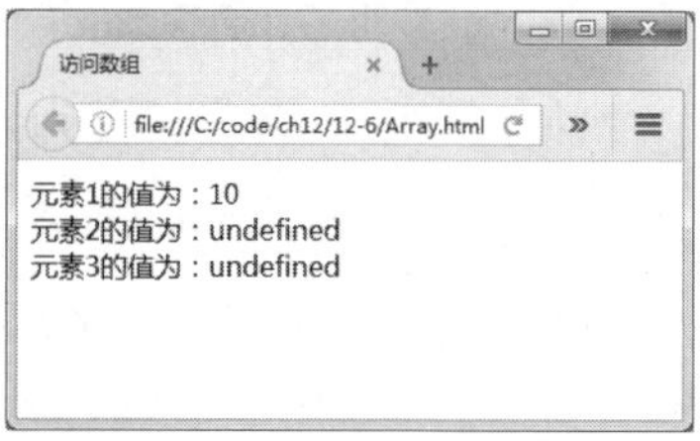

如果希望对数组对象的元素依次读取或赋值，即遍历数组，可以使用前面学习的 for 语句或 for…in 语句。for 语句的使用可以参阅前面章节的讲解，for…in 语句格式如下：

图 12-9　数组元素赋值与读取

```
fo(var 变量名 in 数组名)
{
循环体语句
}
```

例如，分别使用 for…in 语句和 for 语句遍历数组元素，代码如下：

```
var myArray=new Array("Hello",3.14,-5,true);
/*使用 for…in 语句遍历数组*/
for(var x in myArray)
{
    document.write(myArray[x]+"<br>");
}
/*使用 for 语句遍历数组*/
for(var y=0;y<myArray.length;y++)
{
    document.write(myArray[y]+"<br>");
}
```

上述代码中，使用 for…in 语句和 for 语句遍历数组元素的结果是一致的，但是 for 语句使用时，需要借助数组的 length 属性才能完成。相对而言，for…in 语句在遍历数组时较为容易。

3．添加数组元素

在许多编程语言中，数组的长度是固定不变的，而 JavaScript 语言中，数组的长度可以随时修改。在 JavaScript 中，可以为数组随意增加元素，方法有两种。

（1）修改数组 length 属性

假设现有数组长度为 3，通过修改 length 属性为 5，会将数组增加 2 个元素。新增的 2 个元素值为 undefined。

（2）直接为元素赋值

假设现有数组 a，长度为 3，该数组包含的元素是 a[0]、a[1]、a[2]。如果尝试继续赋值 a[4]=8，该数组会增加 2 个元素：a[3]和 a[4]，其中 a[3]的值为 undefined，a[4]的值为 8。

4．删除数组元素

通过修改数组的 length 属性，可以从尾部删除数组元素。例如，假设现有数组长度为 5，删除尾部 2 个元素，只需要将数组长度设置为 3 即可。

JavaScript 提供了 delete 运算符可以删除任意位置的数组元素。但是，该运算符并不是真正删除数组元素，而是将元素值修改为 undefined，数组的长度不会发生改变。假设一个数组中有 3 个元素，使用 delete 运算符删除第 2 个元素之后，数组的 length 属性仍是 3，只是第 2 个元素赋值为 undefined。下列代码分别实现了上述两种方法删除数组元素。

```
var myArray2=new Array("a","b","c","d","e");        //创建数组
```

```
myArray2.length=3;                          //长度改为 3，删除尾部 2 个元素
document.write(myArray2.length);            //输出数组长度，结果为 3
delete myArray2[1];                         //删除下标为 1 的元素
document.write(myArray2.length);            //输出数组长度，结果为 3
document.write(myArray2[1]);                //输出下标为 1 的元素，结果为 undefined
```

如果要完全删掉数组中间的元素，需要借助数组对象的 split 方法，12.4.3 节中会详细讲解。

12.4.3 数组对象的常用方法

在 JavaScript 中，数组对象有许多方法，例如，合并数组、删除数组元素、添加数组元素、数组元素排序等。数组对象常用的方法如表 12-8 所示。

表 12-8 数组对象常用方法

方　　法	描　　述
concat(数组 1,数组 2,…)	合并数组
join(分隔符)	将数组转换为字符串
pop()	删除最后一个元素，返回最后一个元素
push(元素 1,元素 2,…)	添加元素，返回数组的长度
shift()	删除第一个元素，返回第一个元素
unshift(元素 1,元素 2,…)	添加元素至数组开始处
slice(开始位置[,结束位置])	从数组中选择元素组成新数组
split(位置,多少[,元素 1,元素 2,…])	从数组中删除或替换元素
sort()	排序数组
reverse()	倒排序数组
toString	返回一个字符串，该字符串包含数组中所有元素，各元素间用逗号分隔

1. 数组合并及数组元素的增加、删除

JavaScript 提供 concat 方法来合并数组，pop 方法和 shift 方法可以删除数组元素，push 方法和 unshift 方法可以增加数组元素。

【例 12-7】 新建数组 a 并赋值 "A" "S" "D"，新建数组 b 并赋值 "X" "Y" "Z"，新建数组 c、d、e 进行如下操作：

1）将数组 a 和 b 合并到数组 c 并输出数组 c。

2）删除数组 c 的第一个元素和最后一个元素并输出数组 c。

3）在数组 c 尾部增加 3 个元素 "b" "n" "m"，输出数组 c。

4）在数组 c 开头增加 3 个元素 "q" "w" "e"，输出数组 c。

5）截取数组 c 下标 2 到下标 4 的元素，并赋值给数组 d，输出新数组 d。

6）将数组 d 转换为字符串 s1，使用空格作为分隔符，输出字符串 s1。

7）创建字符串 s2 并赋值 "北京,上海,广州"，以逗号为分隔符，将字符串转到数组 e，输出数组 e。

完成上述所有操作后，网页预览效果如图 12-10 所示。

具体操作步骤如下。

1）创建 HTML 文件，代码如下：

图 12-10　数组合并及元素增删

```
<!DOCTYPE html>
<html>
<head>
<meta charset="utf-8">
<title>数组合并及元素增删</title>
</head>
<body>
</body>
</html>
```

2）新建 JavaScript 文件，文件名为 1.js，保存在与 HTML 文件相同的目录下。1.js 文件代码如下：

```
/*创建数组对象*/
var a=new Array("A","S","D");
var b=new Array("X","Y","Z");
var c=new Array();
var d=new Array();
var e=new Array();
//1.合并数组
c=c.concat(a,b);
document.write("合并后数组：");
for (i in c){
document.write(c[i]+"    ");
}
//2.1 删除数组 c 最后一个元素
c.pop();
document.write("<br>删除最后一个元素：");
for (i in c){
document.write(c[i]+"    ");
}
//2.2 删除数组 c 第一个元素
c.shift();
document.write("<br>删除第一个元素：");
for (i in c){
document.write(c[i]+"    ");
}
//3.数组尾部增加 3 个元素
c.push("b","n","m");
document.write("<br>尾部增加 3 个元素：");
for (i in c){
document.write(c[i]+"    ");
}
//4.数组开头增加 3 个元素
c.unshift("q","w","e");
document.write("<br>开头增加 3 个元素：");
for (i in c){
document.write(c[i]+"    ");
}
//5.截取第 2 至第 4 位之间的部分组成新数组
d=c.slice(2,4);
document.write("<br>生成新数组 d：");
for (i in d){
document.write(d[i]+"    ");
```

```
    }
//6.数组转换为字符串
var s1=d.join("   ");
document.write("<br>数组转字符串："+s1);
//7.字符串转换为数组
var s2="北京,上海,广州";
e=s2.split(",");
document.write("<br>输出数组 e：");
for (i in e){
document.write(e[i]+"   ");
    }
```

3）在 HTML 文件的 head 部分，添加代码如下：

```
<script src="1.js">
</script>
```

2. 排序数组和反转数组

JavaScript 提供了数组排序的方法 sort([比较函数名])，如果没有比较函数，元素按照 ASCII 字符顺序升序排列；如果给出比较函数，根据函数进行排序。

例如，下面的代码使用 sort 方法对数组 a 进行排序。

```
var a=new Array(40,100,1,5,25,10);
a.sort();
```

数组排序后将得到结果：1,10,100,25,40,5。

上面没有使用比较函数的 sort 方法，是按照字符的 ASCII 值排序的。先从第一个字符比较，如果第 1 个字符相等，再比较第 2 个字符，以此类推。

对于数值型数据，如果按字符比较，得到的结果并不是用户所需要的，因此需要借助比较函数。比较函数有两个参数，分别代表每次排序时的两个数组项。sort()排序时每次比较两个数组项都会执行这个参数，并把两个比较的数组项作为参数传递给这个函数。当函数返回值大于 0 的时候就交换两个数组元素的顺序，否则不交换，即函数返回值小于 0，表示升序排列，函数返回值大于 0，表示降序排列。

【例 12-8】 新建数组 x 并赋值 40,100,1,5,25,10，使用 sort 方法排序数组，并输出数组 x 到页面。网页程序预览效果如图 12-11 所示。

具体操作步骤如下。

图 12-11　数组排序效果预览

1）创建 HTML 文件，代码如下：

```
<!DOCTYPE html>
<html>
<head>
<meta charset="utf-8">
<title>数组排序</title>
</head>
<body>
</body>
</html>
```

2）新建 JavaScript 文件，文件名为 1.js，保存在与 HTML 文件相同的目录下。1.js 文件代码如下：

```
var x=new Array(40,100,1,5,25,10);
document.write("排序前数组："+x.join(",")+"<br>");
x.sort()
document.write("未使用比较函数的默认排序："+x.join(",")+"<br>");
/*升序比较*/
function asc(a,b)
{
return a-b;
}
x.sort(asc);
document.write("升序排列后的数组："+x.join(",")+"<br>");
/*升序比较*/
function des(a,b)
{
return b-a;
}
x.sort(des);
document.write("降序排列后的数组："+x.join(",")+"<br>");
```

3）在 HTML 文件的 head 部分，添加代码如下：

```
<script src="1.js">
</script>
```

12.5　练习

1．使用 Date 对象，计算从当前日期开始的 12 个月之后的日期，并将其输出在 Web 页面上。

2．让用户输入一个名字的列表，并将名字保存在数组中。在程序中循环地提示用户输入名字，直到用户输入为空。然后按照升序排列名字，并将名字输出在页面上，每个名字占一行。

3．编写一段程序代码，获取今天的日期并计算下一周同一天的日期。

4．编写一段程序代码，分别对数字 12.34 执行向上和向下取整操作。

5．以逗号分隔的字符串是常见的数据格式。根据逗号分隔的字符串"cats,dogs,birds,horses"创建数组，并输出第三个元素。

第 13 章　JavaScript 对象编程

JavaScript 是基于对象的编程语言，通过对象的组织层次来访问并给对象施以相应的操作方法，可大大简化 JavaScript 程序设计，并提供直观、模块化的方式进行程序开发。本章主要介绍 JavaScript 的 DOM、Window 和 Document 等对象。

13.1　文档对象模型（DOM）

文档对象模型（Document Object Model，DOM）最初是 W3C 为了应对浏览器混战时代不同浏览器环境之间的差别，而制定的模型标准。W3C 解释为："文档对象模型（DOM）是一个能够让程序和脚本动态访问和更新文档内容、结构和样式的语言平台，提供了标准的 HTML 和 XML 对象集，并有一个标准的接口来访问并操作它们。"它使得程序员可以很快捷地访问 HTML 或 XML 页面上的标准组件，如元素、样式表、脚本等并做相应的处理。

13.1.1　文档对象模型（DOM）简介

简单地说，DOM 采取直观、一致的方式对结构化文档进行模块化处理，形成一棵树形结构化的文档树，从而提供访问、修改该文档的简易编程接口。因此，一旦掌握了 DOM 编程模型，就拥有了使用 JavaScript 脚本动态修改 HTML 页面的能力。

DOM 提供了访问结构化文档的一种方式，但 DOM 并不是一种技术，它只是访问结构化文档（主要是 XML 文档和 HTML 文件）的一种思想。

对于支持 DOM 模型的浏览器而言，当浏览器装载一个 HTML 页面后，浏览器内部已经得到了该 HTML 文档对应的 DOM 树。通过 JavaScript 脚本修改这棵 DOM 树，浏览器里的 HTML 页面会随之改变。

13.1.2　在 DOM 模型中获得对象的方法

在 DOM 结构中，根节点由 document 对象表示，对于 HTML 文档而言，实际上就是 <html>元素。当使用 JavaScript 语言操作 HTML 文档时，document 指向整个文档，<body>、<div>等节点类型即为 Element，文档注释则是 Comment 类型节点。下面通过例子来介绍如何获取 HTML 文档中的节点。

【例 13-1】 获取并输出 HTML 文档的 DOM 节点，代码如下：

```
<!doctype html>
<html>
<head>
<meta charset="utf-8">
<title>HTML DOM</title>
<script>
window.onload = function()
{
var myPage = document.documentElement;      //获取根节点
```

```
        alert(myPage.nodeName);                           //输出根节点（HTML）
        var pageBody = document.body;                      //获取 body 节点
        alert(pageBody.nodeName);                          //输出 body 节点
        var curTarget = document.getElementById("pt");        //通过 ID 获取节点
        alert("父节点: " + curTarget.parentNode.nodeName);    //父节点
        alert("第一个: " + curTarget.parentNode.firstChild.nextSibling.innerHTML);        //第一个
        alert("上一个: " + curTarget.previousSibling.previousSibling.innerHTML);          //上一个
        alert("下一个: " + curTarget.nextSibling.nextSibling.innerHTML);                  //下一个
        alert("最后一个: " + curTarget.parentNode.lastChild.previousSibling.innerHTML); //最后一个
        }
    </script>
    </head>
    <body>
    <ol>
        <li>五台山</li>
        <li>峨眉山</li>
        <li id="pt">普陀山</li>
        <li>九华山</li>
        <li>梵净山</li>
    </ol>
    </body>
    </html>
```

在上面的代码中，首先获取 HTML 文件的根节点，函数中第一条语句，通过"document.document.Element"完成获取，然后，立即输出根节点。接着获取 body 节点，并使用"document.getElementById("pt");"通过 ID 获取指定节点，然后，以指定节点为基准，分别获取了父节点、上一个节点、下一个节点、所在层级的第一个节点和最后一个节点，并输出节点的名称和内容。

在 FireFox 浏览器中浏览效果如图 13-1 所示，可以看到页面加载后，JavaScript 程序会依次输出："HTML""Body""父节点：OL""第一个：五台山""上一个：峨眉山""下一个：九华山""最后一个：梵净山"。

图 13-1　输出 DOM 对象节点

注意： 对于 HTML 页面而言，浏览器会将页面中的"空白"当成文本节点，在使用 DOM 模型访问 HTML 页面元素时必须小心处理。

13.1.3　事件驱动

JavaScript 是基于对象（Object Based）的语言，而基于对象的基本特征就是采用事件驱动（Event Driven），在图形界面环境下使得输入变得简单。通常鼠标或热键的动作称为事件（Event），而由鼠标或热键引发的一连串程序的动作，称为事件驱动（Event Driver），而对事件进行处理程序或函数，称为事件处理程序（Event Handler）。

要使事件处理程序能够启动，必须先告诉对象，如果发生了什么事件，要启动什么处理程序，否则这个流程就不能进行。事件的处理程序可以是任何 JavaScript 语句，但是一般用特定的自定义函数（Function）来处理事件。

事件定义了用户与页面交互时产生的各种操作，例如单击超链接或按钮，就会产生一个单击（click）事件，click 事件触发标签中的 onclick 事件处理。浏览器在程序运行的大部分时间都在等待交互事件的发生，并且在事件发生时自动调用事件处理函数完成事件处理过程。

事件不仅可以在用户交互过程中产生，而且浏览器自己的一些动作也可以产生事件，例如，当载入一个页面时就会发生 load 事件，卸载一个页面时就会发生 unload 事件。归纳起来，必须使用的事件有以下三类：

- 引起页面之间跳转的事件，主要是超链接事件；
- 浏览器自己引起的事件；
- 表单内部同界面对象的交互事件。

【例 13-2】 事件驱动示例，代码如下：

```html
<!doctype html>
<html>
<head>
<meta charset="utf-8">
<title>JavaScript 事件驱动</title>
<script>
function countTotal()
{
var elements = document.getElementsByTagName("input");
window.alert("input 类型节点总数：" + elements.length);
}
function submitValue()
{
var sv = document.getElementById("submit");
window.alert("按钮的 value 是：" + sv.value);
}
</script>
</head>
<body>
<form id="form1" name="form1" method="post">
    <table width="300" border="1" cellspacing="0" cellpadding="0">
      <tbody>
        <tr>
          <td width="20%">用户名</td>
          <td width="80%"><input type="text" name="input1" id="input1"></td>
        </tr>
        <tr>
          <td>密码</td>
          <td><input type="password" name="password1" id="password1"></td>
        </tr>
        <tr>
          <td> </td>
          <td><input type="submit" name="submit" id="submit" value="提交"></td>
        </tr>
      </tbody>
    </table>
</form>
<a href="javascript:void(0);" onClick="countTotal();">统计 input 子节点总数</a>
<a href="javascript:void(0);" onClick="submitValue();">获取提交按钮内容</a>
</body>
</html>
```

在上面的 HTML 代码中，创建两个超链接，并给这两个超链接添加了 onclick 事件，当单击超链接时会触发 countTotal()和 submitValue()函数。在 JavaScript 代码中，创建 countTotal()和 submitValue()函数。countTotal()函数中使用"document.getElementsByTagName("input");"语句获取节点名为 input 的所有元素，并将它们存储到一个数组中，输出这个数组的长度（即 input 节点的总数）；在 submitValue()函数中，使用"document.getElementById("submit");"语句获取按钮节点对象，并输出此对象的值。

在 Firefox 中浏览效果如图 13-2 所示，单击"统计 input 子节点总数"超链接，弹出消息提示如图 13-3 所示；单击"获取提交按钮内容"超链接，弹出消息提示如图 13-4 所示。

图 13-2　事件驱动页面浏览效果　　　图 13-3　input 子节点总数　　　图 13-4　提交按钮内容

13.2　窗口（window）对象

window 对象在客户端 JavaScript 中扮演重要的角色，它是客户端程序的全局（默认）对象，也是客户端对象层次的根。它是 JavaScript 中最大的对象，描述的是一个浏览器窗口，框架页也是一个窗口。

13.2.1　窗口（window）介绍

window 对象代表浏览器的框架或者浏览器的窗口，Web 页面就加载在浏览器的框架或窗体中。在某种程度上，window 对象也代表了浏览器本身，它包含了大量关于浏览器的属性。例如，通过 window 对象的某些属性，可以查询到用户所使用的是哪一种浏览器，用户所访问过的页面的历史记录，以及浏览器窗口的大小，用户计算机屏幕的大小等信息。还可以使用 window 对象来访问或修改浏览器状态栏中显示的文本信息，在浏览器中加载一个新页面，甚至打开一个新的浏览器窗口。

window 对象是一个全局对象，因此可以直接使用全局对象的属性和方法，而无须写出全局对象的对象名。在 JavaScript 中，可以在代码中的任何位置访问全局函数和全局变量。实际上，全局函数和全局变量都是该全局对象的属性，当声明一个全局函数或全局变量时，实际上是创建了该全局变量的一个属性。例如，本书中经常使用的 alert()函数，实际上就是 window 对象的 alert()方法。window 对象属性如表 13-1 所示。

表 13-1　window 对象属性

属　　性	描　　述
closed	布尔值，窗口关闭时此属性为 true，默认为 false
defaultStatus，status	字符串，设置或返回窗口状态栏中的默认文本
document	对 Document 对象的只读引用，该对象表示在窗口中显示的 HTML 文件
history	对 History 对象的只读引用，该对象代表用户浏览器窗口的历史

属　　性	描　　述
innerheight，innerwidth	窗口的文档显示区的高度和宽度
outerheight，outerwidth	窗口的外部的高度和宽度
location	对 Location 对象的引用，该对象代表在窗口中显示文档的 URL
name	设置或返回窗口的名称
opener	对创建此窗口的 window 对象的引用，如果当前窗口被用户创建，则值为 null
pageXOffset，pageYOffset	设置或返回当前页面相对于窗口显示区左上角的滚动位置
parent	返回父窗口
self	返回对当前窗口的引用，自引用属性
top	返回最顶层的先辈窗口
window	window 属性等价于 self 属性，它包含了对窗口自身的引用

window 对象常用方法如表 13-2 所示。

表 13-2　window 对象方法

方　　法	描　　述
close()	关闭窗口
find()，home()，print()，stop()	执行浏览器查找、主页、打印和停止按钮的功能，就像用户鼠标单击浏览器中这些按钮一样
focus()，blur()	请求或放弃窗口的键盘焦点，focus()函数还将把窗口置于最上层，使窗口可见
moveBy()，moveTo()	移动窗口
resizeBy()，resizeTo()	调整窗口大小
scrollBy()，scrollTo()	滚动窗口中的文档
setInterval()，clearInterval()	设置或取消重复调用的函数，该函数在两次调用之间有指定的延迟
setTimeout()，clearTimeout()	设置或取消在指定的若干秒后调用一次的函数

【例 13-3】　通过 window 对象方法关闭浏览器窗口，代码如下：

```html
<!doctype html>
<html>
<head>
<meta charset="utf-8">
<title>window 对象方法</title>
<script>
function shutwindow()
{
window.close();
return;
}
</script>
</head>
<body>
<a href="javascript:shutwindow();">关闭窗口</a>
</body>
</html>
```

在上面的代码中，HTML 代码中创建一个超链接，通过超链接调用 JavaScript 函数 shutwindow()，在 shutwindow()函数中，使用了 window 对象的方法 close()，关闭浏览器当前窗口。

由于 Firefox 浏览器安全机制限制，在默认情况下 window.open()和 window.close()都是关闭状态，因此上述代码在 Firefox 浏览器中执行无效。在 IE 浏览器中预览如图 13-5 所示，单击超链接"关闭窗口"时，会弹出一个对话框询问是否关闭当前窗口，如果选择"是"则会关闭当前窗口，选择"否"则不关闭当前窗口。

图 13-5　window 对象方法

13.2.2　对话框

对话框是与用户进行交流的一种形式，对话框有提示、选择和获取信息的功能。JavaScript 提供了三种标准的对话框，分别是弹出对话框、选择对话框和输入对话框。这三种对话框使用 window 对象的不同方法产生，功能和应用场合也略有不同。

window 对象对话框如表 13-3 所示。

表 13-3　window 对象对话框

方　　法	描　　述
alert()	弹出一个包含"确定"按钮的对话框
confirm()	弹出一个包含"确定"和"取消"按钮的对话框，如果单击"确定"，则返回 true，如果单击"取消"，则返回 false
prompt()	弹出一个包含"确定"按钮、"取消"按钮和一个文本框的对话框，可以接收用户输入的信息。如果单击"确定"，则返回文本框已有内容，如果单击"取消"，则返回 null

【例 13-4】　window 对象的三种对话框示例，代码如下：

```
<!doctype html>
<html>
<head>
<meta charset="utf-8">
<title>三种对话框</title>
<script>
function show_alert()
{
    alert("弹出对话框");
}
function show_prompt()
{
var name = prompt("请输入姓名","");
if (name!=null && name!="")
{
    document.write("你好　" + name + "!");
}
}
function show_confirm()
{
var c = confirm("请按下按钮");
if (c == true)
{
    document.write("确定按钮");
}
else
{
```

```
                document.write("取消按钮");
        }
        }
    </script>
    </head>
    <body>
    <input type="button" onClick="show_alert()" value="弹出对话框"/>
    <input type="button" onClick="show_prompt()" value="弹出输入对话框"/>
    <input type="button" onClick="show_confirm()" value="弹出选择对话框"/>
    </body>
    </html>
```

在 HTML 代码中，创建了三个按钮，分别添加了单击事件，调用不同的 JavaScript 函数。在 JavaScript 代码中，创建了三个函数，分别调用 window 对象的 alert、confirm 和 prompt 方法创建了三种对话框。

在 Firefox 中浏览效果如图 13-6 所示。单击"弹出对话框"按钮，弹出消息提示如图 13-7 所示。单击"弹出输入对话框"按钮，弹出消息提示如图 13-8 所示。单击"弹出选择对话框"按钮，弹出消息提示如图 13-9 所示。

图 13-6　对话框页面浏览效果

图 13-7　对话框

图 13-8　输入对话框

图 13-9　选择对话框

13.2.3　窗口操作

浏览网页时，经常通过超链接或按钮打开一个新窗口，通常窗口里会显示新的页面内容。实现弹出窗口使用 window 对象的 open()方法即可。

open()方法提供了很多可供用户选择的参数，语法格式如下：

```
open(<URL>,<窗口名称>,<参数>);
```

其中，各个参数的含义如下。

1）<URL>指定新窗口要打开页面的 URL 地址，如果为空，则不打开任何网页。

2）<窗口名称>指定被打开新窗口的名称（window.name），可以使用"_top""_blank"等内置名称。这里的名称与超链接标签里的"target"属性是一样的。

3）<参数>指定被打开新窗口的外观。如果只需要打开一个普通窗口，该参数为空即可。如果要指定新窗口的样式细节，就需要指定多个参数，参数之间用逗号隔开。

open()方法第 3 个参数内容较多，如表 13-4 所示。

表 13-4   open()方法参数列表

参　　数	描　　述
top	窗口顶部离开屏幕顶部的像素数
left	窗口左端离开屏幕左边的像素数
width	窗口的宽度
height	窗口的高度
menubar	窗口是否有菜单，取值 yes 或 no
toolbar	窗口是否有工具栏，取值 yes 或 no
location	窗口是否有地址栏，取值 yes 或 no
directories	窗口是否有链接区，取值 yes 或 no
scrollbars	窗口是否有滚动条，取值 yes 或 no
status	窗口是否有状态栏，取值 yes 或 no
resizable	窗口是否可以调整大小，取值 yes 或 no

例如，打开一个宽度 300 像素，高度 200 像素的窗口，使用语句：

```
open('','_blank','width=300,height=200,menubar=no,toolbar=no,location=no,directories=no,status=no,scrollbar=no,resizable=yes')
```

【例 13-5】 通过 window 对象的 open()方法，打开新窗口，代码如下：

```
<!doctype html>
<html>
<head>
<meta charset="utf-8">
<title>打开新窗口</title>
<script>
function NewWindow()
{
msg=open('','DisplayWindow','toolbar=no,menubar=no');
msg.document.write("<head><title>新窗口</title></head>");
msg.document.write("<h2 align='center'>window 对象 open 方法，打开新窗口</h2>");
}
</script>
</head>
<body>
<input type="button" name="button1" value="打开新窗口" onClick="NewWindow()">
</body>
</html>
```

代码中创建了一个按钮并添加单击事件，调用 NewWindow 函数，函数中使用 window 对象的 open()方法打开一个新窗口，同时设置了新窗口的样式参数。

在 Firefox 中浏览效果如图 13-10 所示。单击"打开新窗口"按钮，会打开图 13-11 所示的新窗口。新窗口中没有显示工具栏和菜单栏。

图 13-10　打开新窗口页面浏览效果　　　　图 13-11　打开新窗口

13.3　文档（**document**）对象

document 对象在顶级对象模型中占据非常重要的地位，它可以更新正在装入和已经装入的文档，并使用 JavaScript 脚本访问其属性和方法来操作已加载文档中包含的 HTML 元素，并将这些元素当作具有完整属性和方法的元素对象来引用。

13.3.1　认识文档对象

document 对象是客户端 JavaScript 中最常用的对象，借助该对象所提供的方法和属性，用户才可以操作文档内容。例如，生成文档内容、获取文档 URL、最后修改日期、显示文档背景色和前景色等。document 对象定义的方法和属性如表 13-5、表 13-6 所示。

表 13-5　document 对象方法

方　　法	描　　述
close()	关闭由 open() 方法打开的文档
open()	产生一个新文档，并覆盖已有的文档内容
write()	把文本附加到当前打开的文档中
writeln()	把文本输入到当前打开的文档，并附加一个换行符

表 13-6　document 对象属性

属　　性	描　　述
alinkColor	被激活的超链接的颜色
linkColor	未访问过的超链接的颜色
vlinkColor	访问过的超链接的颜色
cookie	设置或返回与当前文档有关的所有 cookie
domain	返回当前文档的域名
lastModified	返回当前文档最后修改的日期和时间
referrer	返回载入当前文档的 URL
title	返回当前文档的标题
URL	返回当前文档的 URL
anchors[]	anchor 对象的一个数组，返回文档中所有 anchor 对象的引用
applets[]	applet 对象的一个数组，返回文档中所有 applet 对象的引用
forms[]	form 对象的一个数组，返回文档中所有 form 对象的引用
images[]	image 对象的一个数组，返回文档中所有 image 对象的引用
links[]	link 对象的一个数组，返回文档中所有 \<a\>（包括图片热点和 Link 超链接）标签的引用

浏览器在加载文档元素时，会自动在客户端宿主环境中检索并构造文档元素对象，然后把同类元素对象的引用地址存储在对应的数组中，并把这个数组定义为 document 对象的一个属性。例如，文档中每个 img 元素对象都会在 document 对象的 images[ ]数组中创建一个带编码的元素。同样，form 元素也会创建一个 forms[ ]数组，类似的还有 a、applet、link 元素。

除了通过数组访问，如果 HTML 元素标签内设置了 name 属性，那么还可以使用 name 属性值引用这些对象。浏览器在解析文档时，会自动把这些元素的 name 属性值定义为 document 对象的属性名，用来引用相应的对象。注意，该方法仅适合 form 对象、image 对象和 applet 对象，其他元素对象需要使用数组元素来访问。

【例 13-6】 document 对象的引用，代码如下：

```html
<!doctype html>
<html>
<head>
<meta charset="utf-8">
<title>Document 对象引用</title>
</head>
<body>
<h2>在一个文本框输入内容，观察另一个文本框的变化：</h2>
<form>
    第一个：<input type="text" onChange="document.two.elements[0].value=this.value;">
</form>
<form name="two">
    第二个：<input type="text" onChange="document.forms[0].elements[0].value=this.value;">
</form>
</body>
</html>
```

在上面的代码中，使用了两种 document 对象引用方法，document.two 通过 name 属性引用 name 属性值为 two 的表单对象，即第二个表单对象，document.two.elements[0].value 引用第二个表单中第一个文本框对象的属性值；document.forms[0]通过数组元素引用第一个表单对象，document.forms[0].elements[0].value 引用第一个表单中第一个文本框对象的属性值。虽然引用方法不同，可以看出两个表单中的文本框为相互引用的关系，并且，通过 onChange 事件激活。

在 Firefox 中浏览效果，如图 13-12 所示，页面显示两个空白文本框，在第一个文本框中输入内容，然后，鼠标单击第二个文本框时，触发 onChange 事件，会显示与第一个文本框相同的内容。同理，在第二个文本框内输入内容，然后，鼠标单击第一个文本框，也会触发 onChange 事件，会显示与第二个文本框相同的内容。

图 13-12　document 对象引用

13.3.2　文档中的图片

图像是网页文档中的常用对象，如果想对文档中的图像标签<img>进行操作，可以使用 document 对象。document 对象提供了多种访问文档标记的方法，以图像标签为例。

1. 通过对象数组引用

document.images	//对应页面上的<img>标签

```
document.images.length          //对应页面上<img>标签的个数
document.images[0]              //第一个<img>标签
document.images[n]              //第 n-1 个<img>标签
```

2. 通过 name 属性值引用

```
<img name="myPic">
<script>
document.images.myPic
</script>
```

3. 引用图片的 src 属性（接上例）

```
document.images.myPic.src
```

【例 13-7】 图片切换效果，代码如下：

```
<!doctype html>
<html>
<head>
<meta charset="utf-8">
<title>文档中的图片</title>
<script>
function changeSrc()
{
document.images.myImage.src="sky.jpg";
}
</script>
</head>
<body>
<img name="myImage" src="tulip.jpg" width="150" height="100">
<br>
<input type="button" onClick="changeSrc()" value="切换图片">
</body>
</html>
```

在 HTML 代码中，创建了一个<img>图片对象和一个<input>按钮对象，图片对象 name 属性值为 myImage。在 JavaScript 代码中，创建 changeSrc()函数，通过 name 属性值引用<img>标签对象并修改对象的 src 属性值，从而达到切换图片的效果。该函数通过按钮单击事件（onclick）触发调用。

在 Firefox 中浏览页面效果，如图 13-13 所示，默认显示一张花朵图片和一个按钮，鼠标单击按钮，花朵图片切换为天空图片，如图 13-14 所示。

图 13-13　文档图片页面

图 13-14　文档图片切换

13.3.3 文档中的超链接

document 对象的 links 集合是由页面文档中所有超链接组成的，它的访问方法和数组一样，首先是页面上的第一个链接，然后是沿着文档内容自左向右、自上向下找到的后续链接。在这个集合中的每一项都是一个 link 对象，这个对象也有自己的属性，每个属性都将返回超链接中的特定片段。也可以通过 href 属性访问完整的链接。

【例 13-8】 显示页面链接数目，代码如下：

```
<!doctype html>
<html>
<head>
<meta charset="utf-8">
<title>显示当前页面链接数目</title>
</head>
<body id="top">
<p>
    <a href="www.baidu.com">百度</a>，<a href="www.1688.com">阿里巴巴</a>，<a href="www.qq.com">腾讯</a>
</p>
<p>
    网易，雅虎，搜狐，新浪
</p>
<p><a href="#top">返回顶部</a></p>
<p>
链接数目：
<script>
    document.write(document.links.length);
</script>
</p>
</body>
</html>
```

在 HTML 代码中，创建了多个<p>标签和<a>标签。在 JavaScript 脚本中，通过 document.links 获取当前页面文档中所有链接组成的数组，然后直接调用 length 属性，获得 links 数组的长度，即当前超链接的数目。

在 Firefox 中浏览效果，如图 13-15 所示。

图 13-15 显示页面链接数目

13.4 表单对象

在诸多 HTML 元素对象中，表单对象作为页面与用户交互的最为重要的手段，包含多种交互式 HTML 元素，如按钮、单选框、复选框、选项列表、文本域等。通过操作上述对象，可以获取客户端用户的信息、响应用户的操作等。

13.4.1 form 对象

表单是页面元素的一种，隶属于 document 对象，表单元素也是以数组形式组织，根据表单在页面中的位置，依次排列构成表单数组。如果页面中包含两个表单，第一个表单的索引值为 0，访问形式如下：

```
document.forms[0]
```

使用表单数组的索引值访问表单也存在一些问题，如果页面被修改，添加或删除一个表单，很可能引起表单索引值的变化，从而导致 JavaScript 代码出现错误，因为基于数组来访问是和其在页面上的位置直接相关的。另一种方法是为表单设置 id 值，通过 id 值来访问，例如，表单 id 值为 MyForm，其形式如下：

```
document.forms["MyForm"]
```

或者：

```
document.MyForm
```

此外，还可以使用 document 对象的 getElementById 方法来访问表单。同样使用上例 id 值为 MyForm 的表单，其引用形式如下：

```
document.getElementById("MyForm")
```

【例 13-9】 显示表单元素的个数，代码如下：

```html
<!doctype html>
<html>
<head>
<meta charset="utf-8">
<title>form 表单长度</title>
</head>
<body>
<form method="get" id="MyForm">
    名称：<input type="text" size="20">
    <br>
    密码：<input type="text" size="20">
    <input type="submit" value="登录">
</form>
<script>
document.write("表单中包含子元素的个数为：");
document.write(document.getElementById("MyForm").length);
</script>
</body>
</html>
```

在 HTML 代码中，创建了一个表单对象，其 id 值为"MyForm"。在 JavaScript 程序代码中，使用 document 对象的 getElementById 方法获取当前表单对象，最后使用 length 属性显示表单元素数组长度，即表单元素的个数。

图 13-16　form 表单元素

在 Firefox 中浏览效果，如图 13-16 所示。表单中包含两个文本框输入框和一个按钮，因此 JavaScript 代码输出表单子元素个数为 3 个。

13.4.2　form 对象属性与方法

form 元素对象完全由标准 HTML 语句创建，并提供较少的属性、方法和事件处理程序进行相关操作，如重置、提交表单数据等。表单对象常用属性如表 13-7 所示。

表 13-7　form 对象常用属性

属　　性	描　　述
action	设置或返回表单 action 属性
enctype	设置或返回表单用来编码内容的 MIME 类型
id	设置或返回表单的 id
length	返回表单中元素数目
method	设置或返回将数据发送到服务器的 HTTP 方法
name	设置或返回表单的名称
target	设置或返回表单提交结果的 Frame 或 Window 名

表单对象常用的方法如表 13-8 所示。

表 13-8　form 对象常用方法

方　　法	描　　述
reset()	把表单的所有输入元素重置为它们的默认值
submit()	提交表单

在文档表单中，from 对象作为容器而存在，而表单具体的内容则为文本域 text、按钮 button 等元素。下面将介绍表单相关的元素对象。

13.4.3　单选按钮与复选框

单选按钮（radio button）和复选框（checkbox）提供了一键式选择机制，它们所提供的选项数通常要比选择列表框少。两者之间的区别在于单选按钮中一次只能选择一项，而复选框中一次可以选择多项。

【例 13-10】单选框与复选框的状态控制，代码如下：

```
<!doctype html>
<html>
<head>
<meta charset="utf-8">
<title>单选框与复选框</title>
<script>
function check()
{
    document.getElementById("check1").checked = true;
}
function uncheck()
{
    document.getElementById("check1").checked = false;
}
function setFocus()
{
    document.getElementById("male").focus();
}
function loseFocus()
{
    document.getElementById("male").blur();
}
```

```
        </script>
        </head>
        <body>
        <form>
            男：<input id="male" type="radio" name="gender" value="男">
            女：<input id="female" type="radio" name="gender" value="女">
            <br>
            <input type="button" onClick="setFocus()" value="设置焦点">
            <input type="button" onClick="loseFocus()" value="失去焦点">
            <br>
            <br>
            <input type="checkbox" id="check1">
            <input type="button" onClick="check()" value="选中复选框">
            <input type="button" onClick="uncheck()" value="取消复选框">
        </form>
        </body>
        </html>
```

　　在上面的 JavaScript 代码中，创建了四个函数，用于设置单选按钮和复选框的属性。前两个函数使用 checked 属性设置复选框的状态。后两个函数使用 focus()和 blur() 方法，设置单选按钮的焦点状态。

　　在 Firefox 中浏览效果，如图 13-17 所示，可以通过单击按钮改变单选按钮和复选框的状态。

图 13-17　设置单选按钮和复选框状态

13.4.4　下拉列表

　　表单中下拉列表是经常使用的元素之一，其主要功能是供用户进行选择，可以在较小的空间提供大量的确定的信息。

　　一个完整的下拉列表由 select 元素对象和 option 元素对象组成，前者表示下拉列表的整个框架，后者则表示下拉列表中的每个具体选项。select 元素对象对应于网页中的下拉列表，由<select>和</select>标签来表示；option 元素对象对应下拉列表中的选项，由<option>和</option>标签来表示，且嵌套在 select 元素中。

　　表单中<select>标签每出现一次，一个 select 对象就会被创建。可以通过遍历表单的 elements[]数组来访问 select 对象，也可以使用 document.getElementById()方法访问。

　　【例 13-11】　显示下拉列表选中项目的索引值，代码如下：

```
        <!doctype html>
        <html>
        <head>
        <meta charset="utf-8">
        <title>下拉列表</title>
        <script>
        function getIndex()
        {
            var n = document.getElementById("MySelect");
            alert(n.selectedIndex);
        }
        </script>
        </head>
```

```
<body>
<form method="post">
    选择自己喜欢的饮料：
    <select id="MySelect">
        <option>咖啡</option>
        <option>红茶</option>
        <option>果汁</option>
        <option>矿泉水</option>
    </select>
</form>
<br><br>
<input type="button" value="显示选中项目索引" onClick="getIndex()">
</body>
</html>
```

在 HTML 中代码中，表单中创建一个下拉列表，其 id
值为 MySelect。单击按钮时，调用 JavaScript 函数，在
JavaScript 代码中，使用 document 对象的 getElementById 方
法获取下拉列表对象，然后通过 selectedIndex 属性显示当前
选项的索引值。

在 Firefox 中浏览效果，如图 13-18 所示，首先选择下拉
列表任意选项，然后单击按钮即可弹出提示对话框，显示当
前选项的索引值。

图 13-18　下拉列表选项索引值

13.4.5　表单注册与表单验证

如果想成为一个网站的会员，首先要进行注册，向服务器提交个人信息。当用户填写完注
册信息后，为了保证这些信息的正确合法，还应该对这些信息进行验证。可使用 JavaScript 代
码来实现，执行效果快速、高效。

【例 13-12】　创建表单注册页面，用户填写信息：用户名、性别、密码、密码问题、密码
答案、电子邮件。并在注册页面提交前进行验证，除"密码问题、密码答案"以外的项目都要
进行验证，如果发现问题，弹出对应的提示信息提醒用户重新修改。

具体步骤如下。

（1）需求分析

要实现表单注册页面，首先要确定表单提交的信息，然后创建 HTML 表单，最后使用
JavaScript 代码对表单元素进行验证，例如不能为空值，格式是否正确等。

（2）创建 HTML 页面

在 HTML 页面中创建表单对象，添加 table 表格，帮助表单元素定位，然后添加用户名、
性别、密码、确认密码、密码问题、密码答案、电子邮件这些元素对象。

```
<!doctype html>
<html>
<head>
<meta charset="utf-8">
<title>表单注册与验证</title>
</head>
<body>
<form method="post" name="form1" id="form1">
```

```
<table width="350" border="0" align="center" cellpadding="0" cellspacing="5">
  <tbody>
    <tr>
      <td colspan="2" align="center">新用户注册</td>
    </tr>
    <tr>
      <td width="40%"><label for="uid">用户名：</label></td>
      <td width="60%"><input name="uid" type="text" id="uid" size="30" maxlength= "10"></td>
    </tr>
    <tr>
      <td>性别：</td>
      <td>
      <input name="gender" type="radio" id="gender" value="boy">
      <label for="gender">男</label>
      <input name="gender" type="radio" id="gender" value="girl">
      <label for="gender">女</label>
      </td>
    </tr>
    <tr>
      <td>密码：</td>
      <td><input name="psw1" type="password" id="psw1" size="30"></td>
    </tr>
    <tr>
      <td><label for="psw2">确认密码：</label></td>
      <td><input name="psw2" type="password" id="psw2" size="30"></td>
    </tr>
    <tr>
      <td><label for="question">密码问题：</label></td>
      <td><input name="question" type="text" id="question" size="30"></td>
    </tr>
    <tr>
      <td><label for="answer">密码答案：</label></td>
      <td><input name="answer" type="text" id="answer" size="30"></td>
    </tr>
    <tr>
      <td><label for="email">电子邮件：</label></td>
      <td><input name="email" type="text" id="email" size="30" maxlength="50"></td>
    </tr>
    <tr>
      <td> </td>
      <td>
      <input type="submit" name="submit" id="submit"
value="注册" onClick="return check()">
      <input type="reset" name="reset" id="reset" value="
清除">
      </td>
    </tr>
  </tbody>
</table>
</form>
</body>
</html>
```

在 Firefox 中浏览效果，如图 13-19 所示，利用表格将表

图 13-19 静态表单页

单元素定位排列，页面整齐美观。

（3）添加 JavaScript 代码，实现非空验证

在<head>标签内，添加 JavaScript 代码，实现对表单元素对象的非空验证，代码如下所示：

```
<script>
function check()
{
        f=document.form1;        //获取表单对象
        if(f.uid.value=="")        //用户名不能为空
    {
        alert("用户名为必填项！");
        f.uid.focus();
        return false;
    }
    if((f.psw1.value!="")||(f.psw2.value!=""))        //验证两次密码输入是否一致
    {
        if(f.psw1.value!=f.psw2.value)
        {
            alert("两次密码输入不一致，请重新输入！");
            f.psw1.focus();
            return false;
        }
    }
    else
    {
        alert("密码不能为空");
        f.psw1.focus();
        return false;
    }
    if(f.gender.value=="")        //性别不能为空
    {
        alert("性别必须填写！");
        return false;
    }
    alert("表单通过验证！");
    f.submit();
}
</script>
```

在 Firefox 中浏览效果，如图 13-20 所示，当表单完全为空时，单击"注册"按钮时，会弹出对话框提示用户未填写用户名。

图 13-20　JavaScript 非空验证

（4）添加 JavaScript 代码，实现电子邮件验证

为实现电子邮件验证，需要完成两部分：第一部分是在 check 函数中加入对电子邮件地址的格式获取、非空验证；第二部分创建 isEmail 函数对电子邮件格式进行验证。

第一部分 JavaScript 代码添加在 check 函数内部，代码如下：

```
if(f.email.value!="")        //验证 email 格式
{
    if(!isEmail(f.email.value))
    {
        alert("电子邮件格式不正确，请重新输入！");
```

```
                    f.email.focus();
                    return false;
                }
            }
            else
            {

                alert("电子邮件不能为空！");
                f.email.focus();
                return false;
            }
```

第二部分 isEmail 函数代码如下：

```
function isEmail(e){
var atindex=e.indexOf("@");
var dotindex=e.indexOf(".",atindex);
var flag=true;
subStr=e.substring(0,dotindex-1);

if((atindex<1)||(atindex!=e.lastIndexOf("@"))||(dotindex<atindex+2)||(e.length<=sunStr.length))
{
    flag=false;
}
else
{

    flag=true;
}

return(flag);
}
```

在 Firefox 中浏览效果，如图 13-21 所示，表单前面内容全部填写正确，填写错误的电子邮件地址，单击"注册"按钮时，会弹出对话框提示电子邮件格式不正确。

图 13-21　验证电子邮件格式

13.5　练习

1．根据第 11 章中温度转换的习题，创建一个表单，并将其代码链接重新修改，从而使用户可以在表单中输入一个华氏温度值，并将其转换为摄氏温度。

2．在页面上创建一个表单用户界面，供用户挑选配置一台计算机。例如：CPU、内存、硬盘、主板、显卡、机箱、光驱等。不同型号的产品价格不同，当用户改变所选配件的同时，计价程序自动计算新的价格，并且通过警告对话框或文本框来通知用户目前所选择的计算机配件的总价。

3．设计一段 JavaScript 程序，要确保一个表单输入的内容只包含字符和空格。

4．页面上有一个文本框和两个按钮，编写一段 JavaScript 程序，捕获选中一个单选按钮时触发的事件，如果单击第一个按钮，则禁用文本框；如果单击另一个按钮，则启用文本框。

5．创建一个图书信息页面，当用户单击某本书的图片时，弹出一个包含图书详细信息的新窗口，新窗口宽 300 px、高 400 px，不显示工具条和状态条。

第14章　jQuery 基础

jQuery 作为著名的 JavaScript 库，已经脱颖而出，成为 Web 开发人员的最佳选择。本章作为入门章节，主要为读者介绍 jQuery 的发展历程及编写环境。

14.1　jQuery 概述

jQuery 是一个优秀的 JavaScript 代码库（或 JavaScript 框架）。jQuery 封装了 JavaScript 常用的功能代码，提供了一种简洁、快捷的 JavaScript 设计模式，优化了 HTML 文档操作、事件处理、动画设计和 Ajax 交互。jQuery 能够兼容 CSS3，并且能兼容各种主流浏览器。

14.1.1　jQuery 简介

jQuery 是一个优秀的 JavaScript 库，是一个由 John Resig 创建于 2006 年 1 月的开源项目。现在的 jQuery 主要包括核心库、UI、插件和 jQuery Mobile 等。

jQuery 凭借简洁的语法和跨平台的兼容性，极大地简化了 JavaScript 开发人员遍历 HTML 文档、操作 DOM、处理事件、执行动画和开发 Ajax 的操作。其独特而又优雅的代码风格改变了 JavaScript 程序员的设计思路和编写程序的方式。总之，无论是网页设计师、后台开发者、业余爱好者还是项目管理者，也无论是 JavaScript 初学者还是 JavaScript 高手，都有足够多的理由学习 jQuery。

jQuery 强调的理念是写得少，做得多（write less, do more），jQuery 独特的选择器、链式操作、事件处理机制和封装完善的 Ajax 都是其他 JavaScript 库望尘莫及的。概括起来，jQuery 有以下优势。

1）轻量级。jQuery 非常轻巧，采用 UglifyJS（https://github.com/mishoo/Uglifys）压缩后，大小保持在 30 KB 左右。服务器端启用 gzip 压缩后，它甚至只有 16 KB 大小。

2）强大的选择器。jQuery 允许开发者使用从 CSS1 到 CSS3 几乎所有的选择器，以及 jQuery 独创的高级而复杂的选择器。另外还可以加入插件使其支持 XPath 选择器，甚至开发者可以编写属于自己的选择器。

3）出色的 DOM 操作封装。jQuery 封装了 DOM 操作，并定义了大量的方法，使用户在编写 DOM 操作相关程序的时候能够得心应手，优雅地完成各种原本非常复杂的操作。jQuery 还封装了大量的事件处理函数，使得 jQuery 处理事件绑定的时候非常稳定。

4）良好的封闭性。jQuery 只建立一个名为 jQuery 的对象，其所有的方法都在这个对象之下。另外的一个别名 $ 也是可以随时交出控制权的，不会影响其他的对象，也不会与其他 JavaScript 框架发生冲突。

5）丰富的插件支持。jQuery 的易扩展性可以方便任何用户扩展 jQuery 的功能，因此也吸引了来自全球各地的开发者来共同编写 jQuery 的扩展插件。目前已经有丰富的官方插件支持，而且还不断有新插件面世。

6）完善的文档。jQuery 的文档非常丰富，无论是英文文档还是中文文档，都可以方便地从互联网获取。

7）开源。jQuery 是一个开源的产品，任何人都可以自由地使用并提出改进意见。

14.1.2　jQuery 安装

可以通过 jQuery 官方网站（http://jquery.com）下载最新版本的 jQuery 库，如图 14-1 所示。目前最新版本是 jQuery 3.6.0，本书主要根据 jQuery 3.6.0 版本进行讲解。

打开下载页面，如图 14-2 所示，可以下载最新的 jQuery 库，其中：

Production Version（产品版），用于实际网站中，源代码已经被压缩，压缩后的版本体积小，便于网络传输。压缩版本主要是删除了无用的空格（缩进符）和代码注释，同时缩短了变量名。压缩后的代码难以阅读和调试。

Development Version（开发版），用于测试和开发，该版本未经压缩，代码可读。方便开发团队使用。

图 14-1　jQuery 官方网站首页

图 14-2　jQuery 官方网站下载页

jQuery 不需要安装，将下载的 jquery-3.6.0.js 文件放在站点根目录下的 js 文件夹下，在HTML 代码的 head 标签中引入 jQuery 库文件后，即可使用。

代码如下：

```
<!DOCTYPE html>
<html>
<head>
    <meta charset="utf-8">
    <!--引入 jQuery 库 -->
    <script type="text/javascript" src="js/jquery-3.5.1.js"></script>
</head>
<body>
</body>
</html>
```

编写一个简单的程序，测试是否引入成功。

```
//……省略其他代码
<!-- 引入 jQuery 库 -->
<script type="text/javascript" src="js/jquery-3.5.1.js"></script>
<script type="text/javascript">
    $(document).ready(function(){        //等待 DOM 元素加载完毕
    alert("Hello World!");               //弹出一个消息对话框
});
```

```
</script>
//……省略其他代码
```

运行结果如图 14-3 所示。

上面代码的语义是：匹配文档中的 document 节点，然后为该节点绑定 ready 事件处理函数。它类似于 JavaScript 的 window.onload 事件处理函数，不过 jQuery 的 ready 事件要先于 onload 事件被激活。

图 14-3　消息对话框输出 Hello World!

前面的方法是使用站点自托管 jQuery 库，另一种方法是使用 CDN 服务引用。CDN 的全称是 Content Delivery Network，即内容分发网络，也称为内容传送网络。CDN 是一种分布式的概念，可以提高网站性能。例如：用户在浏览网站时，需要从当前服务器上加载一些固定的内容（如 jQuery 库文件），用户浏览另一个网站时，可能会通过另一台服务器重复下载这些固定内容，一定程度上增加了服务器的开销，同时浪费网络的带宽资源，增加时间成本。如果这些网站都使用了 CDN 加载 jQuery 库文件，那么很可能需要的库文件已经在用户浏览器缓存过，一定程度上能提升网站的性能。

提供 jQuery 的 CDN 服务器很多，Staticfile CDN、百度、又拍云、新浪、Google、Microsoft 都提供 CDN 服务，但并不是所有的 CDN 服务器都提供最新版本。这些 CDN 的 jQuery 地址如下。

Staticfile CDN:

```
<script src="https://cdn.staticfile.org/jquery/3.6.0/jquery.min.js"></script>
```

百度 CDN:

```
<script src="https://apps.bdimg.com/libs/jquery/2.1.1/jquery.min.js"></script>
```

又拍云 CDN:

```
<script src="https://upcdn.b0.upaiyun.com/libs/jquery/jquery-2.0.3.min.js"></script>
```

新浪 CDN:

```
<script src="https://lib.sinaapp.com/js/jquery/3.1.0/jquery-3.1.0.min.js"></script>
```

Google CDN:

```
<script src="https://ajax.googleapis.com/ajax/libs/jquery/1.11.1/jquery.min.js"></script>
```

Microsoft CDN:

```
<script src="https://ajax.aspnetcdn.com/ajax/jquery/jquery-2.1.1.min.js"></script>
```

测试是否成功引入 CDN 服务可以参考前面的方法，通过弹出对话框进行验证。

14.1.3　基础语法

jQuery 选取 HTML 元素，并对选取的元素执行操作。基础语法是：

```
$(selector).action()
```

● 用美元符号定义 jQuery。

- 选择器（selector）用于"查询"和"查找"HTML 元素。
- jQuery 的 action()执行对元素的操作。

示例如下。

- $(this).hide()：隐藏当前元素。
- $("p").hide()：隐藏所有段落。
- $(".test").hide()：隐藏所有 class="test" 的所有元素。
- $("#test").hide()：隐藏所有 id="test" 的元素。

在执行事件之前，如果要让 jQuery 读写和处理文档的 DOM，则必须在文档就绪之后再开始执行事件，所以应该使用 ready 事件作为处理 HTML 文档的开始。

```
$(document).ready(function(){
// jQuery 代码
});
```

上面代码的语义是：匹配文档中的 document 节点，然后为该节点绑定 ready 事件处理函数。它类似于 JavaScript 的 window.onload 事件处理函数（如下所示），不过 jQuery 的 ready 事件要先于 onload 事件被激活。

```
window.onload = function(){
//Javascript 代码
};
```

为方便开发，jQuery 进一步简化了 $(document).ready()方法的写法，直接使用$()方法来表示，代码如下。

```
$( function() {
//jQuery 代码
});
```

在一般情况下，所有 jQuery 代码建议都包含在$()函数中，当然也可以不包含在$()函数中，这与 JavaScript 代码应该放在 window.onload 事件处理函数中的道理是一样的。

14.2　jQuery 选择器

选择器是 jQuery 的根基，在 jQuery 中，对事件处理、遍历 DOM 和 Ajax 操作都依赖于选择器。

$()函数在很多 JavaScript 类库中都被作为一个选择器函数来使用，在 jQuery 中也不例外。其中，$("#ID")用来代替 document.getElementById()函数，即通过 ID 获取元素；$("tagName")用来代替 document.getElementsByTagName()函数，即通过标签名获取 HTML 元素；其他选择器后续依次介绍。

14.2.1　基本选择器

基本选择器是 jQuery 中最常用的选择器，也是最简单的选择器，它通过元素 id、class 和标签名等来查找 DOM 元素。在网页中，每个 id 名称只能使用一次，class 允许重复使用。基本选择器的介绍如表 14-1 所示。

表 14-1 基本选择器

选 择 器	描 述	返 回	示 例
#id	根据给定的 ID 匹配一个元素	单个元素	$("#test")选取 id 为 test 的元素
.class	根据给定的类名匹配元素	集合元素	$(".test")选取所有 class 为 test 的元素
element	根据给定的元素名称匹配元素	集合元素	$("p")选取所有<p>元素
*	匹配所有元素	集合元素	$("*")选取所有元素
selector1, selector2, …, selectorN	将每一个选择器匹配到元素合并后一起返回	集合元素	$("div,span,p.myClass")选取所有<div>、<span>和 class 为 myClass 的<p>标签的一组元素

14.2.2 层次选择器

如果想通过 DOM 元素之间的层次关系来获取特定元素，例如后代元素、子元素、相邻元素和同辈元素等，那么层次选择器是一个非常好的选择。层次选择器的介绍如表 14-2 所示。

表 14-2 层次选择器

选 择 器	描 述	返 回	示 例
$("ancestor descendant")	可选取 ancestor 元素里的所有 descendant（后代）元素	集合元素	$("div span")选取<div>里的所有的<span>元素
$("parent > child")	选取 parent 元素下的 child（子）元素，注意区别$("ancestor descendant")选择的是后代元素	集合元素	$("div > span")选取<div>元素下元素名为<span>的子元素
$("prev + next")	选取紧接在 prev 元素后的 next 元素	集合元素	$(".one + div")选取 class 为 one 的元素的下一个<div>同辈元素
$("prev~siblings")	选取 prev 元素之后所有的 siblings 元素	集合元素	$("#two~div")选取 id 为 two 的元素后面所有<div>同辈元素

在层次选择器中，前两个选择器比较常用，而后面两个使用较少，因为在 jQuery 里可以用更加简单的方法代替。

可以使用 next()方法来代替$("prev + next")选择器，如表 14-3 所示。

表 14-3 next()方法等价关系

	选 择 器	方 法
等价关系	$(".one + div");	$(".one").next("div");

可以使用 nextAll()方法来代替$("prev~siblings")选择器，如表 14-4 所示。

表 14-4 nextAll()方法等价关系

	选 择 器	方 法
等价关系	$("#prev~div");	$("#prev").nextAll("div");

在此将后面要讲解的 siblings()方法拿出来与$("prev~siblings")选择器进行比较。$("#prev~div")选择器只能选择"prev"元素后面的同辈<div>元素。而 siblings()方法与前后位置无关，只要是同辈节点都能匹配。

```
//选取#prev 之后的所有同辈 div 元素
$("#prev ~ div").css("background","#bbffaa");
//同上
$("#prev").nextAll("div").css("background","#bbffaa");
//选取#prev 所有同辈 div 元素，无论前后位置
$("#prev").siblings("div").css("background","#bbffaa");
```

14.2.3 过滤选择器

过滤选择器主要是通过特定的过滤规则来筛选出所需的 DOM 元素，过滤规则与 CSS 中的伪类选择器语法相同，即选择器都以一个冒号（:）开头。按照不同的过滤规则，过滤选择器可以分为基本过滤、内容过滤、可见性过滤、属性过滤、子元素过滤和表单对象属性过滤选择器。

1. 基本过滤选择器

基本过滤选择器的介绍如表 14-5 所示。

表 14-5　基本过滤选择器

选择器	描　述	返　回	示　例
:first	选取第一个元素	单个元素	$("div:first")选取所有<div>元素中第一个<div>元素
:last	选取最后一个元素	单个元素	$("div:last")选取所有<div>元素中最后一个<div>元素
:not(selector)	去除所有与给定选择器匹配的元素	集合元素	$("input:not(.myClass)")选取 class 不是 myClass 的<input>元素
:even	选取索引是偶数的所有元素，索引从 0 开始	集合元素	$("input:even")选取索引是偶数的<input>元素
:odd	选取索引是奇数的所有元素，索引从 0 开始	集合元素	$("input:odd")选取索引是奇数的<input>元素
:eq(index)	选取索引等于 index 的元素（index 从 0 开始）	单个元素	$("input:eq(1)")选取索引等于 1 的<input>元素
:gt(index)	选取索引大于 index 的元素（index 从 0 开始）	集合元素	$("input:gt(1)")选取索引大于 1 的<input>元素（注：大于 1，而不包括 1）
:lt(index)	选取索引小于 index 的元素（index 从 0 开始）	集合元素	$("input:lt(1)")选取索引小于 1 的<input>元素（注：小于 1，而不包括 1）
:header	选取所有的标题元素，如 h1、h2、h3 等	集合元素	$(":header")选取网页中所有的<h1>、<h2>、<h3>……
:animated	选取当前正在执行动画的所有元素	集合元素	$("div:animated")选取正在执行动画的<div>元素
:focus	选取当前获取焦点的元素	集合元素	$(":focus")选取当前获取焦点的元素

2. 内容过滤选择器

内容过滤选择器的过滤规则主要体现在它所包含的子元素或文本内容上。内容过滤选择器的介绍如表 14-6 所示。

表 14-6　内容过滤选择器

选择器	描　述	返　回	示　例
:contains(text)	选取含有文本内容为 "text" 的元素	集合元素	$("div:contains('happy')")选取含有文本 "happy" 的<div>元素
:empty	选取不包含元素或文本的空元素	集合元素	$("div:empty")选取不包含子元素（文本元素）的<div>元素
:has(selector)	选取含有选择器所匹配的元素的元素	集合元素	$("div:has(p)")选取含有<p>元素的<div>元素
:parent	选取含有子元素或文本的元素	集合元素	$("div:parent")选取包含子元素（文本元素）的<div>元素

3. 可见性过滤选择器

可见性过滤选择器是根据元素的可见和不可见状态来选择相应的元素。可见性过滤选择器的介绍如表 14-7 所示。

表 14-7　可见性过滤选择器

选择器	描　述	返　回	示　例
:hidden	选取所有不可见的元素	集合元素	$(":hidden)")选取所有不可见的元素。包括<input type="hidden">、<div style="display:none;">和<div style="visibility:hidden;">等元素。如果只想选取<input>元素，可以使用$("input:hideen")
:visible	选取所有可见的元素	集合元素	$("div:empty")选取不包含子元素（文本元素）的<div>元素

4. 属性过滤选择器

属性过滤选择器的过滤规则是通过元素的属性来获取相应的元素。属性过滤选择器的介绍如表 14-8 所示。

表 14-8　属性过滤选择器

选择器	描　述	返　回	示　例
[attribute]	选取拥有此属性的元素	集合元素	$("div[id]")选取拥有属性 id 的元素
[attribute=value]	选取属性值为 value 的元素	集合元素	$("div[title=test]")选取属性 title 为"test"的<div>元素
[attribute!=value]	选取属性值不等于 value 的元素	集合元素	$("div[title!=test]")选取属性 title 不等于"test"的<div>元素（注意：没有 title 属性的<div>元素也会被选取）
[attribute^=value]	选取属性值以 value 开始的元素	集合元素	$("div[title^=test]")选取属性 title 以"test"开始的<div>元素
[attribute$=value]	选取属性值以 value 结束的元素	集合元素	$("div[title$=test]")选取属性 title 以"test"结束的<div>元素
[attribute*=value]	选取属性值含有 value 的元素	集合元素	$("div[title*=test]")选取属性 title 含有"test"的<div>元素
[attribute|=value]	选取属性等于给定字符串或以该字符串为前缀（该字符串后跟一个连字符"-"）的元素	集合元素	$("div[title|='en']")选取属性 title 等于"en"或以"en"为前缀（该字符串后跟一个连字符"-"）的元素
[attribute~=value]	选取属性用空格分隔的值中包含一个给定值的元素	集合元素	$("div[title~='book']")选取属性 title 用空格分隔的值中包含字符"book"的元素
[attribute1][attribute2] [attributeN]	用属性选择器合并成一个复合属性选择器，满足多个条件。每选择一次，缩小一次范围	集合元素	$("div[id][title$='test']")选取属性 id，并且属性 title 含以"test"结束的<div>元素

5. 子元素过滤选择器

子元素过滤选择器的过滤规则相对于其他的选择器稍微有些复杂，不过没关系，只要将元素的父元素和子元素区分清楚，那么使用起来也非常简单。另外还要注意它与普通的过滤选择器的区别。子元素过滤选择器的介绍如表 14-9 所示。

表 14-9　子元素过滤选择器

选择器	描　述	返　回	示　例
:nth-child (index/even/ odd/rquation)	选取每个父元素下的第 index 个子元素或者奇偶元素（index 从 1 开始）	集合元素	:eq(index)只匹配一个元素，而:nth-child 将为每一个父元素匹配子元素，并且:nth-child(index)的 index 是从 1 开始，而:eq(index)是从 0 开始
:first-child	选取每个父元素的第一个子元素	集合元素	:first 只返回单个元素，而:first-child 选择器将为每个父元素匹配第一个子元素
:last-child	选取每个父元素的最后一个子元素	集合元素	:last 只返回单个元素，而:last-child 选择器将为每个父元素匹配最后一个子元素
:only-child	如果某个元素是它父元素中唯一的子元素，那么将会被匹配。如果父元素中含有其他元素，则不会被匹配	集合元素	$("ul li:only-child")在<ul>中选取是唯一子元素的<li>元素

6．表单对象属性过滤选择器

此选择器主要是对所选择的表单元素进行过滤，例如选择被选中的下拉框、多选框等元素。表单对象属性过滤选择器的介绍如表 14-10 所示。

表 14-10　表单对象属性过滤选择器

选择器	描　述	返　回	示　例
:enabled	选取所有可用元素	集合元素	$("#form1:enabled")选取 id 为"form1"的表单内所有可用元素
:disabled	选取所有不可用元素	集合元素	$("#form2:disabled")选取 id 为"form2"的表单内所有不可用元素
:checked	选取所有被选中的元素（单选框、复选框）	集合元素	$("input:checked")选取所有被选中的<input>元素
:selected	选取所有被选中的选项元素（下拉列表）	集合元素	$("select option:selected")选取所有被选中的选项元素

14.2.4　表单选择器

为了使用户能够更加灵活地操作表单，jQuery 中专门加入了表单选择器。利用这个选择器，能极其方便地获取表单的某个或某类型的元素。表单选择器的介绍如表 14-11 所示。

表 14-11　表单选择器

选择器	描　述	返　回	示　例
:input	选取所有<input>、<textarea>、<select>和<button>元素	集合元素	$(":input")选取所有<input>、<textarea>、<select>和<button>元素
:text	选取所有的单行文本框	集合元素	$(":text")选取所有的单行文本框
:password	选取所有的密码框	集合元素	$(":password")选取所有的密码框
:radio	选取所有的单选框	集合元素	$(":radio")选取所有的单选框
:checkbox	选取所有的多选框	集合元素	$(":checkbox")选取所有的多选框
:submit	选取所有的提交按钮	集合元素	$(":submit")选取所有的提交按钮
:image	选取所有的图像按钮	集合元素	$(":image")选取所有的图像按钮
:reset	选取所有的重置按钮	集合元素	$(":reset")选取所有的重置按钮
:button	选取所有的按钮	集合元素	$(":button")选取所有的按钮
:file	选取所有的上传域	集合元素	$(":file")选取所有的上传域
:hidden	选取所有不可见元素	集合元素	$(":hidden")选取所有不可见元素（已经在可见性过滤选择器中介绍过此项）

14.3　jQuery 中的 DOM 操作

关于 DOM 的介绍请参考本书 13.1 节。为全面介绍 jQuery 中的 DOM 操作，首先需要构建一份网页文档，并提炼出它的文档结构，以 DOM 树型模型展示出来。页面 HTML 代码如下：

```
<!DOCTYPE html>
<html>
<head>
    <meta charset="utf-8">
    <title>DOM 文档对象模型</title>
</head>
<body>
    <h1 title="DOM 文档对象模型">DOM 文档对象模型</h1>
```

```
            <p>DOM 是 Document Object Model 短语的缩写，中文翻译为文档对象模型。</p>
            <ul>
                <li>Document</li>
                <li>Object</li>
                <li>Model</li>
            </ul>
        </body>
    </html>
```

每一个网页文档都可以使用 DOM 来进行描述，每一份 DOM 都会把网页看作一棵节点树。浏览器在渲染文档时，会自动在内存中构建一个完整的 DOM 树（或者说是树型结构列表），如图 14-4 所示。

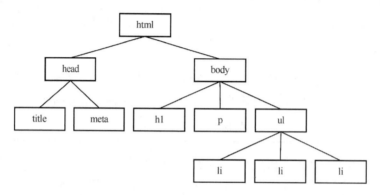

图 14-4　DOM 树

浏览器窗口中显示的页面内容如图 14-5 所示。

图 14-5　构建网页

14.3.1　查找节点

使用 jQuery 在文档树中查找结点，可以通过前面介绍的 jQuery 选择器来完成。

1. 查找元素节点

获取元素节点并输出它的内容，jQuery 代码如下：

```
var $li = $("ul li:eq(1)");              //获取<ul>里第 2 个<li>节点
var li_txt = $li.text();                 //获取第 2 个<li>元素节点的文本内容
alert(li_txt);                           //输出文本内容
```

以上代码获取了<ul>元素里第 2 个<li>节点，并将它的文本内容 "Object" 通过对话框显示出来。

2．查找属性节点

利用 jQuery 选择器查找到需要的元素之后，就可以使用 attr()方法来获取它的各种属性的值。attr()方法的参数可以是一个，也可以是两个。

获取属性节点并输出它的文本内容，jQuery 代码如下：

```
var $head = $("h1");            //获取<h1>节点
var h_txt = $head.attr("title");   //获取<h1>元素节点的 title 属性
alert(h_txt);                  //输出 title 属性值
```

以上代码获取了<h1>节点，并将它的 title 属性的值通过对话框显示出来。

14.3.2　创建节点

在 DOM 操作中，常需要动态创建 HTML 内容，使文档在浏览器里的呈现效果更加生动。例如，要创建两个<li>元素节点，并且要把它们作为<.ul>元素节点的子节点添加到 DOM 节点树上。完成这个任务需要两个步骤：先创建，再添加。

创建 HTML 元素可以使用 jQuery 的工厂函数$()来完成，格式如下：

```
$( html );
```

$(html)方法会根据传入的 HTML 标记字符串创建一个 DOM 对象，并将这个 DOM 对象包装成一个 jQuery 对象后返回。

首先是创建，创建两个<li>元素，jQuery 代码如下：

```
var $li_1 = $("<li>one</li>");    //创建第 1 个<li>元素包括文本内容
var $li_2 = $("<li>two</li>");    //创建第 2 个<li>元素包括文本内容
```

然后是添加，将两个新元素添加到文档中，使用 jQuery 中的 append()函数。

```
$("ul").append($li_1);    //添加到<ul>节点中
$("ul").append($li_2);    //此处可以采用链式写法：$("ul").append($li_1).append($li_2);
```

以上代码完成了 HTML 元素节点的创建和添加，效果如图 14-6 所示。

图 14-6　创建元素节点

14.3.3　插入节点

动态创建 HTML 元素并没有实际用处，还需要将新创建的元素插入文档中。将新创建的节点插入文档最简单的办法是，让它成为这个文档的某个节点的子节点。前面使用了一个插入节点的方法 append()，它会在元素内部追加新创建的内容。将新创建的节点插入某个文档的方法并非只有一种，插入节点的方法介绍如表 14-12 所示。

表 14-12　插入节点的方法

方　法	描　述
append()	向每个匹配的元素内部追加内容
appendTo()	将所有匹配的元素追加到指定的元素中。实际上，使用该方法是颠倒了常规的$(A).append(B)的操作，即不是将 B 追加至 A 中，而是将 A 追加到 B 中
prepend()	向每个匹配的元素的内部插入前置内容
prependTo()	将所有匹配的元素前置到指定的元素中。实际上，使用该方法是颠倒了常规的$(A).prepend(B)操作，即不是 B 前置到 A 中，而是将 A 前置到 B 中
after()	在每个匹配的元素之后插入内容
insertAfter()	将所有匹配的元素插入到指定元素的后面，实际上，使用该方法是颠倒了常规的$(A).after(B)操作，即不是将 B 插入到 A 后面，而是将 A 插入到 B 后面
before()	在每个匹配的元素之前插入内容
insertBefore()	将所有匹配的元素插入到指定的元素的前面。实际上，使用该方法是颠倒了常规的$(A). before (B)操作，即不是将 B 插入到 A 前面，而是将 A 插入到 B 前面

下面对表 14-12 中的方法举例说明。

● append()：向匹配的元素内部结尾处插入内容。

示例代码如下：

```
<!DOCTYPE html>
<html>
<head>
    <meta charset="utf-8">
    <title>jQuery-插入 HTML 元素</title>
    <script type="text/javascript" src="js/jquery-3.5.1.js"></script>
</head>
<body>
<ol>
    <li>one</li>
    <li>two</li>
    <li>three</li>
</ol>
    <script type="text/javascript">
        var $li_1 = $("<li> append()插入内容</li>");
        $("ol").append($li_1);
    </script>
</body>
</html>
```

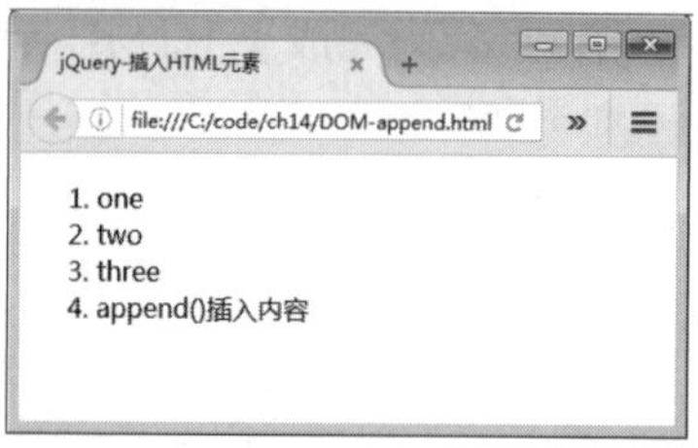

图 14-7　append()插入元素

运行结果如图 14-7 所示。

● prepend()：向匹配的元素内部开头插入内容。

示例代码如下：

```
<!DOCTYPE html>
<html>
<head>
    <meta charset="utf-8">
    <title>jQuery-插入 HTML 元素</title>
    <script type="text/javascript" src="js/jquery-3.5.1.js"></script>
</head>
<body>
<ol>
    <li>one</li>
```

```
        <li>two</li>
        <li>three</li>
    </ol>
    <script type="text/javascript">
        var $li_1 = $("<li> prepend()插入内容</li>");
        $("ol").prepend($li_1);
    </script>
</body>
</html>
```

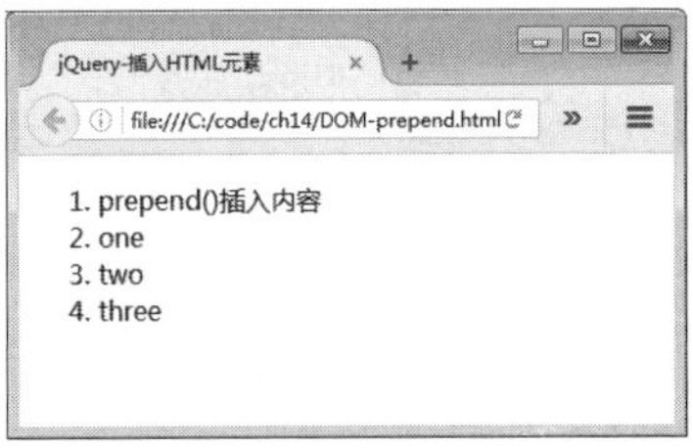

运行结果如图 14-8 所示。

图 14-8   prepend()插入元素

● after()：向匹配的元素之后插入内容。

注意 after()和 append()的区别，append()是在被选中元素内部结尾处插入，而 after()是在被选中元素的后面插入。append()前后元素是父子关系，而 after()前后元素是并列关系。

示例代码如下：

```
<!DOCTYPE html>
<html>
<head>
    <meta charset="utf-8">
    <title>jQuery-插入 HTML 元素</title>
    <script type="text/javascript" src="js/jquery-3.5.1.js"></script>
</head>
<body>
<h1>标题 1</h1>
<h2>标题 2</h2>
<h3>标题 3</h3>
    <script type="text/javascript">
        var $para = $("<p>after()插入内容</p>");
        $("h2").after($para);
    </script>
</body>
</html>
```

运行结果如图 14-9 所示。

图 14-9   after()插入元素

● before()：向匹配的元素之前插入内容。

注意 before()和 prepend()的区别，prepend()是在被选中元素内部开头插入，而 before()是在被选中元素的前面插入。prepend()前后元素是父子关系，而 before()前后元素是并列关系。

示例代码如下：

```
<!DOCTYPE html>
<html>
<head>
    <meta charset="utf-8">
    <title>jQuery-插入 HTML 元素</title>
    <script type="text/javascript" src="js/jquery-3.5.1.js"></script>
</head>
<body>
<h1>标题 1</h1>
<h2>标题 2</h2>
<h3>标题 3</h3>
    <script type="text/javascript">
```

```
                var $para = $("<p>before()插入内容</p>");
                $("h2").before($para);
            </script>
        </body>
    </html>
```

运行结果如图 14-10 所示。

14.3.4 删除节点

图 14-10　before()插入元素

如果文档中某一个元素多余，那么应将其删除。jQuery 删除元素常使用 remove()和 empty()
两种方法。

1. remove()方法

jQuery 的 remove()方法的作用是从 DOM 中删除被选中的元素及其子元素。当某个元素用
remove()方法删除后，该元素所包含的所有子元素将同时被删除。这个方法的返回值是一个指
向已被删除的元素的引用，因此可以在以后再使用这些元素。下面的 jQuery 代码说明元素用
remove()方法删除后，还是可以继续使用的。

示例代码如下：

```
<!DOCTYPE html>
<html>
<head>
    <meta charset="utf-8">
    <title>jQuery-删除 HTML 元素</title>
    <script type="text/javascript" src="js/jquery-3.5.1.js"></script>
</head>
<body>
<h1 title="DOM 文档对象模型">DOM 文档对象模型</h1>
<p>DOM 是 Document Object Model 短语的缩写，中文翻译为文档对象模型。</p>
<ul>
    <li>Document</li>
    <li>Object</li>
    <li>Model</li>
</ul>
    <script type="text/javascript">
        var $li = $("ul li:eq(1)").remove();    //获取第 2 个<li>元素,将它删除
        console.log($li.text());                //把刚删除的元素内容输出到控制台
    </script>
</body>
</html>
```

运行结果如图 14-11 所示。

2. empty()方法

jQuery 的 empty() 方法并不是删除元素，而是清空元素，它
能清空元素中的所有后代节点。

示例代码如下：

```
<!DOCTYPE html>
<html>
<head>
    <meta charset="utf-8">
```

图 14-11　remove()删除元素

```
        <title>jQuery-删除 HTML 元素</title>
        <script type="text/javascript" src="js/jquery-3.5.1.js"></script>
    </head>
    <body>
    <h1 title="DOM 文档对象模型">DOM 文档对象模型</h1>
    <p>DOM 是 Document Object Model 短语的缩写，中文翻译为文档对象模型。</p>
    <ul>
        <li>Document</li>
        <li>Object</li>
        <li>Model</li>
    </ul>
        <script type="text/javascript">
            var $li = $("ul li:eq(1)").empty();        //获取第 2 个<li>元
素节点,将它清空
        </script>
    </body>
    </html>
```

运行结果如图 14-12 所示。

图 14-12　empty()清空元素

14.3.5　复制节点

jQuery 的 clone()方法能够复制匹配的 DOM 元素并且选中这些复制的副本。此时的副本不可见，可以将元素副本添加到页面其他位置，使其显示。

示例代码如下：

```
    <!DOCTYPE html>
    <html>
    <head>
        <meta charset="utf-8">
        <title>jQuery-复制 HTML 元素</title>
        <script type="text/javascript" src="js/jquery-3.5.1.js"></script>
    </head>
    <body>
    <h1 title="DOM 文档对象模型">DOM 文档对象模型</h1>
    <p>DOM 是 Document Object Model 短语的缩写，中文翻译为文档对象模型。</p>
    <ul>
        <li>Document</li>
        <li>Object</li>
        <li>Model</li>
    </ul>
        <script type="text/javascript">
            var $para = $("p").clone();        //匹配 p 元素，复制 p 元素
            $("ul").after($para);        //将元素副本添加到 ul 后面
        </script>
    </body>
    </html>
```

运行结果如图 14-13 所示。

图 14-13　clone()复制元素

14.3.6　替换节点

替换某个元素，jQuery 提供了 replaceWith()和 replaceAll()两种方法。

replaceWith()方法能够将所有匹配的元素替换成指定的 HTML 或 DOM 元素，replaceAll()方法与之功能相同，但是用法不同。例如，将 A 元素替换成 B 元素，replaceWith()的写法是 A.replaceWith("B")，replaceAll()的写法是 B.replaceAll("A")。

示例代码如下：

```html
<!DOCTYPE html>
<html>
<head>
    <meta charset="utf-8">
    <title>jQuery-替换 HTML 元素</title>
    <script type="text/javascript" src="js/jquery-3.5.1.js"></script>
</head>
<body>
    <p>段落 1</p>
    <p>段落 2</p>
    <p>段落 3</p>

    <script type="text/javascript">
        $("p").replaceWith("<div>盒子</div>");        //将所有 p 元素替换为 div 元素
    </script>
</body>
</html>
```

运行结果如图 14-14 所示。

图 14-14　replaceWith()替换元素

如果使用 replaceAll()方法实现上面的示例代码，可将代码这样修改。

```html
<script type="text/javascript">
    $("<div>盒子</div>").replaceAll("p");
</script>
```

由此可见，replaceWith()方法与 replaceAll()方法的操作思路是相反的。

14.3.7　属性操作

在 jQuery 中，用 attr()方法来获取和设置元素属性，removeAttr()方法来删除元素属性。

1. 获取属性和设置属性

如果要获取<p>元素的属性 title，那么只需要给 attr()方法传递一个参数，即属性名称。

jQuery 代码如下：

```javascript
var $para = $("p");                    //获取<p>元素节点
var p_txt = $para.attr("title");       //获取<p>元素节点的 title 属性值
```

如果要设置<p>元素的属性 title 的值，也可以使用同一个方法，不同的是，需要传递两个参数即属性名称和对应的值。

jQuery 代码如下：

```javascript
$("p").attr("title" , "标题文字");                //设置单个属性的值
```

如果需要一次性为同一个元素设置多个属性，可以使用下面的代码来实现：

```javascript
$("p").attr({"title" : "标题文字", "name" : "test"} );        //设置多个属性设置属性值
```

2．删除属性

在 jQuery 中，使用 removeAttr()方法删除指定的元素属性。

如果需要删除<p>元素的 title 属性，代码如下：

```
$("p").removeAttr("title");            //删除<p>元素的 title 属性
```

14.3.8 样式操作

1．获取和设置样式

HTML 代码如下：

```
<h1 class="myClass" title="DOM 文档对象模型">DOM 文档对象模型</h1>
```

在上面的代码中，class 是<h1>元素的属性，因此获取 class 和设置 class 都可以使用 attr()方法来完成。

例如使用 attr()方法来获取<h1>元素的 class，jQuery 代码如下：

```
var p_class = $("h1").attr("class");            //获取<h1>元素的 class
```

也可以使用 attr()方法来设置<h1>元素的 class，jQuery 代码如下：

```
$("h1").attr("class","newClass");            //设置<h1>元素的 class 为"newClass"
```

运行代码后，上面的 HTML 代码变化如下：

```
<h1 class="newClass" title="DOM 文档对象模型">DOM 文档对象模型</h1>
```

上面的代码是将原来的 class（myClass）替换为新的 class（newClass），如果此处既想保留原样式，又想增加一个新类名，使两种样式叠加，那么可以使用 addClass()方法。

2．追加样式

jQuery 提供了专门的 addClass()方法来追加样式。沿用上例的代码，继续为<h1>元素追加一个新样式 another，jQuery 代码如下：

```
$("h1").addClass("another");            //设置<h1>元素的追加" another"类名
```

运行代码后，上面的 HTML 代码变化如下：

```
<h1 class="newClass another" title="DOM 文档对象模型">DOM 文档对象模型</h1>
```

此时<h1>元素同时拥有两个类名，newClass 和 another 两组样式共同修饰<h1>。

3．移除样式

jQuery 提供了 removeClass()方法来移除样式。removeClass()方法与 addClass()方法相反，它的作用是从匹配的元素中删除全部或指定的 class。

沿用上例代码，删除<h1>元素中的类名 newClass，jQuery 代码如下：

```
$("h1").removeClass("newClass");            //移除<h1>元素中的类名 newClass
```

代码运行后，HTML 代码变化如下：

```
<h1 class="another" title="DOM 文档对象模型">DOM 文档对象模型</h1>
```

如果想把<h1>元素的两个类名都删除，需要使用两次 removeClass()方法，代码如下：

```
$("h1").removeClass("newClass").removeClass("another");
```

jQuery 提供了更简单的方法。可以用空格的方式删除多个类名，代码如下：

```
$("h1").removeClass("newClass   another");
```

此外，removeClass()方法不带参数时，就会将 class 的值全部删除，jQuery 代码如下：

```
$("h1").removeClass();                        //移除<h1>元素中所有的类名
```

运行代码后，HTML 代码变化如下：

```
<h1 title="DOM 文档对象模型">DOM 文档对象模型</h1>
```

4．切换样式

样式切换在 Web 开发中非常实用，jQuery 为此定义了 toggleClass()方法，该方法可以开/关指定的类样式，从而实现切换样式的设计目标。

jQuery 的 toggleClass()方法包含两个参数：第一个参数指定作为开关的类样式名称；第二个参数用于决定元素是否打开类样式，该参数为可选。如果没有设置第二个参数，则 toggleClass()方法根据指定元素是否存在来决定参数设置的样式，如果存在，则清除该类样式，如果不存在，则追加该类样式，实现动态切换效果。例如，定义一个 hidden 类样式，该样式中包含隐藏元素显示的声明，然后调用 toggleClass()方法，并把 hidden 类样式传递给它，就可以实现显示/隐藏的动态切换效果。

代码如下：

```
<!DOCTYPE html>
<html>
<head>
    <meta charset="utf-8">
    <title>jQuery-样式操作</title>
    <style type="text/css">
        .hidden {
            display: none;
        }
    </style>
    <script type="text/javascript" src="js/jquery-3.5.1.js"></script>
    <script type="text/javascript">
        $(function(){
            $("input").eq(0).click(function(){
                $("p").toggleClass("hidden");           //切换显示或隐藏 P 元素
            })
        })
    </script>
</head>
<body>
    <input type="button" value="切换样式">
    <p><img src="images/sky.jpg" alt="sky"></p>
</body>
</html>
```

运行结果如图 14-15 所示。

图 14-15　动态切换样式效果

再如，下面的代码设置第二个参数为一个表达式，设计每单击三下才追加上一次 hidden 类样式。

```
var n = 0;
$("input").eq(0).click(function(){
$("p").toggleClass("hidden", n++ % 3 == 0);
})
```

5．判断是否含有某个样式

jQuery 定义了 hasClass()方法用来判断元素是否包含指定的类样式，如果有，则返回 true，否则返回 false。

例如可以使用下面的代码来判断<h1>元素中是否含有类名"another"，代码如下：

```
$("h1").hasClass("another");
```

hasClass()方法实际上是 is()方法的再包装，jQuery 为了方便用户使用，重新定义了hasClass()专门用来判断指定类样式是否存在。代码 $("h1").hasClass("another") 可以改写为$("h1").is(".another")。

14.3.9　遍历节点

jQuery 定义了 children()、next()，prev()和 parent() 4 个基本元素遍历方法，使用它们可以轻松访问文档中任何元素。其中 children()方法获取当前元素包含的所有子元素，next()方法获取当前元素相邻的下一个同级元素，prev()方法获取当前元素相邻的上一个同级元素，parent()方法获取当前元素的父元素。不过这些方法的返回值都是 jQuery 对象，而不是 DOM 集合或对象。

此处使用本节（14.3）开头约定的 HTML 页面，其 DOM 树的结构，如图 14-4 所示。

1．children()方法

通过 DOM 树，可知元素之间的关系以及它们的子元素个数。<body>元素下有<h1>、<p>和<ul>三个子元素，<p>元素没有子元素，<ul>元素有三个<li>子元素。使用 children()方法来获取匹配元素所有子元素的个数。

jQuery 代码如下：

```
var $body = $("body").children();
var $p = $("p").children();
var $ul = $("ul").children();
alert($body.length);              //<body>元素下有 3 个子元素
alert($p.length);                 //<p>元素下有 0 个子元素
alert($ul.length);                //<ul>元素下有 3 个子元素
for(var i=0, len=$ul.length; i<len; i++) {
    alert($ul[i].innerHTML);      //循环输出<li>元素的 HTML 内容
```

```
        }
```

2．next()方法

next()方法用于获取匹配元素后面紧邻的同辈元素。

从 DOM 树的结构中可知<p>元素的下一个同辈元素是<ul>，可以通过 next()方法来获取<ul>元素，代码如下：

```
        var $p_next = $("p").next();          //取得<p>元素后面紧邻的同辈元素
```

得到的结果是：

```
        <ul>
            <li>Document</li>
            <li>Object</li>
            <li>Model</li>
        </ul>
```

3．prev()方法

prev()方法用于获取匹配元素前面紧邻的同辈元素。

从 DOM 树的结构中可知<p>元素的上一个同辈节点是<h1>，因此可以通过 prev()方法来获取<h1>元素，代码如下：

```
        var $p_prev = $("p").prev();          //取得<p>元素前面紧邻的同辈元素
```

得到的结果是：

```
        <h1 title="DOM 文档对象模型">DOM 文档对象模型</h1>
```

4．siblings()方法

siblings()方法用于获取匹配元素前后所有的同辈元素。

从 DOM 树的结构中可知<h1>元素、<p>元素和<ul>互为同辈元素，<ul>元素下的 3 个<li>元素也互为同辈元素。如果要获取<p>元素的同辈元素，代码如下：

```
        var $p2 = $("p").siblings();          //取得<p>元素的同辈元素
```

得到的结果是：

```
        <h1 title="DOM 文档对象模型">DOM 文档对象模型</h1>
        <ul>
            <li>Document</li>
            <li>Object</li>
            <li>Model</li>
        </ul>
```

5．closest()方法

closest()方法用于获取最近的匹配元素。首先检查当前元素是否匹配，如果匹配则直接返回元素本身。如果不匹配则向上查找父元素，逐级向上直到找到匹配选择器的元素。如果什么都没找到则返回一个空的 jQuery 对象。

例如，给单击的目标元素最近的 li 元素添加颜色，可以使用如下代码：

```
        $(document).bind("click", function(e){
            $(e.target).closest("li").css("color","red");
        })
```

6．parent()、parents()和 closest()的区别

parent()、parents()和 closest()方法类似，也有不同之处，三个方法的区别如表 14-13 所示。

表 14-13　parent()、parents()与 closest()的区别

方　　法	描　　述
parent()	获得集合中每个匹配元素的父级元素
parents()	获得集合中每个匹配元素的祖先元素
closest()	从元素本身开始，逐级向上级元素匹配，并返回最先匹配的祖先元素

可以根据实际需求灵活地选择使用哪个方法。详细用法可以查阅 jQuery 参考手册。

14.4　jQuery 事件

为了能够更好地兼容不同的浏览器，jQuery 在 JavaScript 的基础上，进一步封装了不同类型的事件模型，不仅提供了更加优雅的事件处理语法，而且极大地增强了事件处理能力。

14.4.1　加载 DOM

将 jQuery 代码放在页面的最下方，是为了等页面加载结束之后再执行代码。jQuery 提供了 $(document).ready()方法。$(document).ready()方法是事件模块中最重要的一个函数，可以极大地提高 Web 应用程序的响应速度。jQuery 使用$(document).ready()方法替代 JavaScript 中的 window.onload 方法。使用这个方法，可以将 jQuery 代码放在<head>标签中，不会立即执行，页面加载完成后再执行代码。

页面代码如下：

```
<!DOCTYPE html>
<html>
<head>
    <meta charset="utf-8">
    <title>加载 DOM</title>
    <script type="text/javascript" src="js/jquery-3.5.1.js"></script>
    <script type="text/javascript">
        $(document).ready(function(){
        //代码内容
        })
    </script>
</head>
<body>
</body>
</html>
```

为了方便开发，jQuery 框架进一步简化了$(document).ready()方法的写法，直接使用$()方法来表示，其代码如下。

```
$(function(){
//代码内容
})
```

在一般情况下，所有 jQuery 代码建议都包含在$()函数中，当然也可以不包含在$()函数

中，这与 JavaScript 代码应该放在 window.onload 事件处理函数中的道理是一样的，根据程序的需要选取合适的执行方法。

14.4.2 事件绑定

jQuery 定义了 bind()方法作为统一的接口，用来为每一个匹配元素绑定事件处理程序。其基本语法如下。

```
bind(type, [data], fn);
```

其中参数 type 表示事件类型，如"click"或"submit"等，也可以自定义；参数 fn 是用来绑定的事件处理函数；参数 data 比较特殊，是可选的，它可以作为 event.data 属性值传递给事件对象的额外数据对象。

通过一个例子来了解 bind()方法的用法。设计一个简单的页面，段落标签绑定 click 事件，当鼠标单击段落时会触发事件，将该段落文字通过警告对话框显示出来，代码如下：

```html
<!DOCTYPE html>
<html>
<head>
    <meta charset="utf-8">
    <title>jQuery-事件绑定</title>
    <script type="text/javascript" src="js/jquery-3.5.1.js"></script>
    <script type="text/javascript">
    $(function(){
        $("p").bind("click",function(){
            alert($(this).text());
        })
    })
    </script>
</head>
<body>
    <p>第一段</p>
    <p>第二段</p>
    <p>第三段</p>
</body>
</html>
```

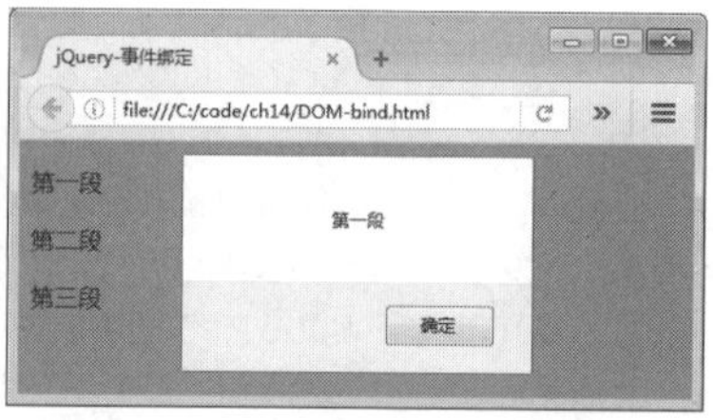

图 14-16　bind()事件绑定

运行结果如图 14-16 所示。

上例中通过 bind()方法绑定了 click 事件，jQuery 元素事件类型的方法与 2 级事件模型中的事件类型一一对应，名称也完全相同，即 click 事件对应 click()方法，如表 14-14 所示。jQuery 提供了一套简写的方法，简写方法和 bind()方法类似，实现效果也相同。

表 14-14　绑定元素事件类型方法

blur()	focus()	mousedown()	resize()
change()	keydown()	mousemove()	scroll()
click()	keypress()	mouseout()	select()
dblclick()	keyup()	mouseover()	submit()
error()	load()	mouseup()	unload()

上例中 bind()方法绑定代码如下：

238

```
$("p").bind("click",function(){
    alert($(this).text());
})
```

可以直接使用 click()方法改写，代码如下：

```
$("p").click(function(){
    alert($(this).text());
})
```

14.4.3 合成事件

jQuery 提供一种合成事件方法 hover()，hover()方法可以模仿悬停事件，即鼠标移动到一个对象上面及移出这个对象的方法。语法结构如下。

```
hover(enter , leave);
```

hover()方法包含两个参数：第一个参数表示鼠标移到元素上要触发的函数（enter）；第二个参数表示鼠标移出元素要触发的函数（leave）。例如，在下面的示例中为按钮绑定 hover 合成事件，这样当鼠标移过按钮时，会触发指定的第一个函数；当鼠标移出这个元素时，会触发指定的第二个函数。

```html
<!DOCTYPE html>
<html>
<head>
    <meta charset="utf-8">
    <title>jQuery-合成事件</title>
    <script type="text/javascript" src="js/jquery-3.5.1.js"></script>
    <script type="text/javascript">
        $(function(){
            $("input").hover(
            function(){
                this.value = "鼠标移入";
            },
            function(){
                this.value = "鼠标移出";
            })
        })
    </script>
</head>
<body>
    <input type="button" value="鼠标切换事件" />
</body>
</html>
```

14.4.4 事件冒泡

在页面上可以有多个事件，也可以多个元素响应同一个事件。假设网页上有两个元素<div>和<span>，其中元素<span>嵌套在元素<div>里，并且都被绑定了 click 事件，同时<body>元素上也绑定了 click 事件。当单击内部<span>元素，即触发<span>元素的 click 事件时，会输出 3 条记录，这就是由事件冒泡引起的。

示例代码如下：

```html
<!DOCTYPE html>
<html>
<head>
    <meta charset="utf-8">
    <title>jQuery-事件冒泡</title>
    <style type="text/css">
        #content {
            width: 300px;
            border: 2px solid green;
            padding: 5px;
        }
        #content span {
            display: block;
            border: 2px solid red;
            padding: 5px;
            margin: 5px;
        }
        #msg {
            margin: 5px;
            line-height: 1.5em;
            color: blue;
        }
    </style>
    <script type="text/javascript" src="js/jquery-3.5.1.js"></script>
    <script type="text/javascript">
        $(function(){
            //为 span 绑定 click 事件
            $("span").click(function(){
                var txt = $("#msg").html() + "<p>span 元素被单击</p>";
                $("#msg").html(txt);
            })
            //为 div 绑定 click 事件
            $("#content").click(function(){
                var txt = $("#msg").html() + "<p>div 元素被单击</p>";
                $("#msg").html(txt);
            })
            //为 body 绑定 click 事件
            $("body").click(function(){
                var txt = $("#msg").html() + "<p>body 元素被单击</p>";
                $("#msg").html(txt);
            })
        })
    </script>
</head>
<body>
    <div id="content">
        外层 div 元素
        <span>内层 span 元素</span>
        外层 div 元素
    </div>
    <div id="msg"></div>
</body>
</html>
```

240

当单击内部元素，即触发元素的 click 事件时，会输出 3 条记录，如图 14-17 所示。

图 14-17　事件冒泡

在单击<span>元素的同时，也单击了包含<span>元素的<div>元素和包含<div>元素的<body>元素，并且每一个元素都会按照特定的顺序响应 click 事件。元素的 click 事件按照以下顺序"冒泡"：<span>→<div>→<body>。之所以称为冒泡，是因为事件会按照 DOM 的层次结构像水泡一样不断向上直至顶端。

事件冒泡可能会引起预料之外的效果。上例中，本来只想触发<span>元素的 click 事件，然而<div>元素和<body>元素的 click 事件也同时被触发了。因此，有必要对事件的作用范围进行限制。当单击<span>元素时，只触发<span>元素的 click 事件，而不触发<div>元素和<body>元素的 click 事件；当单击<div>元素时，只触发<div>元素的 click 事件，而不触发<body>元素的 click 事件。为了解决这些问题，需要了解以下内容。

（1）事件对象

由于 IE-DOM 和标准 DOM 实现事件对象的方法各不相同，导致在不同浏览器中获取事件对象变得比较困难。针对这个问题，jQuery 进行了必要的扩展和封装，从而使得在任何浏览器中都能很轻松地获取事件对象以及事件对象的一些属性。在程序中使用事件对象非常简单，只需要为函数添加一个参数。当单击"element"元素时，事件对象就被创建了。这个事件对象只有事件处理函数才能访问。事件处理函数执行完毕，事件对象就被销毁。

```
$("element").click(function(event){          //event：事件对象
//代码内容
});
```

（2）停止事件冒泡

停止事件冒泡可以阻止事件中其他对象的事件处理函数执行。在 jQuery 中提供了stopPropagation()方法来停止事件冒泡。

jQuery 代码如下：

```
$("span").click(function(event){                      //event：事件对象
    var txt = $("#msg").html() + "<p>span 元素被单击</p>";
    $("#msg").html(txt);
    event.stopPropagation();                          //停止事件冒泡
})
```

当单击<span>元素时，只会触发<span>元素上的 click 事件，而不会触发<div>元素和<body>元素的 click 事件。用这个方法改写上例后，代码如下：

```
//……省略其他代码
<script type="text/javascript" src="js/jquery-3.5.1.js"></script>
<script type="text/javascript">
```

```
        $(function(){
            //为 span 绑定 click 事件
            $("span").click(function(event){
                var txt = $("#msg").html() + "<p>span 元素被单击</p>";
                $("#msg").html(txt);
                event.stopPropagation();
            })
            //为 div 绑定 click 事件
            $("#content").click(function(event){
                var txt = $("#msg").html() + "<p>div 元素被单击</p>";
                $("#msg").html(txt);
                event.stopPropagation();
            })
            //为 body 绑定 click 事件
            $("body").click(function(event){
                var txt = $("#msg").html() + "<p>body 元素被单击</p>";
                $("#msg").html(txt);
                event.stopPropagation();
            })
        })
    </script>
    //……省略其他代码
```

运行结果如图 14-18 所示。

图 14-18　停止事件冒泡

（3）阻止默认行为

网页中的元素有自己默认的行为，例如，单击超链接后会跳转、单击"提交"按钮后表单会提交。有时需要阻止元素的默认行为。

在 jQuery 中，提供了 preventDefault()方法来阻止元素的默认行为。例如，在页面验证表单中验证表单内容（某元素是否为必填字段，某元素长度是否够 6 位等）时，如果表单不符合提交条件，要阻止表单的提交（默认行为）。下面实例实现了这一功能：提交表单时，判断文本框是否为空，如果为空则出现提示语，并且停止表单提交，只有文本框有内容，不为空时，才能提交表单，完整代码如下。

```
<!DOCTYPE html>
<html>
<head>
    <meta charset="utf-8">
    <title>jQuery-阻止默认行为</title>
    <script type="text/javascript" src="js/jquery-3.5.1.js"></script>
    <script type="text/javascript">
```

```
        $(function(){
            $("#sub").click(function(event){
                var username = $("#username").val();        //获取元素的值
                if(username==""){                            //判断值是否为空
                    $("#msg").html("<p>文本框不能为空</p>");    //提示信息
                    event.preventDefault();                  //阻止默认行为
                }
            })
        })
    </script>
</head>
<body>
    <form action="test.html">
        <label for="username">用户名：</label>
        <input type="text" id="username" />
        <input type="submit" id="sub" value="提交" />
    </form>
    <div id="msg"></div>
</body>
</html>
```

图 14-19　阻止默认行为

运行结果如图 14-19 所示。

如果想同时对事件对象停止冒泡和默认行为，可以在事件处理函数中返回 false。这是对在事件对象上同时调用 stopPrapagation()方法和 preventDefault()方法的一种简写方式。

表单例子中，可以把 event.preventDefault()改写为 return false；事件冒泡例子中，可以把 event.stopPropagation()改写为 return false。

14.4.5　移除事件

在绑定事件的过程中，不仅可以为同一个元素绑定多个事件，也可以为多个元素绑定同一个事件。假设网页上有一个<button>元素，为该元素绑定多个相同的事件，代码如下：

```
<!DOCTYPE html>
<html>
<head>
    <meta charset="utf-8">
    <title>jQuery-多事件绑定</title>
    <script type="text/javascript" src="js/jquery-3.5.1.js"></script>
    <script type="text/javascript">
        $(function(){
            $("#btn").bind("click",function(){
                $("#msg").append("<p>绑定函数 1</p>");
            }).bind("click",function(){
                $("#msg").append("<p>绑定函数 2</p>");
            }).bind("click",function(){
                $("#msg").append("<p>绑定函数 3</p>");
            })
        })
    </script>
</head>
<body>
    <button id="btn">点击</button>
    <div id="msg"></div>
```

```
        </body>
        </html>
```

运行结果如图 14-20 所示。

图 14-20　多事件绑定

事件绑定之后，也可以对其进行事件移除操作。jQuery 解除绑定函数 unbind()的语法结构如下。

```
        unbind(type,[data]);
```

第一个参数是事件类型；第二个参数是将要解除的函数，具体说明如下。

1）如果没有参数，则删除所有绑定事件。

2）如果只提供了事件类型参数，则只删除该类型的绑定事件。

3）如果把绑定时传递的处理函数作为第二个参数，则只有这个特定的事件处理函数被删除。

在上例代码中，添加一个按钮，为该按钮绑定一个 click 事件，在该事件内添加函数解绑所有 click 事件，代码如下：

```html
<!DOCTYPE html>
<html>
<head>
    <meta charset="utf-8">
    <title>jQuery-解除事件绑定</title>
    <script type="text/javascript" src="js/jquery-3.5.1.js"></script>
    <script type="text/javascript">
        $(function(){
            $("#btn").bind("click",function(){
                $("#msg").append("<p>绑定函数 1</p>");
            }).bind("click",function(){
                $("#msg").append("<p>绑定函数 2</p>");
            }).bind("click",function(){
                $("#msg").append("<p>绑定函数 3</p>");
            })
            //解除事件绑定
            $("#delAll").click(function(){
                $("#btn").unbind("click");
            })
        })
    </script>
</head>
<body>
    <button id="btn">点击</button>
    <button id="delAll">删除所有事件</button>
    <div id="msg"></div>
```

```
</body>
</html>
```

运行结果如图 14-21 所示。

图 14-21　解除事件绑定

14.5　jQuery 动画

动画效果也是 jQuery 库吸引人的地方。通过 jQuery 的动画方法，能够轻松地为网页添加非常精彩的视觉效果，给用户一种全新的体验。

14.5.1　隐藏和显示

隐藏和显示是 jQuery 中最基本的动画方法。隐藏使用 hide()方法，显示使用 show()方法。在 HTML 文档里，为一个元素调用 hide()方法，会将该元素的 display 样式改为“none”。当元素隐藏后，可以使用 show()方法将元素的 display 样式设置为先前的显示状态（除了“none”之外的其他值），使其重新显示。此外，toggle()方法是在隐藏和显示之间进行切换。具体语法格式如下：

```
$(selector).hide(speed,callback);
$(selector).show(speed,callback);
$(selector).toggle(speed,callback);
```

两个参数，其中 speed 参数规定隐藏/显示的速度，可以取以下值："slow"、"fast" 或毫秒。另一个 callback 参数是动画完成后所执行的函数名称。

通过实例验证以上效果，设计四个按钮和一个文字段落。单击第一个按钮，直接显示文字段落；单击第二个按钮，缓慢隐藏，时长 2 s；单击第三个按钮，缓慢显示，时长 2 s；单击第四个按钮，段落会在显示和隐藏之间切换，代码如下：

```
<!DOCTYPE html>
<html>
<head>
    <meta charset="utf-8">
    <title>hide()/show()/toggle()</title>
    <style type="text/css">
        p {
            display: none;
        }
    </style>
    <script type="text/javascript" src="js/jquery-3.5.1.js"></script>
    <script type="text/javascript">
```

```
$(function(){
    $("#btn1").click(function(){
        $("p").show();
    })
    $("#btn2").click(function(){
        $("p").hide(2000);
    })
    $("#btn3").click(function(){
        $("p").show(2000);
    })
    $("#btn4").click(function(){
        $("p").toggle();
    })
})
</script>
</head>
<body>
    <button id="btn1">直接显示</button>
    <button id="btn2">缓慢隐藏</button>
    <button id="btn3">缓慢显示</button>
    <button id="btn4">切换隐藏/显示</button>
    <p>
        这是一个段落。<br>
        这是一个段落。
    </p>
</body>
</html>
```

运行结果如图 14-22 所示。

图 14-22　段落隐藏和显示

14.5.2　淡入和淡出

淡入和淡出是通过不透明度的变化来实现匹配元素的淡入和淡出效果，元素的高度和宽度不会发生变化。fadeIn()方法能够实现所有匹配元素的淡入效果，并在动画完成后触发一个可选的回调函数。而 fadeOut()方法正好相反，它能够实现所有匹配元素的淡出效果。fadeToggle()方法是在淡入和淡出之间进行切换。fadeTo()方法允许渐变为给定的不透明度（值介于 0 与 1 之间）。具体语法格式如下：

```
$(selector).fadeIn(speed,callback);
$(selector).fadeOut(speed,callback);
$(selector).fadeToggle(speed,callback);
$(selector).fadeTo(speed,opacity,callback);
```

以上参数中，speed 参数规定隐藏/显示的速度，可以取以下值："slow" "fast" 或毫秒。另一个 callback 参数是动画完成后所执行的函数名称。此外，fadeTo()方法中必需的 opacity 参数将淡入淡出效果设置为给定的不透明度（值介于 0 与 1 之间）。

通过实例验证以上效果，设计 5 个按钮，一个文字段落。单击第一个按钮使文字段落"淡出"；单击第二个按钮使文字段落"淡入"；单击第三个按钮"淡入/淡出切换"使段落在显示和隐藏之间切换；单击第四个按钮使段落渐变至 50%不透明度；单击第五个按钮使段落渐变至100%不透明度，代码如下：

```
<!DOCTYPE html>
```

```
<html>
<head>
    <meta charset="utf-8">
    <title>fadeIn()/fadeOut()/fadeToggle()/fadeTo()</title>
    <script type="text/javascript" src="js/jquery-3.5.1.js"></script>
    <script type="text/javascript">
        $(function(){
            $("#btn1").click(function(){
                $("p").fadeOut();
            })
            $("#btn2").click(function(){
                $("p").fadeIn();
            })
            $("#btn3").click(function(){
                $("p").fadeToggle();
            })
            $("#btn4").click(function(){
                $("p").fadeTo("slow",0.5);
            })
            $("#btn5").click(function(){
                $("p").fadeTo("slow",1);
            })
        })
    </script>
</head>
<body>
    <button id="btn1">淡出</button>
    <button id="btn2">淡入</button>
    <button id="btn3">淡入/淡出切换</button>
    <button id="btn4">渐变为 50%不透明度</button>
    <button id="btn5">渐变为 100%不透明度</button>
    <p>
        这是一个段落。<br>
        这是一个段落。
    </p>
</body>
</html>
```

运行结果如图 14-23 所示。

图 14-23　段落淡入和淡出

14.5.3　滑动动画

滑动动画主要指的是上滑 slideUp()、下滑 slideDown()、上滑下滑切换 slideToggle()。slideUp()方法和 slideDown()方法只会改变元素的高度。如果一个元素的 display 属性值为"none"，当调用 slideDown()方法时，这个元素将由上至下延伸显示。slideUp()方法正好相反，元素将由下到上缩短隐藏。slideToggle()方法可以在 slideDown()与 slideUp()方法之间进行切换。具体语法格式如下：

```
$(selector).slideUp(speed,callback);
$(selector).slideDown(speed,callback);
$(selector).slideToggle(speed,callback);
```

以上参数中，speed 参数规定隐藏/显示的速度，可以取以下值："slow" "fast" 或毫秒。另一个 callback 参数是动画完成后所执行的函数名称。

通过实例验证以上效果，设计 3 个按钮，一个文字段落。单击第一个按钮使文字段落"上滑"；单击第二个按钮使文字段落"下滑"；单击第三个按钮"滑动切换"使段落在上滑和下滑之间切换，代码如下：

```html
<!DOCTYPE html>
<html>
<head>
    <meta charset="utf-8">
    <title>slideUp()/slideDown()/slideToggle()</title>
    <script type="text/javascript" src="js/jquery-3.5.1.js"></script>
    <script type="text/javascript">
        $(function(){
            $("#btn1").click(function(){
                $("p").slideUp();
            })
            $("#btn2").click(function(){
                $("p").slideDown();
            })
            $("#btn3").click(function(){
                $("p").slideToggle();
            })
        })
    </script>
</head>
<body>
    <button id="btn1">上滑</button>
    <button id="btn2">下滑</button>
    <button id="btn3">滑动切换</button>
    <p>
        这是一个段落。<br>
        这是一个段落。<br>
        这是一个段落。
    </p>
</body>
</html>
```

运行结果如图 14-24 所示。

图 14-24　段落滑动动画

14.5.4　自定义动画方法

前面已经讲了 3 种类型的动画。其中 show()方法和 hide()方法会同时修改元素的高度、宽度和不透明度；fadeOut()方法和 fadeIn()方法只会修改元素的不透明度；slideDown()方法和 slideUp()方法只会改变元素的高度。

在很多情况下，这些方法无法满足用户的各种需求，那么就需要对动画有更多的控制，需要采取一些高级的自定义动画来解决这些问题。在 jQuery 中，可以使用 animated 方法来自定义动画。其语法结构为：

```
$(selector).animate({params},speed,callback);
```

以上参数，其中必需的 params 参数定义形成动画的 CSS 属性（如"width""height""top""opacity"等）。可选的 speed 参数规定效果的时长，它可以取以下值："slow" "fast" 或毫秒。另一个可选的 callback 参数是动画完成后所执行的函数名称。

通过实例验证以上效果，设计两个按钮，一个 div 盒子。单击第一个按钮使 div 盒子向左移动到距离页面左边缘-30 像素的位置，同时宽和高都缩小到 50 像素；单击第二个按钮使 div 盒子向右移动到距离页面左边缘 50 像素的位置，同时宽和高都增加到 150 像素。代码如下：

```html
<!DOCTYPE html>
<html>
<head>
    <meta charset="utf-8">
    <title>animate()</title>
    <style type="text/css">
        .box {
            background-color: lightseagreen;
            width: 100px;
            height: 100px;
            position: absolute;
            margin: 10px;
        }
    </style>
    <script type="text/javascript" src="js/jquery-3.5.1.js"></script>
    <script type="text/javascript">
        $(function(){
            $("#btn1").click(function(){
                $(".box").animate({left:"-30px", width:"50px", height:"50px"},1000);
            })
            $("#btn2").click(function(){
                $(".box").animate({left:"50px", width:"150px", height:"150px"},1000);
            })
        })
    </script>
</head>
<body>
    <button id="btn1">&lt;&lt;向左移动</button>
    <button id="btn2">向右移动&gt;&gt;</button>
    <div class="box">自定义动画</div>
</body>
</html>
```

运行结果如图 14-25 所示。

图 14-25　div 盒子自定义动画

之前的代码中，参数为{left:"50 px", width:"150 px", height:"150 px"}，用于控制目标 div 的位置和大小，这些值是固定的。如果想在原位置或原宽高的基础上，增加或者减少数值，使用"+="或"-="，这就是累加、累减动画。关键代码如下：

```
$(function(){
```

```
        $("#btn1").click(function(){
            $(".box").animate({left:"-=30 px", width:"-=50 px", height:"-=50 px"},1000);
        })
        $("#btn2").click(function(){
            $(".box").animate({left:"+=50px", +=width:"150px", height:" +=150px"},1000);
        })
    })
```

通过单击控制按钮，可以实现 div 盒子连续地向左或向右移动，同时盒子宽度和高度也随之增减。

14.5.5 动画控制方法

jQuery 定义了 stop()方法，该方法可以随时停止所有正在指定元素上运行的动画。stop()方法的语法结构为：

```
$(selector).stop(stopAll,goToEnd);
```

以上参数中，可选参数 stopAll 规定是否应该清除动画队列。默认是 false，即仅停止活动的动画，允许任何排入队列的动画向后执行。另一个可选参数 goToEnd 规定是否立即完成当前动画。默认是 false。

通过实例验证以上效果，设计两个按钮，一个 div 盒子。单击第一个按钮使 div 盒子调用 slideDown()方法向下滑动，动画时长 5 s；单击第二个按钮停止当前动画。代码如下：

```html
<!DOCTYPE html>
<html>
<head>
    <meta charset="utf-8">
    <title>slideDown()/stop()</title>
    <style type="text/css">
        div {
            background-color: lightblue;
            border: 1px solid #333;
            padding: 30px;
            text-align: center;
            overflow: hidden;
            display: none;
        }
    </style>
    <script type="text/javascript" src="js/jquery-3.5.1.js"></script>
    <script type="text/javascript">
        $(function(){
            $("#btn1").click(function(){
                $("div").slideDown(5000);
            })
            $("#btn2").click(function(){
                $("div").stop();
            })
        })
    </script>
</head>
<body>
    <button id="btn1">开始动画</button>
```

```
        <button id="btn2">停止动画</button>
        <div>
            这是一个盒子。<br>
            这是一个盒子。<br>
            这是一个盒子。
        </div>
    </body>
</html>
```

运行结果如图 14-26 所示。

图 14-26　停止动画

14.6　练习

1. 在 jQuery 中被誉为工厂函数的是（　　）。

    A．ready()　　　　B．function()　　　C．$()　　　　　　D．next()

2. 假如需要选择页面中唯一一个 DOM 元素，则（　　）是最快、最高效的选择器。

    A．后代选择器　　B．类选择器　　　C．id 选择器　　　D．属性选择器

3. 通过选择器方法，判断选择器名称是（　　）。

```
$("parent > child")
$("ancestor descendant")
```

    A．后代选择器、子代选择器　　　　B．后代选择器、一般兄弟选择器

    C．子代选择器、相邻兄弟选择器　　D．子代选择器、后代选择器

4. 在 jQuery 中，如果想要从 DOM 中删除所有匹配的元素，（　　）是正确的。

    A．delete()　　　B．empty()　　　C．remove()　　　D．removeAll()

5. 下列选项中，不属于键盘事件的是（　　）。

    A．keydown()　　B．keyup()　　　C．keypress()　　D．ready()

6. 在 jQuery 中，关于 fadeIn() 方法正确的是（　　）。

    A．可以改变元素的高度

    B．可以逐渐改变被选元素的不透明度，从隐藏到可见（褪色效果）

    C．可以改变元素的宽度

    D．与 fadeIn() 相对的方法是 fadeOn()

7. 下列选项中，失去焦点时触发的是（　　）。

    A．blur()　　　　B．select()　　　C．focus()　　　D．onfocus()

8. 使用 CDN 加载 jQuery 库的主要优势是什么？

9. $(this) 和 this 关键字在 jQuery 中有何不同？

第 15 章　jQuery 应用

本章通过 jQuery 在表单（Form）和表格（Table）中的应用来加深对 jQuery 的理解。表单和表格都是 HTML 的重要组成部分，分别用于采集、提交用户输入的信息和显示列表数据。学习本章的内容后，读者能掌握更多的表单、表格控制技术。

15.1　表单应用

表单通常由 3 部分组成：表单标签、表单域、表单按钮，本节主要介绍 jQuery 在表单域中的应用。

15.1.1　单行文本框应用

文本框是表单域中最基本的元素，基于文本框的应用有很多。此处只简单介绍其中的一个应用——获取和失去焦点改变样式。

首先，准备一个表单页面，HTML 代码如下：

```
<form action="#" method="post">
    <label for="username">账号：</label>
    <input type="text" id="username"><br>
    <label for="pswd">密码：</label>
    <input type="text" id="pswd">
</form>
```

当文本框获取焦点后，它的颜色需要有变化；当它失去焦点后，则要恢复为原来的样式。此功能可以极大地提升用户体验，使用户的操作可以得到及时的反馈。

首先在 CSS 中添加一个类名为 focus 的样式。

CSS 代码如下：

```
.focus {
    border: 1px solid red;
    background: lightpink;
}
```

然后为文本框添加获取和失去焦点事件。

```
jQuery 代码如下：
$(function(){
    $(":input").focus(function(){
        $(this).addClass("focus");
    }).blur(function(){
        $(this).removeClass("focus");
    })
})
```

图 15-1　单行文本框焦点样式变化

当文本框获得焦点时，文本框会改变样式，如图 15-1 所示。

15.1.2 多行文本框应用

多行文本框用于输入较多的文本内容，内容较多时多行文本框默认高度有限，不能显示全部内容，可以通过按钮控制多行文本框的高度。

首先创建一个表单，其中包含两个控制按钮和一个多行文本框，HTML 代码如下：

```
<form action="#" method="post">
    <div>
        <span class="plus">+</span>
        <span class="minus">-</span>
    </div>
    <textarea id="comment" rows="8" cols="20">多行文本框高度变化，多行文本框高度变化，多行文本框高度变化，多行文本框高度变化，多行文本框高度变化……</textarea>
</form>
```

然后需要设计以下两种情况。

1）当单击"+"按钮后，如果文本框的高度小于 500 px，则在原有高度的基础上增加 50 px。

2）当单击"-"按钮后，如果文本框的高度大于 100 px，则在原有高度的基础上减去 50 px。

jQuery 代码如下：

```
$(function(){
    var $comment = $("#comment");
    $(".plus").click(function(){
        if ($comment.height() < 500) {
            $comment.height($comment.height() + 50);
        }
    })
    $(".minus").click(function(){
        if ($comment.height() > 100) {
            $comment.height($comment.height() - 50);
        }
    })
})
```

运行结果如图 15-2 所示。

图 15-2　控制多行文本框高度

当单击"+"或"-"按钮后，多行文本框就有了相应的变化，但此时多行文本框的高度是直接变化，中间没有过渡效果。结合前面介绍的自定义动画方法 animate()，可以将高度变化过程变成动画过渡的效果，此处可以修改一行代码：

253

```
$comment.height($comment.height() + 50);
```

改为：

```
$comment.animate({height : "+=50"}, 500);
```

当单击"+"按钮后，多行文本框的高度会在 0.5 s 内将增加 50 px。此时多行文本框的高度变化具有一定的动画效果，比直接使用 height()方法的效果更好。

15.1.3　复选框应用

对复选框最基本的应用，就是全选、反选和全不选等操作。复杂的操作需要与选项挂钩，来达到各种级联反应效果。

首先在空白网页中创建一个表单，其中放入一组复选框，HTML 代码如下：

```
<form action="#" method="post">
        选择喜欢的水果？<br>
        <input type="checkbox" name="fruit" value="苹果" />苹果
        <input type="checkbox" name="fruit" value="草莓" />草莓
        <input type="checkbox" name="fruit" value="菠萝" />菠萝
        <input type="checkbox" name="fruit" value="橙子" />橙子<br>
        <input type="button" id="checkAll" value="全　选" />
        <input type="button" id="checkNo" value="全不选" />
        <input type="button" id="reverse" value="反　选" />
        <input type="button" id="send" value="提　交" />
</form>
```

复选框选中状态，必须通过控制元素的 checked 属性来调整。如果属性 checked 的值为 true，说明被选中；如果值为 false，说明未被选中。因此可以基于这个属性来完成需求。匹配符合要求的复选框，通过 prop()方法来设置属性 checked 的值，使之选中。jQuery 代码如下：

```
$("#checkAll").click(function(){
    $(" [name=fruits]:checkbox"). prop("checked", true);
});
```

全不选操作，只需要将复选框的 checked 属性的值设置为 false，就可以实现。jQuery 代码如下：

```
$("#checkNo").click(function(){
    $(" [name=fruits]:checkbox"). prop("checked", false);
});
```

反选操作需要遍历每一个复选框进行设置，取它们值的反值，如果是 true，就设置为 false；如果是 false，就设置为 true，此种情况下可以使用非运算符"！"。jQuery 代码如下：

```
$("#reverse").click(function(){
    $("[name=fruits]:checkbox").each(function(){
        $(this).prop("checked", !$(this).prop("checked"));
    });
});
```

复选框被选中后，用户单击"提交"按钮，需要将选中的项的值输出，可以通过 val()方法获取选中的值。jQuery 代码如下：

```
$("#send").click(function(){
```

```
            var txt = "选中的水果是：\r\n";
            $("[name=fruits]:checkbox:checked").each(function(){
                txt += $(this).val() + "\r\n";
            });
            alert(txt);
        });
```

单击"提交"按钮后，显示效果如图 15-3 所示。

图 15-3　复选框选中输出效果

15.1.4　下拉框应用

下拉框有非常多的应用，这里介绍一个典型、常用的应用：两个下拉框之间相互传递选项值。

首先，在页面中添加两个下拉框，然后在下方添加几个功能按钮。HTML 代码如下：

```
<div class="content">
    <select multiple id="select1">
        <option value="">选项 1</option>
        <option value="">选项 2</option>
        <option value="">选项 3</option>
        <option value="">选项 4</option>
        <option value="">选项 5</option>
        <option value="">选项 6</option>
    </select>
    <div class="btn">
        <span id="add">选中添加到右边&gt;&gt;</span>
        <span id="addAll">全部添加到右边&gt;&gt;</span>
    </div>
</div>
<div class="content">
    <select multiple id="select2">
    </select>
    <div class="btn">
        <span id="remove">&lt;&lt;选中添加到左边</span>
        <span id="removeAll">&lt;&lt;全部添加到左边</span>
    </div>
</div>
```

网页显示效果如图 15-4 所示。

需要实现的功能：将选中的选项添加到对方列表；将全部选项添加到对方列表；双击某个选项将其添加到对方列表。

1）选中添加至对方列表。首先要获取下拉列表中被选中的选项，然后将当前列表中的选项删除，将删除的选项添加到另一个列表。jQuery 代码如下：

图 15-4　下拉框应用初始页面

```
$("#add").click(function(){
    var $options = $("#select1 option:selected");
    $options.appendTo("#select2");
});
```

2）全部添加至对方列表。与上面代码唯一不同就是获取对象不同，在此基础上稍加修改即可实现。jQuery 代码如下：

```
$("#addAll").click(function(){
    var $options = $("#select1 option");
    $options.appendTo("#select2");
});
```

3）双击添加至对方列表。需要对下拉列表绑定双击事件 dblclick()，然后获取被选中的选项，将其添加至一个列表。jQuery 代码如下：

```
$("#select1").dblclick(function(){
    var $options = $("option:selected");
    $options.appendTo("#select2");
});
```

以上 3 个功能都是从左边列表框添加到右边列表框，从右边添加到左边的代码完全相同，不再赘述。完成后的效果如图 15-5 所示。

图 15-5　下拉列表应用完成效果

15.1.5　表单验证

表单是 HTML 中一个重要的组成部分，在表单中，表单验证的作用也是非常重要的，它能使表单更加方便、直观，增加表单的灵活性和易用性。

以一个简单的用户注册页面为例。首先新建一个表单，HTML 代码如下：

```html
<form action="#" method="post">
    <div>
        <label for="username">用户名：</label>
        <input type="text" id="username" class="required">
    </div>
    <div>
        <label for="email">邮箱：</label>
        <input type="text" id="email" class="required" />
    </div>
    <div>
        <label for="job">职业：</label>
        <input type="text" id="job">
    </div>
    <div class="btn">
        <input type="submit" id="send" value="提交" />
        <input type="reset" id="res"/>
    </div>
</form>
```

网页显示效果如图 15-6 所示。

在表单内 class 属性为 "required" 的文本框是必须填写的，因此需要将它与其他的非必须填写表单元素加以区别，即在文本框后面追加一个红色的星号标识。可以使用 append()方法来实现，代码如下：

```
$(":input.required").each(function(){
    var $required = $("<strong class='red'>*</strong>");
    $(this).parent().append($required);
});
```

页面运行效果如图 15-7 所示。

```
```

图 15-6　表单验证初始页面　　　　　　　　图 15-7　红色星号标识

当用户在"用户名"文本框中填写完信息，将光标的焦点从"用户名"移出时，需要即时判断用户名是否符合验证规则。当光标的焦点从"邮箱"文本框移出时，需要即时判断"邮箱"填写是否正确，因此需要给表单元素添加失去焦点事件 blur()。

验证表单元素步骤如下。

1）判断当前失去焦点的元素是"用户名"还是"邮箱"，然后分别处理。

2）如果是"用户名"，判断元素的值长度是否小于 6，如果小于 6，则用红色提醒用户输入不正确，反之，则用绿色提醒用户输入正确。

3）如果是"邮箱"，判断元素的值是否符合邮箱的格式，如果不符合，则用红色提醒用户输入不正确，反之，则用绿色提醒用户输入正确。

4）将提醒信息追加到当前元素的父元素的最后。

根据以上思路，jQuery 代码如下：

```
$("form :input").blur(function(){          //失去焦点事件
    var $parent = $(this).parent();
    $parent.find("#flag").remove();        //删除以前的提醒内容
    //验证用户名
    if($(this).is("#username")){
        if(this.value=="" || this.value.length < 6){
            var errorMsg = "用户名少于 6 位，请重新输入。";
            $parent.append("<span id='flag' class='onError'>" + errorMsg +
        } else {
            var successMsg = "输入正确";
            $parent.append("<span id='flag' class='onSuccess'>" + an>");
        }
    }
    //验证邮箱
    if($(this).is("#email")){
        if(this.value == "" || (this.value != "" && !/.+@.+\.[a-zA-alue))){
            var errorMsg = "Email 格式不正确，请重新输入。";
            $parent.append("<span id='flag' class='onError'>" + errorMsg +
        } else {
            var successMsg = "输入正确";
            $parent.append("<span id='flag' class='onSuccess'>" +
an>");
        }
    }
});
```

运行效果如图 15-8 所示。

在表单提交之前，需要对表单的必须填写元素进行一次整体

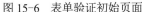

图 15-8　表单验证效果

的验证。可以直接用 trigger()方法来触发 blur 事件，从而达到验证效果。如果验证全部通过，可以提交；如果验证不通过，阻止表单提交。jQuery 代码如下：

```
$("#send").click(function(){
    $("form .requried:input").trigger("blur");
    var numError = $("form .onError").length;
    if (numError){
        alert("输入有误，请重新检查。");
        return false;
    }
    alert("输入正确，可以注册。");
});
```

运行效果如图 15-9 所示。

至此，表单验证过程就全部完成。可以根据前面学过的知识和实际需求进一步完善表单验证的效果。

图 15-9　表单提交前验证

15.2　表格应用

表格是网页中的常用元素，传统思路是使用 CSS 设置表格样式，步骤烦琐，费时费力，且不易修改。结合 jQuery 技术来控制表格的外观可以达到事半功倍的效果。

15.2.1　表格颜色控制

创建一个表格，其 HTML 代码如下：

```
<table>
    <thead>
        <tr><th>姓名</th><th>性别</th><th>专业</th></tr>
    </thead>
    <tbody>
        <tr><td>张三</td><td>男</td><td>英语</td></tr>
        <tr><td>李四</td><td>女</td><td>会计</td></tr>
        <tr><td>王五</td><td>男</td><td>物理</td></tr>
        <tr><td>赵六</td><td>女</td><td>化学</td></tr>
        <tr><td>钱七</td><td>男</td><td>生物</td></tr>
        <tr><td>周八</td><td>女</td><td>数学</td></tr>
    </tbody>
</table>
```

应用 CSS 样式后，显示效果如图 15-10 所示。

现在需要对表格进行隔行变色操作。表格奇数行和偶数行的背景颜色不同，分别定义两个样式。CSS 代码如下：

```
.even {background-color: #FFF38F;}        /*偶数行样式*/
.odd {background-color: #FFFFEE;}         /*奇数行样式*/
```

然后选择表格奇数行和偶数行分别添加样式，可以使用选择器来完成，代码如下：

```
$(function(){
    $("tbody>tr:odd").addClass("odd");          //给奇数行添加样式
```

```
        $("tbody>tr:even").addClass("even");        //给偶数行添加样式
    });
```

显示效果如图 15-11 所示。

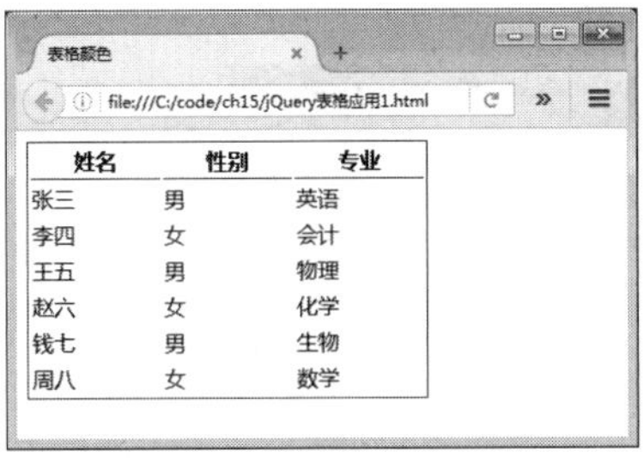

图 15-10　表格初始页面

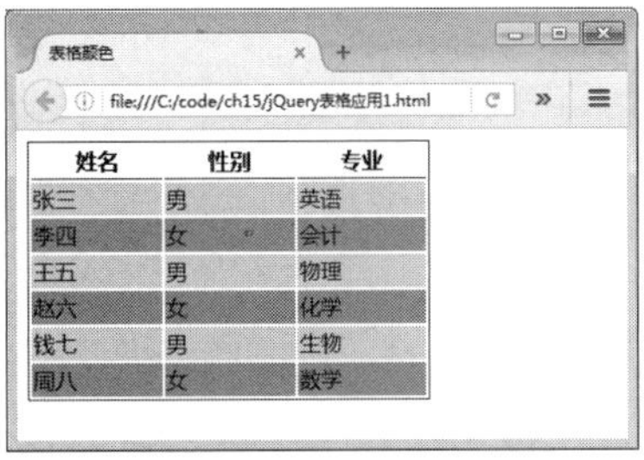

图 15-11　表格隔行变色

15.2.2　表格展开与关闭

在上例基础上，稍稍修改，添加分组。HTML 代码如下：

```
<table>
    <thead>
        <tr><th>姓名</th><th>性别</th><th>专业</th></tr>
    </thead>
    <tbody>
        <tr class="parent" id="row_01"><td colspan="3">第一组</td></tr>
        <tr class="child_row_01"><td>张三</td><td>男</td><td>英语</td></tr>
        <tr class="child_row_01"><td>李四</td><td>女</td><td>会计</td></tr>

        <tr class="parent" id="row_02"><td colspan="3">第二组</td></tr>
        <tr class="child_row_02"><td>王五</td><td>男</td><td>物理</td></tr>
        <tr class="child_row_02"><td>赵六</td><td>女</td><td>化学</td></tr>

        <tr class="parent" id="row_03"><td colspan="3">第三组</td></tr>
        <tr class="child_row_03"><td>钱七</td><td>男</td><td>生物</td></tr>
        <tr class="child_row_03"><td>周八</td><td>女</td><td>数学</td></tr>
    </tbody>
</table>
```

显示效果如图 15-12 所示。

现在需要实现的是当单击分组行时，可以关闭相应的内容。例如单击"第一组"行，则它对应的"张三"和"李四"两行将收缩。jQuery 代码如下：

```
$(function(){
    $("tr.parent").click(function(){            //获取父级行
        $(this)
        .toggleClass("selected")                //添加/删除高亮
        .siblings(".child_"+this.id).toggle();  //隐藏/显示子级行
    });
});
```

运行代码，单击表格父级行（分组行），相应的子级行（成员行）会隐藏/显示（关闭/展开），效果如图 15-13 所示。

259

图 15-12　人员分组表格

图 15-13　折叠/展开表格行

在图 15-12 中，人员分类默认是展开的，如果当用户刚进入页面时，默认需要全部收缩起来，只要触发 click()事件即可。jQuery 代码如下：

```
$("tr.parent").click(function(){
    $(this)
    .toggleClass("selected")
    .siblings(".child_"+this.id).toggle();
}).click();                                        //此处添加 click()事件
```

15.2.3　表格内容的筛选

如果想对表格内容进行筛选，可以使用 contains 选择器来完成，结合 filter()方法来实现。例如要筛选含有"李"字的表格行，jQuery 代码如下：

```
$(function(){
    $("table tbody tr").hide()
        .filter(":contains('李')").show();
});
```

显示效果如图 15-14 所示。

继续完善本例，可以在表格上方添加一个文本框，用于获取用户输入的内容来筛选表格内容，然后为文本框绑定 keyup 事件，jQuery 代码如下：

```
$(function(){
    $("#filterName").keyup(function(){
        $("table tbody tr").hide()
            .filter(":contains('"+ $(this).val() +"')").show();
    });
});
```

显示效果如图 15-15 所示。

图 15-14　表格筛选效果

图 15-15　用户输入筛选效果

15.3 练习

1. 下列选项中，有关数据验证的说法正确的是（　　　）。
   A. 使用客户端验证可以减轻服务器压力
   B. 客观上讲，使用客户端验证也会受限于客户端的浏览器设置
   C. 基于 JavaScript 的验证机制正是将服务器的验证任务转嫁至客户端，有助于合理使用资源
   D. 以上说法均正确

2. 在一个表单中，如果想要给输入框添加一个输入验证，可以用（　　　）事件实现。
   A. hover(over ,out)　　　B. keypress (fn)　　　C. change()　　　　　D. change(fn)

3. jQuery 的 get()方法的作用是（　　　）。
   A. 使用 HTTP GET 请求从服务器加载数据
   B. 返回一个对象
   C. 返回 jQuery 对象中的 DOM 元素
   D. 触发一个 get AJAX 请求

4. 在 jQuery 中指定一个类，如果存在就执行删除功能，如果不存在就执行添加功能，使用（　　　）函数可以实现该效果。
   A. removeClass()　　　　B. deleteClass()　　　C. toggleClass(class)　　D. addClass()

5. 在 jQuery 中，属于鼠标事件方法的选项是（　　　）。
   A. onclick()　　　　　　B. mouseover()　　　C. onmouseout()　　　　D. blur()

第16章　响应式网页设计

基于移动互联网跨平台多屏幕的特点，响应式网页设计也是近期成熟的网页设计思想，使一次设计兼容多个终端。本章为读者展示响应式网页的设计理念及开发过程。

16.1　响应式网页简介

伊桑·马科特（Ethan Marcotte）在 2010 年首先提出了响应式网页设计（Responsive Web Design，RWD）这个术语。在他的一篇文章《Responsive Web Design-A List Apart》中他将已有的 3 种开发技巧（弹性图片、弹性网格布局、媒体与媒体查询）进行了整合，命名为响应式网页设计。马科特说，真正的响应式设计方法不仅仅是根据可视区域大小而改变网页布局，而是要从整体上颠覆当前网页的设计方法，是针对任意设备的网页内容进行完美布局的一种显示机制。

随着近几年各种手持设备的普及应用，响应式网页设计也是大势所趋。响应式网页设计的理念是：页面的设计与开发应当根据用户行为以及设备环境（系统平台、屏幕尺寸、屏幕定向等）进行相应的响应和调整。具体的实践方式由多方面组成，包括弹性盒布局、图片、CSS media query 的使用等。无论用户正在使用笔记本、iPad 还是智能手机，页面都应该能够自动切换分辨率、图片尺寸及相关脚本功能等，以适应不同设备。换句话说，页面应该有能力自动响应用户的设备环境。响应式网页设计就是一个网站能够兼容多个终端，而不是为每个终端做一个特定的版本。这样，网站设计人员就不必为不断出现的新设备做专门的版本设计和开发了。

16.2　响应式网页设计的技术要点

要设计出能够兼容多种终端的响应式网页，需要在技术上注意以下几个要点。

16.2.1　响应式网页宽度

1．允许网页宽度自动调整

某些手机如 iPhone 在访问网页时默认会对网页进行缩放，尽量在屏幕上展示整个页面的内容。而缩放之后的效果可想而知，一个在计算机上正常展示的页面被缩小在手机屏幕上显示后，字体变得非常小而难以阅读。由于默认使用缩放，那么事先设计好的在小屏幕上使用的样式将不起作用，也就是说手机上展示的是计算机版本的一个缩小版。在代码中指定 viewport，可以让开发者指定网页视图区域及缩放比例等，这样就能修正由浏览器自动缩放带来的影响。

为避免浏览器自带的缩放功能影响网页的显示，首先，在网页代码的头部，加入下面这行元标签代码。

```
<meta name="viewport" content="width=device-width, initial-scale=1" />
```

viewport 是网页默认的宽度和高度，上面这行代码的意思是，网页宽度默认等于屏幕宽度

（width=device-width），原始缩放比例（initial-scale=1）为 1，即网页初始大小占设备屏幕的100%。

2．网页布局不使用绝对宽度

由于网页会根据屏幕宽度调整布局，所以不能使用绝对宽度的布局，也不能使用具有绝对宽度的元素。这一条非常重要。具体说，CSS 代码不能指定像素宽度，如 width: 980px;等，只能指定百分比宽度，如 width: 100%; 或者 width:auto;。

16.2.2 响应式网页字体

在响应式网页中，字体大小需要根据屏幕大小改变，因此需要设置相对大小的字体。字体既不能使用绝对值（px），也不能使用相对值（em），因为 em 是相对于当前对象内文本的字体尺寸，如果对象有嵌套关系，容易出现混乱的情况。

为了解决响应式网页中字体适应屏幕大小的问题，CSS3 引入了一个新的长度单位 rem。rem 可以理解为 root-em，加 root 前缀表示总是相对于根节点来计算，HTML 文档的根节点就是<html>标签，所以通过 rem 在文档任何位置指定都可以得到预期的大小。

16.2.3 响应式网页图片

响应式网页中的图片需要根据屏幕大小进行缩放才能不影响其显示效果。普通的图片是不会自适应屏幕大小的，也就是说图片太宽在手持设备等屏幕较小的情况下会有水平滚动条出现。最简单的办法让图片随屏幕大小自动缩放，就是指定其最大宽度为100%。代码如下：

```
img {
    max-width:100%;
}
```

这行代码对于大多数嵌入网页的视频也有效，所以可以写成：

```
img, object, video {
    width:100%;
}
```

16.2.4 响应式网页布局

响应式网页需要弹性盒布局技术实现盒子定位。各个弹性盒子不仅位置是浮动的，而且盒子的尺寸也是根据屏幕大小变化的。弹性盒布局实现方法及 CSS3 属性见本书 8.4 节。

16.2.5 响应式网页 CSS 应用

1．动态加载样式表

设计师可以针对不同屏幕尺寸加载不同的样式表，这其实相当于为不同尺寸写不同的样式表，维护起来非常不方便，也违背了响应式网页设计的初衷，因此这种动态加载 CSS 样式表的方法不推荐使用。

如下面代码指定如果设备宽度小于320 px，则调用"mobile.css"样式表：

```
<!-- CSS media query on a link element -->
<link rel="stylesheet" media="screen and (max-device-width: 320px)" href="mobile.css"/>
```

2．使用 CSS 的 Media Queries 适配对应样式

常用于布局的 CSS Media Queries 有以下几种。

（1）设备类型（media type）

all：所有设备。

screen：显示器。

print：打印用纸或打印预览视图。

handheld：便携设备。

tv：电视机类型的设备。

speech：语意和音频盒成器。

braille：盲人用点字法触觉回馈设备。

embossed：盲文打印机。

projection：各种投影设备。

tty 使用固定密度字母栅格的媒介，如电传打字机和终端。

（2）设备特性（media feature）

width：浏览器宽度。

height：浏览器高度。

device-width：设备屏幕分辨率的宽度值。

device-height：设备屏幕分辨率的高度值。

orientation：浏览器窗口的方向纵向还是横向，当窗口的高度值大于等于宽度时该特性值为 portrait，否则为 landscape。

aspect-ratio：比例值，浏览器的纵横比。

device-aspect-ratio：比例值，屏幕的纵横比。

例如，同一个 CSS 文件中，可以根据不同的屏幕分辨率（宽度）设置断点，选择应用不同的 CSS 规则。代码如下：

```
/* for 320px width screen */
@media only screen and (min-device-width:241px) and (max-device-width:320px){
    selector{ … }
}
/* for 480px width screen */
@media only screen (min-device-width:321px)and (max-device-width:480px){
    selector{ … }
}
```

16.3　响应式网页设计综合实例

根据 16.1 节介绍的响应式网页设计的技术要点，【例 16-1】实现一个网页可以根据设备的屏幕宽度显示不同的布局，详细代码可参看 "code\ch16\16-1\"。在本例中，当网页检测到屏幕分辨率小于 480 px 时，页面显示如图 16-1 所示。当网页检测到屏幕宽度在 480 px 和 768 px 之间时，页面显示如图 16-2 所示。当网页检测到屏幕宽度大于 768 px 时，页面显示如图 16-3 所示。

图 16-1　屏幕宽度小于 480 px 的页面布局

图 16-2　屏幕宽度大于 480 px 小于 768 px 的页面布局

图 16-3　屏幕宽度大于 768 px 的页面布局

从图 16-1、图 16-2 和图 16-3 可以看出，宽度不同的屏幕上显示的网页效果不同，不仅页面布局发生了变化，字体和图片尺寸也各不相同。

本例的 CSS 代码如下：

```css
*{
    margin:0;
    padding:0;
}
.flex-container {
    display: -webkit-flex;
    display: flex;
    -webkit-flex-flow: row wrap;
    flex-flow: row wrap;
    text-align: center;
}
.flex-container > * {
    margin: 5px;
    flex: 1 100%;
}
img{
    max-width:100%;
}
ul{
```

```
        list-style:none;
    }
    .main {
        text-align: left;
        background: #7D9138;
    }

    .footer {background: #D7313A;}
    .aside1 {background: #D3732B;}
    .aside2 {background: #D6E1D7;}
    .header{font-size: 0.8rem;}
    .main,.aside,.footer{
        padding: 10px;
        font-size: 0.8rem;
    }
    @media all and (min-width: 480px) {
        .aside { flex: 1; }
        .header,.main,.aside,.footer{
            font-size: 1.2rem;
        }
    }
    @media all and (min-width: 768px) {
        .main { flex: 3; }
        .aside1 { order: 1; }
        .main { order: 2; }
        .aside2 { order: 3; }
        .footer { order: 4; }
        .header,.main,.aside,.footer{
            font-size: 1.5rem;
        }
    }
```

本例的 HTML 代码如下:

```
<!DOCTYPE html>
<html>
<head>
    <meta charset="gb2312">
    <meta name="viewport" content="width=device-width, initial-scale=1" />
    <link href="CSS/style.css" rel="stylesheet" type="text/css">
</head>
<body>
<div class="flex-container">
    <header class="header">
        <h1>饮食与健康</h1>
        <img src="images/banner.png" alt="banner">
    </header>
    <article class="main">
        <h2>健康饮食的重要性</h2>
        <br>
        <p>饮食健康对大脑健康有很重要的影响，而且食品营养是家庭能够办到的，也是简易而切实可
行的。饮食健脑首先得了解人体脑细胞需要什么营养素。大脑需要的营养素主要有脂质，是指脂肪中的不饱和
脂肪酸，主要为亚油酸和亚麻酸；其次是蛋白质，尤其是蛋白质中的谷胱甘肽，还有糖类，即已被人体消化系
统分解成的葡萄糖；以及 B 族维生素、维生素 C、维生素 E 和钙质。</p>
    </article>
```

```
            <aside class="aside aside1">
                  <ul>
                        <li><a href="#">蔬菜类</a></li>
                        <li><a href="#">水果类</a></li>
                        <li><a href="#">坚果类</a></li>
                        <li><a href="#">谷物类</a></li>
                  <li><a href="#">肉蛋奶</a></li>
                  </ul>
            </aside>
            <aside class="aside aside2">
                  友情链接
                  <ul>
                        <li><a href="#">链接一</a></li>
                        <li><a href="#">链接二</a></li>
                        <li><a href="#">链接三</a></li>
                  </ul>
            </aside>
            <footer class="footer">
                  XICP 备 15060XXX 号  <br>
                  Copyright &copy; 2010-2016 <br>
                  饮食与健康 版权所有
            </footer>
      </div>
      </body>
      </html>
```

16.4　练习

1．bootstrap 是 Twitter 推出的一个用于前端开发的开源工具包。bootstrap 4 的断点设置如下，阅读理解以下代码片段：

```
// 默认为手机端样式
// 等于或大于  34*16 = 544px（手机横屏）
@media (min-width: 34em) { … }
// 等于或大于  48*16 = 768px(平板竖屏)
@media (min-width: 48em) { … }
// 等于或大于   62*16 = 992px（pc 窄屏）
@media (min-width: 62em) { … }
// 等于或大于  75*16 = 1200px（ pc 宽屏）
@media (min-width: 75em) { … }
最后再补充一个超大屏断点，一般用于图片居多的站点如视频，购物类站点（单位为 em 或 px 都是一样的）
// pc 超大屏 1380px
@media (min-width: 1380px) { … }
```

2．查阅目前市场上常见设备的屏幕分辨率（宽度），对响应式网页的 CSS media query 媒体查询设置相应的断点。

3．在 CSS 样式中练习将页面元素设置为相对尺寸，如字体大小单位为 rem，图片尺寸为百分比等。

4．结合 CSS3 弹性盒布局，制作响应式网页，当屏幕宽度小于 1000 px 时，页面为两列内容，当屏幕宽度大于 1000 px 时，页面显示为三列内容。

5．请模仿【例 16-1】尝试制作一个响应式的网页，主题自拟。

第17章 综合实例

本章通过实例介绍一个静态网站从最初的规划、设计到制作完成的全部过程。将前面所学的知识进行综合运用，同时，介绍网站开发的思路。通过本章的学习，读者可以获得完整的建站逻辑，能够独立制作静态网站。

"茗茶馆"这个实例的部分页面在本书前面的章节出现过，经过重新整理，本章介绍完整的设计思路与开发过程。

17.1 网站的规划与设计

为了保证网站建设的成功，前期要对网站项目进行认真的规划与设计。将软件工程的设计和开发思路引入网站开发，可以使开发过程更加高效。

17.1.1 网站定位

网站的主要任务是介绍中国茶叶，目标人群是熟悉互联网的年轻人，喜欢喝茶或者想尝试喝茶的人。网站介绍茶叶的分类及特征，为用户提供参考依据，帮助其选到合适的茶叶品种，同时普及相关的健康知识。

网站的名称可以是来自企业已有的品牌，或者根据网站定位和主题重新拟定。本实例继续使用"茗茶馆"这个品牌名称。

17.1.2 需求分析

明确茗茶馆网站定位和受众后，根据受众特点进一步梳理需求分析：年轻网友饮茶的阅历不够丰富，对于中国茶的了解不一定很全面，同时，年轻人充满好奇心，喜欢尝试新事物。站在用户的角度考虑，用户希望通过浏览网站能获得较为全面的茶叶分类知识。基于以上的特征，对茗茶馆网站需求分析如下：

1）中国茶分类知识及特征。

2）茗茶介绍与推荐。

3）茶道相关知识。

4）饮茶与健康。

5）加入网站，与网友交流获取更多信息。

17.1.3 栏目设计

网站栏目设计应简单明了、通俗易懂、层次分明，便于用户浏览，结合前面的需求分析，用最简洁的思路对茗茶馆网站栏目设计如下：

1）首页：茗茶欣赏、茗茶推荐。

2）茶叶分类：中国茶分类介绍。

3）健康饮茶：健康小贴士。

4）用户注册：注册加入网站，成为会员。

17.1.4 资料收集

根据已经确定的栏目，有针对性地搜集文字内容和图片。认真审核文字内容，适当地修改语言细节和表达方式。图片素材修改尺寸，统一命名规则，备用。

17.1.5 站点目录管理

站点的目录是指建立站点时创建的目录。网站目录的设计，对于浏览者来说并没有太大的影响，但是对于站点的开发与维护，以及将来内容的扩充都有着重要的影响。因此，要提前规划，把各种文件分别存储在不同的文件夹中。

茗茶馆网站的内容并不复杂，但是要涉及图片、JavaScript 脚本、视频文件、CSS 文件和 HTML 文件。针对上述内容创建独立的文件夹，便于存放和管理，本站点目录结构如图 17-1 所示。

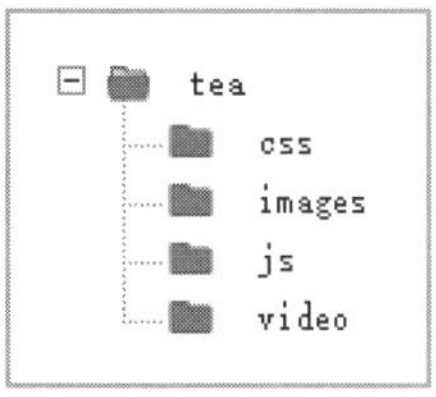

图 17-1　站点目录结构图

以上是主要目录结构，分别存储对应类型的文件，所有的 HTML 文件存储在站点根目录下。

17.1.6 网站的风格设计

网站的风格是指网站在整体上呈现出的具有代表性的独特面貌。网站也要传达艺术效果，展示出美丽的形象，因此，要求网站设计也要具有鲜明的个性和特色，呈现出美感。网站的风格是通过网站的整体形象给浏览者留下的综合感受。

一个网站的风格形成主要依赖于网页的版式设计、配色以及图片与文字的组合形式。在这些方面需要认真考虑和设计，力求给浏览者留下某种印象。具体做法可以从以下几个方面着手。

1）网站的标志 Logo 尽可能出现在每一个页面上，可以放在页眉、页脚、背景。

2）如果网站有宣传口号，尽可能放在主要页面的显著位置。

3）配色和字体。文字链接的颜色、图片的主色调、背景色、边框颜色等，应选择较为和谐统一的配色方案。字体方面要保持整体风格一致，便于阅读，保证内容能够清晰准确地传达。

4）使用统一的语气和人称。

5）采用统一的图片处理效果。

茗茶馆网站以介绍中国茶叶为主，整体风格选择中国风最为合适。清新淡雅又沉稳大气是中国风的特点，从上述整体风格出发，对网站设计如下。

1. 网站的标志 Logo

选用圆形背景色搭配白色书法字体，构成茗茶馆标志 Logo，如图 17-2 所示。

图 17-2　网站标志

2. 网站配色

大气沉稳可以选择大地色系，如褐色，作为网站的主色调。另一方面，留白也是中国风常用的手法，因此，白色也是必选的主色调。辅色方面，可以搭配浅灰色和姜黄色。另一方面，为了点缀网站可以选取一些带有灰度的亮色，如浅红、浅蓝等。最终得到网站配色方案，如图 17-3 所示。

3. 网站字体

为方便阅读，网站选用无衬线字体。中文字体：微软雅黑、黑体；英文字体：Verdana、Arial。正文字号：14 px，标题字号需要放大、加粗，在页面制作过程中根据情况进行设置。

	#A78560		#BE5C56
	#EEEEEE		#4B7AA3
	#FBECA1		#4F3115

图 17-3　网站配色方案

17.2　网页设计与制作

前期准备工作完成后，进入网站制作阶段，HTML、CSS 和 JavaScript 不能再单独使用，而是要全面、综合地进行网页设计与制作。

17.2.1　基础工作

首先，创建名称为"tea"的文件夹；接着，创建图 17-1 所示的目录结构；然后，创建 page.html 页面，保存在站点根目录下；再创建 style.css 文件，保存在站点 css 目录下；最后，将 page.html 与 style.css 链接起来，HTML 代码如下：

```html
<head>
    <meta charset="utf-8">
    <title>茗茶馆</title>
    <link rel="stylesheet" href="css/style.css">
</head>
```

由于 HTML 标签在浏览器加载时都有默认样式，为了避免默认样式带来干扰，通常先要对默认样式进行重置，这个步骤称为页面的初始化。在 style.css 中书写如下 CSS 代码：

```css
/*页面样式初始化*/
*{
    padding: 0;
    margin: 0;
    font: inherit;
}
```

标签样式初始化之后，进一步设置通用样式，例如：页面默认字体、字号、颜色等。CSS 代码如下：

```css
/*通用样式*/
body{
    font: 14px 微软雅黑, 黑体, Verdana, Arial, sans-serif;
    color: #333333;
}

ul{
    list-style-type: none;
}
```

基础准备工作完成后，正式开始网页布局的设计与制作。

17.2.2　网页布局

首先确定页面的主体布局，茗茶馆网站页面布局采用经典的三段式设计，顶部是页头区域，中间是内容区域，底部是页脚区域。页面布局如图 17-4 所示。

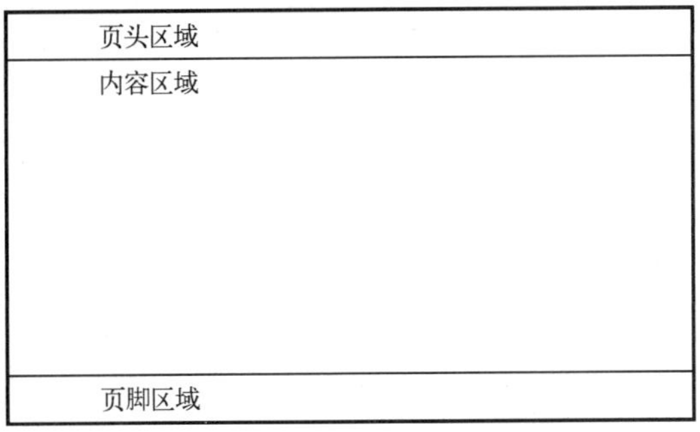

页头区域
内容区域
页脚区域

图 17-4　页面布局

各部分的组成如下。

1）页头区域：网站标志 Logo、导航栏等。

2）内容区域：主体文字和图片，根据页面内容，此部分布局可进一步细化。

3）页脚区域：法律声明、版权信息等。

以上主体布局应用于网站所有页面，也就是每个页面都会出现的公共部分。在着手制作主体布局之前还有一项工作需要完成，确定页面的宽度，如果网站页面有平面设计稿，可以通过工具测量出页面的宽度；如果没有平面设计稿，根据导航项目的数量和内容的多少结合开发经验，确定页面总宽度。茗茶馆网站栏目较少，内容简洁明了，页面宽度定为：960 个像素。

创建主体布局，HTML 主要代码如下：

```html
<body>
    <div class="wrap">
        <header class="top-header">
        </header>
        <main>
        </main>
    </div>

    <footer class="page-footer">
    </footer>
</body>
```

在 HTML 标签上添加 class 类名，在 style.css 中书写对应的 CSS 样式，代码如下：

```css
/*通用样式*/
body{
    font: 14px 微软雅黑, 黑体, Verdana, Arial, sans-serif;
    color: #333333;
    background-color: #ffffff;
    border-top: 8px solid #A78560;
}

/*外层盒子*/
.wrap{
    width: 960px;
    margin: 0 auto;
}
```

```
/*头部*/
.top-header{
    margin: 10px 0;
    height: 120px;
}

/*主内容区域*/
main{
    background-color: #eeeeee;
    padding: 20px;
}

/*页脚*/
.page-footer{
    clear: both;
    padding: 15px;
    margin-top: 10px;
}
```

接着，在 header 标签内添加网站标志图片和导航栏；在 footer 标签内添加必要的文字内容。HTML 代码如下：

```
<body>
    <div class="wrap">
        <header class="top-header">
            <img class="tea-logo" src="images/logo.png" alt="茗茶馆">
            <nav class="top-menu">
                <ul>
                    <li><a href="#" title="茗茶馆主页">主页</a></li>
                    <li class="selected"><a href="#" title="分类">茶叶分类</a></li>
                    <li><a href="#" title="健康饮茶">健康饮茶</a></li>
                    <li><a href="#" title="用户注册">用户注册</a></li>
                </ul>
            </nav>
        </header>
        <main>
            <br><br><br><br>
        </main>
    </div>

    <footer class="page-footer">
        &copy;2016 茗茶馆版权所有
    </footer>
</body>
```

在 HTML 标签上添加 class 类名，在 style.css 中书写对应的 CSS 样式，代码如下：

```
/*logo*/
.tea-logo{
    float: left;
}

/*导航*/
.top-menu{
    float: left;
```

```
        margin-top: 73px;
        margin-left: 30px;
}

.top-menu ul li{
        display: inline;
        background-color: #EEEEEE;
        padding: 5px 10px;
        margin: 0 5px;
}

.top-menu ul li.selected, .top-menu ul li:hover{
        background-color: #FBECA1;
}

.top-menu ul li a:link, .top-menu ul li a:visited{
        color: #a78560;
        text-decoration: none;
        font-weight: bold;
}

/*页脚*/
.page-footer{
        clear: both;
        padding: 15px;
        margin-top: 10px;
        background-color: #4F3115;
        color: #FFFFFF;
        text-align: center;
        font-size: 90%;
}
```

至此，页面的主体布局结束，页面效果如图 17-5 所示。

图 17-5 页面主体布局

17.2.3 首页制作

首先，通过上面的主体布局页面创建首页 index.html。在主体布局的基础上，进一步展开首页的布局设计与制作。由于网站首页需包含新闻导语、茗茶欣赏、推荐文章三部分，因此，将首页内容区域布局分为三部分，如图 17-6 所示。

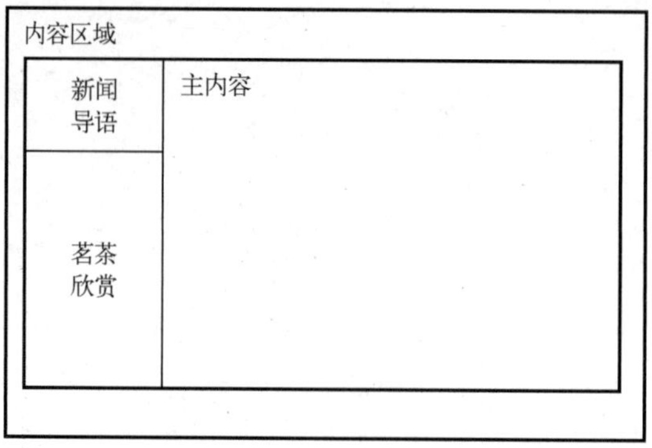

```
┌─────────────────────────────────────┐
│ 内容区域                            │
│ ┌──────┬────────────────────────┐  │
│ │ 新闻 │ 主内容                 │  │
│ │ 导语 │                        │  │
│ │      │                        │  │
│ ├──────┤                        │  │
│ │      │                        │  │
│ │ 茗茶 │                        │  │
│ │ 欣赏 │                        │  │
│ │      │                        │  │
│ └──────┴────────────────────────┘  │
└─────────────────────────────────────┘
```

图 17-6　首页内容区域布局

实现思路如下。首先，实现左右两侧的布局，然后在左侧区域内添加上下两个栏目，即可达到预期的布局效果。左侧的侧边栏可以使用 aside 标签。右侧主内容区域继续沿用已有的 main 标签。aside 标签内可以使用两组 section 标签，实现上下两个栏目。HTML 代码如下：

```html
<body>
    <div class="wrap">
        <header class="top-header">
            ……              //此处省略部分代码，请参考前面已完成的代码
        </header>

        <aside class="left-aside">
            <section class="news">
                ……          //此处省略部分代码，稍后添加
            </section>

            <section class="teas">
                ……          //此处省略部分代码，稍后添加
            </section>
        </aside>

        <main>
            <br><br><br><br>
        </main>
    </div>

    <footer class="page-footer">
        &copy;2016 茗茶馆版权所有
    </footer>
</body>
```

在 HTML 标签上添加 class 类名，在 style.css 中书写对应的 CSS 样式，代码如下：

```css
/*侧边栏*/
.left-aside{
    float: left;
    width: 350px;
}

.left-aside section{
```

```
            background-color: #eeeeee;
            padding: 20px;
            margin-bottom: 10px;
    }
    /*主内容区域*/
    main{
            background-color: #eeeeee;
            padding: 20px;
            margin-left: 360px;
    }
```

布局完成后，开始为首页添加具体内容。

1．侧边栏内容

侧边栏包括新闻导语和茗茶欣赏两个栏目，添加内容后的 HTML 代码如下：

```
    <aside class="left-aside">
        <section class="news">
            <header>
                <h3>欢迎来到茗茶馆！</h3>
            </header>
            <p>
            茗茶馆寻遍中华大地，精选各地好茶，目的就是为了能把最好的茶叶带给消费者，多年坚
持、品质如一，赢得新老消费者的一致好评。品牌周年庆，特推出优惠活动，详询客服人员。
            </p>
        </section>

        <section class="teas">
            <header>
                <h3>茗茶欣赏</h3>
            </header>

            <figure>
                <img src="images/pic-1.jpg" alt="绿茶">
                <figcaption>绿茶</figcaption>
            </figure>
            <figure    class="figure-r">
                <img src="images/pic-2.jpg" alt="红茶">
                <figcaption>红茶</figcaption>
            </figure>
            <figure>
                <img src="images/pic-3.jpg" alt="乌龙茶">
                <figcaption>乌龙茶</figcaption>
            </figure>
            <figure    class="figure-r">
                <img src="images/pic-4.jpg" alt="白茶">
                <figcaption>白茶</figcaption>
            </figure>
            <div class="clear"></div>
        </section>
    </aside>
```

在 HTML 标签上添加 class 类名，在 style.css 中书写对应的 CSS 样式，代码如下：

```
    /*侧边栏*/
    .left-aside h3{
```

```
        color: #a78560;
        font-size: 1.2em;
        font-weight: bold;
        margin-bottom: 10px;
    }

    /*新闻导语*/
    .news{
        border-radius: 5px;
        box-shadow: 3px 3px #AAA;
    }
    .news p{
        line-height: 1.8em;
    }

    .news a{
        text-decoration: none;
        color: #a78560;
    }

    /*茗茶欣赏*/
    .teas{
        border-radius: 5px;
        box-shadow: 3px 3px #AAA;
    }
    .teas figure{
        float: left;
        transition: transform 2s;
    }

    .teas figure:hover{
        transform: scale(1.1);
    }
    .teas .figure-r{
        margin-left: 20px;
    }

    .teas figure img{
        width: 141px;
        height: 158px;
        border: 2px solid #ffffff;
    }

    .teas figcaption{
        text-align: center;
        margin-bottom: 10px;
    }

    .clear{
        clear: both;
    }
```

2．主内容区域

首页右侧主内容区域用来显示推荐文章。将内容添加到 main 标签内，HTML 代码如下：

```
<main>
    <article>
    <header>
        <h3>茶道欣赏</h3>
        <time datetime="2016-10-10">2016 年 10 月 10 日</time>
    </header>
    <p>
            茶道，就是品尝茶的美感之道。茶道亦被视为一种烹茶饮茶的生活艺术，一种以茶为媒的
生活礼仪，一种以茶修身的生活方式。它通过沏茶、赏茶、闻茶、饮茶增进友谊，美心修德，学习礼法，领略
传统美德，是一种很有益的和美仪式。喝茶能静心、静神，有助于陶冶情操、去除杂念。茶道精神是茶文化的
核心。
    </p>
    <footer>
        <span>阅读(99)</span>
    </footer>
    </article>
    ……        //此处省略部分代码，代码结构与上面的<article>…<article>一致
</main>
```

在 style.css 中书写对应的 CSS 样式，代码如下：

```
/*主内容区域*/
main article{
    border-bottom: 1px dashed #C8B99C;
    margin-bottom: 10px;
    padding-bottom: 10px;
}


main .last-article{
    border-bottom: none;
    margin-bottom: 0;
    padding-bottom: 0;
}
main article h3{
    color: #A78560;
    font-size: 1.2em;
    font-weight: bold;
    margin-bottom: 10px;
}


main article time{
    color: #929B8D;
}


main article p{
    line-height: 1.5em;
    text-indent: 30px;
    margin: 10px 0;
}


main article footer{
    color: #929B8D;
    text-align: right;
    font-size: 0.8em;
}
```

首页主体部分完成，预览效果如图 17-7 所示。

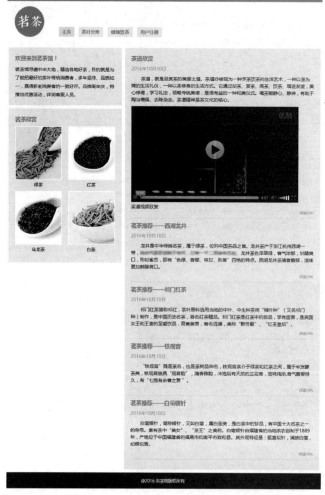

图 17-7　首页预览效果

最后，可以为首页进行修饰和润色，可以将栏目所在的灰色矩形区域设置为圆角矩形，添加投影效果和背景图片，只需要添加少量 CSS 样式即可实现上述效果。需要添加的 CSS 样式代码如下：

```
/*导航*/
.top-menu ul li{
    display: inline;
    background-color: #EEEEEE;
    padding: 5px 10px;
    margin: 0 5px;
    border-radius: 5px;
    box-shadow: 3px 3px #AAA;
    transition: 1.5s;
}
/*侧边栏*/
.left-aside section{
    background: #eeeeee url(../images/bg.gif) top left;
    padding: 20px;
```

```
        margin-bottom: 10px;
    }

    /*新闻导语*/
    .news{
        border-radius: 5px;
        box-shadow: 3px 3px #AAA;
    }

    /*茗茶欣赏*/
    .teas{
        border-radius: 5px;
        box-shadow: 3px 3px #AAA;
    }

    /*主内容区域*/
    main{
        background: #eeeeee url(../images/ bg.gif) top left;
        padding: 20px;
        margin-left: 360px;
        border-radius: 5px;
        box-shadow: 3px 3px #AAA;
    }
```

图 17-8　首页局部细节

　　至此，经过润色修饰的主页全部完成，首页预览局部细节如图 17-8 所示，可以看到导航按钮和栏目区域的圆角矩形、投影效果以及栏目背景图片。

17.2.4　二级页面制作

　　"茶叶分类"和"健康饮茶"两个页面只需要展示文字内容，不需要侧边栏展示额外的内容，因此，主内容区域不需要添加布局，直接添加页面内容即可。以"健康饮茶"页面为例进行制作，利用前面的主体布局页面创建 method.html。在页面主内容区域添加文字内容，HTML代码如下：

```
<main class="method">
    <article>
    <header>
        <h3>科学饮茶</h3>
    </header>
        <p>
        俗话说："当家度日七件事，柴米油盐酱醋茶。"茶对于人们的日常生活来说，是一种必不可少的食饮。在我国，饮茶自黄帝始，已有数千年的历史，其中蕴含着丰富的茶道和茶文化。但时至今日，大多数人饮茶仍过于随意，只是根据个人的习惯和爱好来喝茶。其实，如此喝茶并不科学。
        </p>
    </article>
    ……          //此处省略部分代码，代码结构与上面的<article>…</article>一致
</main>
```

　　为了单独控制内容页面标题样式，为 main 标签添加 class 类名，在 style.css 中书写对应的CSS样式，代码如下：

```
    /*method 内容区域*/
```

```
.method{
    margin-left:0;
}

.method article h3{
    color: #4B7AA3;
}

.method article{
    border-color:#4B7AA3;
}
```

"健康饮茶"页面预览效果如图 17-9 所示。

用同样的思路和方法，完成"茶叶分类"的 HTML 页面和 CSS 样式，预览效果如图 17-10 所示。与前面页面样式基本完全一致，只更改了内容标题颜色样式。

图 17-9 "健康饮茶"页面

图 17-10 "茶叶分类"页面

17.2.5 表单页面制作

用户注册页面的主体部分是一个完整的表单，通过表单收集用户填写的信息，然后提交至服务器进行相应的处理，服务器端的脚本可以通过其他动态语言来实现。在此，着重介绍前端"用户注册"页面的实现，以及与表单校验相关的 JavaScript 脚本。

首先，确定用户注册时要填写的信息，也可以从网站管理的角度出发，确定需要用户提交哪些信息，在这些信息中，哪些属于必填项目。茗茶网用户注册页面分为 3 个部分：账号信息、个人信息、服务条款。

1）账号信息：邮箱、密码。

2）个人信息：姓名、国家、地区、年龄、性别、兴趣爱好。

3）服务条款：服务说明、账号管理规则、隐私政策等。

将以上信息需求，通过表单的形式展示出来。用户注册页面 HTML 主要代码如下：

```html
<main class="form">
    <h3>会员申请表</h3>
    <p>欢迎您申请会员卡，申请过程将不会收取您任何费用。我们承诺保护您的信息安全，不会将它提供给任何第三方。</p>
    <p>注：<span class="red">*</span> 为必填内容</p>

    <form action="success.html" method="post">
        <fieldset>
            <legend>账号信息</legend>
            <label for="email" class="left"> 邮箱<span class="red">*</span></label>
            <input type="email" id="email" name="email" class="right" required><br> <br>

            <label for="pw1" class="left"> 密码<span class="red">*</span></label>
            <input type="password" id="pw1" name="pw1" class="right" required><br> <br>

            <label for="pw2" class="left"> 确认密码<span class="red">*</span></label>
            <input type="password" id="pw2" name="pw2" class="right" required ><br>
        </fieldset>

        <fieldset>
            <legend>个人信息</legend>
            <label for="name" class="left"> 姓名<span class="red">*</span></label>
            <input type="text" id="name" name="name" class="right"><br><br>

            <label for="national" class="left"> 国家<span class="red">*</span></label>
            <select name="national" id="national" class="right">
                <option value="1">中华人民共和国</option>
                <option value="2">其他国家和地区</option>
            </select><br><br>

            <label for="district" class="left">地区<span class="red">*</span> </label>
            <select name="district" id="district" class="right">
                <option selected>请选择您所属的地区</option>
                <option value="1">华东</option>
                <option value="2">华南</option>
                <option value="3">华中</option>
                <option value="4">华北</option>
                <option value="5">西北</option>
                <option value="6">西南</option>
                <option value="7">东北</option>
                <option value="8">港澳台</option>
                <option value="9">其他</option>
            </select><br><br>

            <label for="age" class="left"> 年龄</label>
            <input type="number" id="age" name="age" min="10" maxlength="3" class="right" ><br><br>

            <div class="left">性别</div>
            <input type="radio" id="sex_1" name="sex" value="male">
            <label for="sex_1">男</label>
            <input type="radio" id="sex_2" name="sex" value="female">
            <label for="sex_2">女</label><br><br>

            <div class="left">兴趣爱好</div>
```

```
            <input type="checkbox" id="interest_0" name="interest_0" value="0">
            <label for="interest_0">书籍</label>
            <input type="checkbox" id="interest_1" name="interest_1" value="1">
            <label for="interest_1">音乐</label>
            <input type="checkbox" id="interest_2" name="interest_2" value="2">
            <label for="interest_2">电影</label>
            <input type="checkbox" id="interest_3" name="interest_3" value="3">
            <label for="interest_3">健身</label>
        </fieldset>

        <fieldset>
            <legend>服务条款</legend>
            <label for="yes" class="left"> 是否同意条款<span class="red">*</span> </label>
            <textarea name="terms" cols="50" rows="3" readonly>
一、总则
        1．1 用户应当同意本协议的条款并按照页面上的提示完成全部的注册程序。用户在进
行注册程序过程中阅读并同意以下条款即表示用户与茗茶馆达成协议，完全接受本协议项下的全部条款。
        ……       //省略部分文字内容
            </textarea>
            <div align="center">
                <input name="yes" type="checkbox" id="yes"> <label for="yes"> 已阅读并同意上述条款
</label>
            </div>
        </fieldset>
        <input type="reset" class="btn" value="重  填">
        <input type="submit" class="btn" value="注  册">
    </form>
</main>
```

以上主体部分完成后，得到基本的表单元素，目前所有的表单控件都是默认样式，效果如图 17-11 所示。

图 17-11　美化前的会员注册表单

接着，通过 CSS 样式进一步美化表单元素的显示效果。在表单页面 HTML 的标签上添加相应的 class 类名，在 style.css 中书写对应的 CSS 样式，代码如下：

```
/*表单*/
main.form{
    margin-left: 0;
    line-height: 1.5em;
}

main.form h3 {
    color: #A78560;
    font-size: 1.2em;
    font-weight: bold;
    margin-bottom: 10px;
    text-align: center;
}

main.form p {
    margin: 0 0 15px 0;
}

main.form form {
    padding: 10px;
}
main.form form fieldset {
    padding:15px;
    border-radius:10px;
    width:700px;
    margin: 0 auto;
}

main.form form legend {
    color: #4B7AA3;
    font-weight: bold;
    font-size: 16px;
}

main.form form .left{
    width: 120px;
    height:20px;
    float: left;
    font-size: 16px;
    font-weight: 400;
    text-align: right;
    margin:0 15px;
    background-color: #fff;
    padding: 0px 10px;
    border: 1px solid   #a78560;
    border-radius: 3px;
    color: #000000;
}
main.form span.red{
    color: red;
    font-weight: bold;
```

```
    }
    main.form form .right {
        width:250px;
        height:20px;
        text-align:center;
        margin-bottom:5px;
    }
    main.form form .btn {
        width: 65px;
        height: 30px;
        border-radius: 5px;
        box-shadow: 2px 2px #AAA;
        font-size: 20px;
        font-weight: bold;
        color: #FFF;
        background-color:    #a78560;
        margin: 10px 10px 0px 250px;
    }

    main.form form textarea {
        width: 500px;
        height: 250px;
    }
```

经过 CSS 美化后，会员注册页面的预览效果如图 17-12 所示。

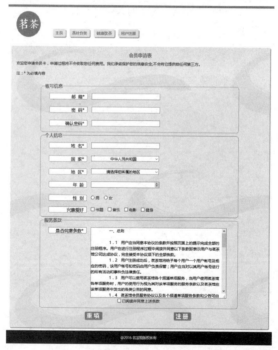

图 17-12　美化后的会员注册表单

然后添加 JavaScript 脚本，配合表单实现相关的校验功能。这里制作 validate_reg.js 和 time.js 两个 JavaScript 脚本文件，前一个用于验证表单各个控件，包括是否为空、E-mail 格式、密码长度、两次密码是否一致等。后一个脚本在页面中显示当前的日期和时间。

validate_reg.js 和 time.js 代码请参阅本书实例源代码 js 文件夹。

最后，修改用户注册页面的 HTML 代码，链接 JavaScript 脚本文件，表单控件添加 name 属性和属性值。由于修改的控件标签较多，此处不再列举 HTML 源代码，请查阅随书附赠的源代码。

用户注册页面最终的显示效果如图 17-13 所示，当用户输入内容或格式不正确时，页面会显示相应的提示，从而保证用户输入的正确性。

当用户输入正确的内容，单击"注册"按钮，JavaScript 脚本会弹出对话框，再次确认注册信息，如图 17-14 所示。

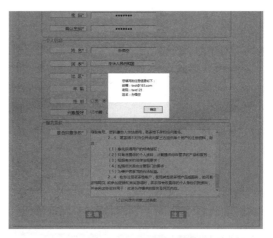

图 17-13　添加 JavaScript 脚本后的会员注册表单　　　图 17-14　注册信息确认

至此，茗茶馆网站静态页面已全部制作完成，经过测试后，Web 前端工作基本完成，如果需要添加业务功能，可以转交给后端工程师进一步开发和完善。

17.3　总结

茗茶馆的项目作为实例，主要目的是综合本书所介绍的知识，同时整理出一套简单而直观的设计思路和开发流程，供读者学习和参考。需要说明的是，在真正的实际项目中，由于网站规模、功能需求、业务流程、开发技术、人员配置、开发周期、测试环境、运维方式等方面存在诸多差异，因此，实际 Web 前端项目的设计思路和开发策略会更加复杂。不论是大型项目还是小型项目，总体上都遵循软件工程的开发思想。希望通过本章实例的学习，读者能了解和掌握 Web 前端开发的基本思想，运用所学知识，打造自己的 Web 前端。